Grundzüge des Marketings

Management Basics –
BWL für Studium und Karriere

Herausgegeben von
Werner Pepels

Band 13

Jörn Redler

Grundzüge des Marketings

BWV • BERLINER
WISSENSCHAFTS-VERLAG

Bibliografische Information der Deutschen Nationalbibliothek

Die Deutsche Nationalbibliothek verzeichnet diese Publikation in der Deutschen
Nationalbibliografie; detaillierte bibliografische Daten sind im Internet
über http://dnb.d-nb.de abrufbar.

ISBN 978-3-8305-3138-8

© 2012 BWV • BERLINER WISSENSCHAFTS-VERLAG GmbH,
Markgrafenstraße 12–14, 10969 Berlin
E-Mail: bwv@bwv-verlag.de, Internet: http://www.bwv-verlag.de
Printed in Germany. Alle Rechte, auch die des Nachdrucks von Auszügen,
der photomechanischen Wiedergabe und der Übersetzung, vorbehalten.

Herausgebervorwort

Die Kurzlehrbuchreihe „Management Basics – BWL für Studium und Karriere" besteht aus 23 Bänden. Diese decken alle gängigen Inhalte im Lehrbereich Wirtschaft/Wirtschaftswissenschaften ab. Jeder Band ist dabei auf die Kerninhalte des jeweiligen Fachs konzentriert und schafft somit eine knappe, aber aussagefähige Darstellung der relevanten Lehrinhalte. Die Autorinnen und Autoren der Reihe haben Professuren an Hochschulen inne und verfügen ausnahmslos über langjährige Vorlesungs- und Prüfungserfahrung. Sie haben eine wissenschaftliche Ausbildung absolviert und weisen eigene fachpraktische Berufserfahrung vor. Daher sind sie in der Lage, in ihren Darstellungen sowohl akademischen wie auch anwendungsbezogenen Anforderungen zu genügen.

Jeder Band enthält zudem zahlreiche unterstützende didaktische Hilfsmittel wie

- Übungsaufgaben mit Lösungsverweisen,
- kommentierte Literaturhinweise,
- umfassende Verzeichnisse zu Abkürzungen, Abbildungen, Stichwörtern,
- zahlreiche Praxisbeispiele,
- verständliche Formulierungen mit erklärten Fachbegriffen.

Jeder Band der Reihe vereint damit die Kennzeichen eines guten Lehrbuchs mit denen von Skripten. Vom Lehrbuch hat er die systematische, analytische Strukturierung, von Skripten seine anschauliche Aufmachung.

Diese Kurzlehrbuchreihe eignet sich damit hervorragend für alle BWL-/WiWi-Studierenden an Hochschulen für angewandte Wissenschaften und wissenschaftlichen Hochschulen, aber auch Berufsakademien, Verwaltungs- und Wirtschaftsakademien, IHK-Aufstiegsfortbildungen, HWK-Aufstiegsfortbildungen, Berufskollegs etc. Ihnen wird hiermit eine fundierte Vor- und Nachbereitung aller gängigen Veranstaltungen sowie eine abgesicherte Prüfungsvorbereitung zugänglich. Die Reihe eignet sich weiterhin bestens für Fach- und Führungskräfte in Industrie und Verwaltung, und zwar sowohl zur Aktualisierung des Wissensstandes als auch zur betriebswirtschaftlichen Fundierung für Quereinsteiger.

Damit eine solche komplexe Reihe entstehen kann, bedarf es vielfältiger Unterstützung. In erster Linie sei daher den beteiligten Autorinnen und Autoren gedankt. Ohne ihre kooperative Mitwirkung wäre diese Reihe gar nicht möglich gewesen.

Im Mittelpunkt aller Anstrengungen während der Konzipierung und Erstellung dieser Kurzlehrbuchreihe jedoch standen immer Sie als Leserin und Leser. Daher sei Ihnen nunmehr aller erdenkliche Erfolg bei der Umsetzung der gewonnenen Erkenntnisse aus diesem Band in Studium und Beruf gewünscht.

Werner Pepels

Autorenvorwort

Das Fach Marketing gehört zur Grundausbildung aller Studierenden der Wirtschaftswissenschaften sowie sehr vieler Studierender in anderen Studienrichtungen. Entsprechend umfangreich ist die Auswahl an verfügbaren Lehrbüchern von dick bis dünn. Dieses Buch ist in dieser Flut die kompakte, schnörkellose Variante, die alle Kernbereiche abdeckt, ohne wissenschaftliche Bezüge und Aktualität aufzugeben.

Das Buch gibt eine knappe Einführung in alle wesentlichen Bereiche des Fachs und deckt damit den Mindestkanon einer Einführungsveranstaltung Marketing im Bachelorbereich solide ab. Bewusst wurde der Fokus auf den Überblick im Fach und den Einstieg in die Grundbegriffe und Zusammenhänge gelegt. Eine systematische und schnelle Erarbeitung des Themenfeldes wird dadurch ermöglicht. Hervorgehobene Kernaussagen und zahlreiche Abbildungen erlauben den raschen Überblick. Ergänzende Literaturverweise machen eine möglicherweise erwünschte vertiefende Auseinandersetzung mit den Themenfeldern besonders leicht. Übungsaufgaben am Ende des Buches unterstützen zudem die Durchdringung und Festigung des Stoffs.

Diese „Grundzüge des Marketings" richten sich an Studierende wirtschaftswissenschaftlicher und angrenzender Studienrichtungen, die in das Fach Marketing einsteigen oder sich gezielt auf fundierte Grundlagen beschränken möchten.

Jörn Redler

Inhaltsverzeichnis

Abbildungsverzeichnis

Abkürzungsverzeichnis

Abb.	Abbildung
ADM	Außendienstmitarbeiter
AIO	Activities-Interests-Opinions
AS	Arbeitsspeicher
ATL	Above-the-Line
bspw.	beispielsweise
BTL	Below-the-Line
BWL	Betriebswirtschaftslehre
C/D	Confirmation/Disconfirmation
CLV	Customer-Lifetime-Value
CRM	Customer Relationship Management
DB	Deckungsbeitrag
et al.	und andere
etc.	et cetera
EUR	Euro
f.	folgende
ff.	fortfolgende
F&E	Forschung und Entwicklung
GRP	Gross-Rating-Points
IQ	Intelligenzquotient
IT	Information Technology
KKV	Komparativer Konkurrenzvorteil
KPI	Key-Performance-Indicator
LZS	Langzeitspeicher
MDS	Multidimensionale Skalierung
PESTLE	Political-Economical-Sociological-Technological-Environmental-Legal
PKW	Personenkraftwagen
PR	Public Relations
SIS	Sensorischer Speicher
SOR	Stimulus-Organismus-Response
SR	Stimulus-Response
TKP	Tausender-Kontaktpreis
u. a.	unter anderem
USP	Unique Selling Proposition
usw.	und so weiter
v. a.	vor allem
vgl.	vergleiche
z. B.	zum Beispiel

1 Idee und Ansatzpunkte des Marketings

1.1 Marketingbegriff

Marketing ist nichts anderes als die Idee, unternehmerisches Handeln streng an den Erfordernissen des Marktes auszurichten (market-ing). Mit Markt ist dabei üblicherweise der Absatzmarkt gemeint. Allerdings kann sich Marketing auch auf andere Märkte beziehen, weshalb man dann auch von Beschaffungsmarketing, Personalmarketing oder Finanzmarktmarketing usw. spricht.

Nach gängiger Auffassung wird Marketing als ein **Konzept der marktorientierten Unternehmensführung** gesehen. Dieses umfasst die Konzeption, Durchführung und Kontrolle aller marktbezogenen Aktivitäten eines Unternehmens. Es beinhaltet neben der systematischen Analyse und Informationsgewinnung über den Markt weiterhin die Koordination und Umsetzung von marktbezogenen (externen) Maßnahmen als auch die Schaffung der internen Voraussetzungen für deren Durchführung.

Marketing-Begriff

Kotler
Marketing ist ein Prozess im Wirtschafts- und Sozialgefüge, durch den Einzelpersonen und Gruppen ihre Bedürfnisse und Wünsche befriedigen, indem sie Produkte und andere Dinge von Wert erstellen, anbieten und miteinander austauschen.

Meffert
Marketing bedeutet Planung, Koordination und Kontrolle aller auf die aktuellen und potenziellen Märkte ausgerichteten Unternehmensaktivitäten. Durch eine dauerhafte Befriedigung der Kundenbedürfnisse sollen die Unternehmensziele verwirklicht werden.

Homburg/Krohmer
Marketing als ein Konzept, das zwei Facetten hat, um Kundenbeziehungen im Sinne der Unternehmensziele optimal zu gestalten:
- Die unternehmensexterne Facette sieht Marketing als die Konzeption und Durchführung marktbezogener Aktivitäten eines Anbieters bezüglich (potenzieller) Nachfrager seiner Produkte.
- Die unternehmensinterne Facette betrachtet beim Marketing die Schaffung der Voraussetzungen im Unternehmen für die Durchführung der marktbezogenen Aktivitäten.

Abb. 1: Zentrale Beschreibungen des Marketing-Begriffs
(Quellen: nach Kotler/Armstrong 2011, Meffert et al. 2011, Homburg/Krohmer 2009)

Marketing ist ein Denkansatz. Er meint die konsequente Ausrichtung aller Unternehmensaktivitäten auf den Markt.

Abb. 1 gibt drei wichtige Definitionen des Marketingbegriffs wieder.

Im Fokus des Marketingansatzes steht der aktuelle sowie potenzielle Kunde mit seinen Erwartungen und Bedürfnissen. Er wird als „Engpassbereich" für den Geschäftserfolg gesehen. Daher widmet man sich ihm mit dem Marketingkonzept in besonderer Weise und setzt einen entsprechenden Schwerpunkt – mit dem Ziel, dass die eigenen Leistungen statt diejenigen von Konkurrenzanbietern beim Kunden Erfolg haben.

Ausrichtung an Markt und Kunde
Ein wesentliches Element ist daher die Idee der **Kundenorientierung**. Sie verlangt zum einen die genaue Kenntnis der Wahrnehmungen, Erfahrungen, Einstellungen und Erwartungen des Kunden. Zum anderen geht es um die Bereitstellung eines aus Kundensicht zufrieden stellenden Leistungsangebotes, das Bedürfnisse besser erfüllt als die Konkurrenz, letztlich in der persönlichen Kosten-Nutzen-Bilanz des einzelnen Kunden besser abschneidet als die Leistung des Wettbewerbers. Zur Konkretisierung der Forderung nach Kundenorientierung wird regelmäßig an der Verbesserung des Kundennutzens angesetzt. Im speziellen sind dazu spezifische Konstrukte wie die Unique-Selling-Proposition (**USP**) oder der Komparative Konkurrenzvorteil (KKV) entwickelt worden[1]. Diese Denkrichtungen dienen, um Unternehmensziele (u. a. Sicherung und Entwicklung des Unternehmens, Gewinnerzielung) zu erreichen. Zur Durchsetzung einer solchen Ausrichtung muss ein Marketing-Funktionsbereich im Unternehmen gegenüber den anderen Funktionsbereichen als integrative bzw. führende Kraft wirken (vgl. Abb. 2).

Aktuelle Strömungen des Marketings stellen vor allem die **Kundenbindung** in den Vordergrund. An vielen Stellen wurde nachgewiesen, dass eine positive Beziehung zwischen Kundenbindung und Unternehmenserfolg besteht – Austauschprozesse für ein Unternehmen also umso profitabler werden, je konstanter die Austauschpartner sind. Statt einer Vielzahl von Einzeltransaktionen (**„Transaktionsmarketing"**) werden daher ausgewählte langfristige Kundenbeziehungen angestrebt (**„Beziehungsmarketing"**). Eine besondere Ausdrucksform findet dieses im Konzept des Customer-Relationship-

---

[1]   Zur genaueren Diskussion vgl. Backhaus 2006. Backhaus/Schneider 2009, S. 27 f., betonen zudem, dass neben der Effektivitätsdimension „Kundenorientierung" von Unternehmen auch Effizienzdimensionen zu betrachten sind (Wirtschaftlichkeit des Leistungsangebotes muss aus Anbietersicht sichergestellt sein).

Management (CRM). Man widmet sich dabei ganz besonders Mechanismen und Logiken, die darauf abzielen, die „richtigen" (also die langfristig profitablen) Kunden zu halten bzw. deren Abwanderung zu verhindern. Neu ist daran jedoch nicht die Erkenntnis über die Bedeutung von Kundenbindung, sondern ihre systematische Behandlung durch spezifische Konzepte.

Kundenorientierung und Kundenbindung sind Schlüsselfaktoren des Marketings.

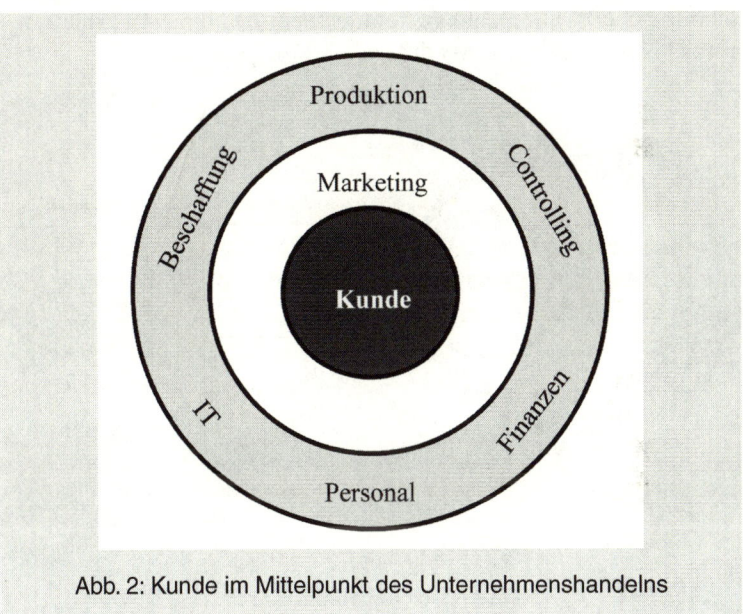

Abb. 2: Kunde im Mittelpunkt des Unternehmenshandelns

Marketingauffassungen sind dabei weder in der Literatur noch bei Marketing-Managern völlig einheitlich. Angesprochen wurde bereits die Auffassung, nach der **Marketing als Maxime** betrachtet wird – als eine Grundhaltung der Unternehmensführung, alle Entscheidungen an den Markterfordernissen und Bedürfnissen der Abnehmer auszurichten. Daneben wird **Marketing** oft auch **als Mittel** verstanden. Diese Perspektive betont, dass durch den Einsatz marktbeeinflussender Instrumente dauerhaft Präferenzen geschaffen und Wettbewerbsvorteile aufgebaut werden können. Existent ist auch eine Sicht auf das **Marketing als Methode**. Danach handelt es sich beim Marketing um das Zusammenspiel von Strategieverfahren, systematischen Analyseverfahren und Marketingtechniken, das einen Beitrag zur bestmöglichen Entscheidung und deren Realisation leisten.

Zeitlich gesehen hat es seit der Entstehung der Betriebswirtschaftslehre eine Perspektivenverschiebung vom Produkt- und Verkaufskonzept hin zum Marketingkonzept gegeben. Während das Verkaufskonzept darauf abzielt, bestehende Produkte mittels plakativer Aktionen „an den Mann zu bringen", legt das Marketingkonzept das Hauptaugenmerk auf die tatsächlichen Bedürfnisse der Kunden, die mittels eines integrierten Marketingansatzes langfristig befriedigt werden sollen. Hergeleitet wird diese Veränderung im Blickwinkel regelmäßig anhand der Entwicklung vom „Verkäufermarkt", bei dem die marktbezogenen Funktionen im Unternehmen im Vergleich zu anderen Funktionen (z. B. Produktion) eine eher nachrangige Position einnehmen, hin zum „Käufermarkt", bei dem der Käufer den Engpass darstellt.

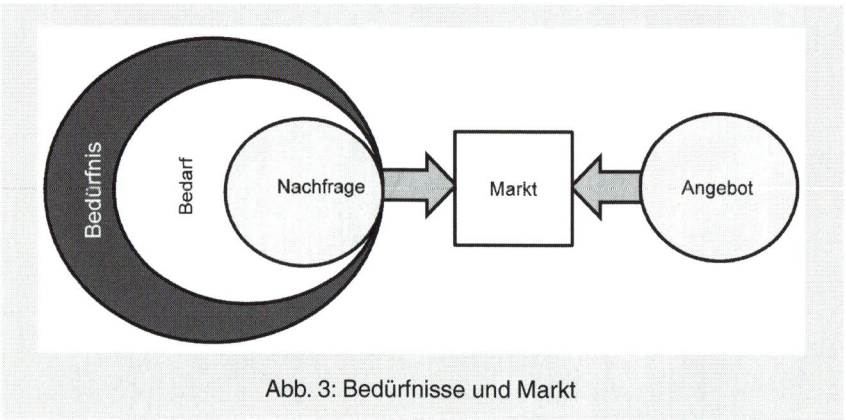

Abb. 3: Bedürfnisse und Markt

1.2   Marktabgrenzung und Marktbeeinflussung

Der Markt ist die Schnittstelle zwischen einerseits den **Leistungen eines Unternehmens und andererseits dem potenziellen oder aktuellen Kunden**. Von der Kundenseite tritt auf dem Markt allerdings nur jener Ausschnitt der **Bedürfnisse** (Grundgefühl des Mangels) auf, der überhaupt mit Kaufkraft befriedigt werden kann (**Bedarf**) und auch auf dem Markt geäußert wird. Diesen bezeichnet man als **Nachfrage** (vgl. Abb. 3). Im strengen Sinne wird daher als Markt derjenige gedankliche Ort verstanden, an dem ein Angebot von Leitungen auf die Nachfrage nach diesen Leistungen trifft. Dabei kommt es zur Preisbildung, und potenzielle Austauschbeziehungen zwischen Anbieter und Nachfrager erfolgen. In der Marketingpraxis werden mit „dem Markt" oft auch das Marktvolumen oder die Nachfrager gemeint.

Nach Bezugsobjekten und Teilnehmern unterscheidet man begrifflich Beschaffungs- und Absatzmärkte, regionale, nationale oder globale Märkte, Konsumgüter-, Industriegüter-, oder Dienstleistungsmärkte. Weitere wichtige sind Finanz- und Personalmärkte. Ein Unternehmen ist meist mit mindestens vier Märkten eng verknüpft: dem Absatz-, dem Beschaffungs-, dem Finanz- und dem Arbeitsmarkt. Mit diesen unterhält es typische **Transaktionen** (vgl. Abb. 4). Transaktionen sind diejenigen Prozesse, in denen eine Leistung gegen eine Gegenleistung getauscht wird, z. B. ein Gut gegen Entgeld. Für jeden dieser Märkte können Marketing-Prinzipien genutzt werden.

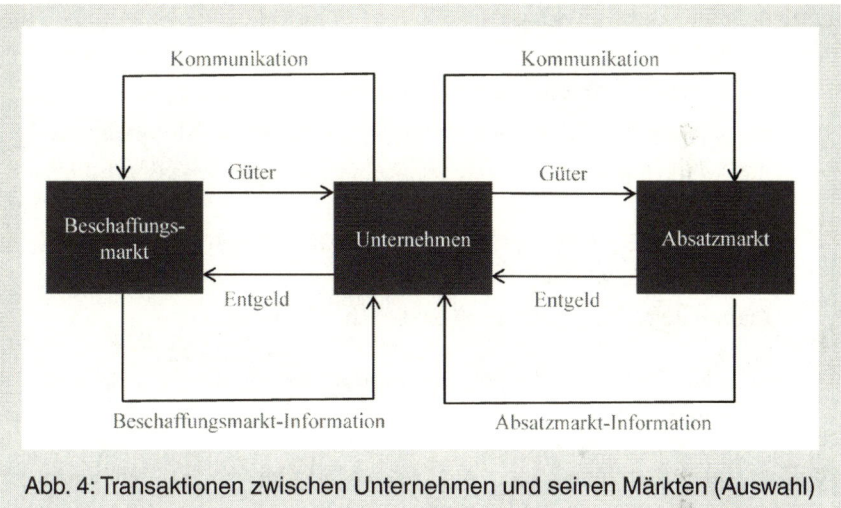

Abb. 4: Transaktionen zwischen Unternehmen und seinen Märkten (Auswahl)

Unternehmen unterhalten Austauschbeziehungen auf mehreren Märkten.

Wesentliche Größen zur Beschreibung von Märkten sind:

– **Marktpotenzial**: Aufnahmefähigkeit eines Marktes für ein bestimmtes Gut oder bestimmte Leistungen und damit die maximale Menge, die abgesetzt werden könnte, wenn alle potenziellen Kunden ihren Bedarf deckten.

– **Marktvolumen**: Tatsächlich realisierbare oder realisierte Absatzmenge in einem Markt.

Auf ein einzelnes Unternehmen bezogen verwendet man die Begriffe:

– **Absatzpotenzial**: Anteil am Marktpotenzial, das ein einzelnes Unternehmen erreichen kann.

– **Absatzvolumen**: Tatsächlich erzielte Absatzmenge eines Unternehmens in einem Markt.

- **Absoluter Marktanteil**: Mengen- oder wertmäßig bestimmtes Verhältnis aus Absatzvolumen und Marktvolumen. Er gibt die Ausschöpfung des Marktvolumens durch das Unternehmen an.
- **Relativer Marktanteil**: Verhältnis von Marktanteil des eigenen Unternehmens zum Marktanteil des stärksten Wettbewerbers.

Für einen Anbieter stellt sich stets die Frage, auf welchem Absatzmarkt er agieren möchte oder soll. Die ist die **Frage nach dem relevanten Markt**. Um diesen zu definieren bzw. zu erfassen, muss eine **Marktabgrenzung** erfolgen. Sie kann nach unterschiedlichen Kriterien vorgenommen werden. Man kann

- nach den Bedürfnissen vorgehen („Markt für Transportbedürfnisse"),
- es direkt an den Leistungen festmachen („Markt für Mobiltelefone"),
- den Markt nach den vertretenen Anbietergruppen erfassen („Pharmamarkt"),
- ihn über die konkreten Nachfrager oder deren Eigenschaften abgrenzen („Markt der jugendlichen Modekäufer") oder
- räumliche Kriterien anlegen („spanischer Markt").

Für die Erfüllung der Marketingaufgabe, ist der jeweils relevante Markt abzugrenzen.

Marketing als Agieren auf einem konkreten Markt beschäftigt sich neben der konsequenten Ausrichtung an den Anforderungen des Kunden auch mit den **relevanten Wettbewerbern**. Sie zu identifizieren ist eine weitere wichtige Aufgabe im Kontext der Marktabgrenzung bzw. Marktdefinition. Für die korrekte Bestimmung der relevanten Wettbewerber sollte man eher an der Art des zu befriedigenden Bedürfnisses ansetzen. Dies verhindert, dass nicht ausschließlich jene Anbieter herausgefiltert werden, die gleiche oder ähnliche Leistungen anbieten, sondern auch diese erkannt werden, die aus Kundensicht mit den Leistungen des eigenen Unternehmens in Konkurrenz stehen. Beispiel: Wettbewerber der Deutschen Bahn im Regionalverkehr sind nicht nur andere private Anbieter von Personenverkehr auf der Schiene sondern auch PKW in Privatbesitz, Autovermietungen, Busfahrtanbieter etc.

Das Verhalten in Richtung der relevanten Wettbewerber kann kooperativ oder konfrontativ ausgeprägt sein. Konfrontatives Verhalten ist am weitesten verbreitet. Bei ihm geht es um den Ausbau eigener Marktanteile zu Lasten der Wettbewerber.

Für die Marksituation ergibt sich also insgesamt ein Spannungsfeld aus eigenem Unternehmen, Kunde und Wettbewerb (vgl. Abb. 5). In dieser simultanen Kunden- und Wettbewerbsorientierung wird das Ziel verfolgt, Wettbewerbsvorteile zu erzielen. Diese können sich dabei zum einen auf Vorteile in Richtung Kunden beziehen (z. B. Produkt- oder Preisvorteile) oder aber auf Vorteile gegenüber der Konkurrenz (Kompetenzvorteile).

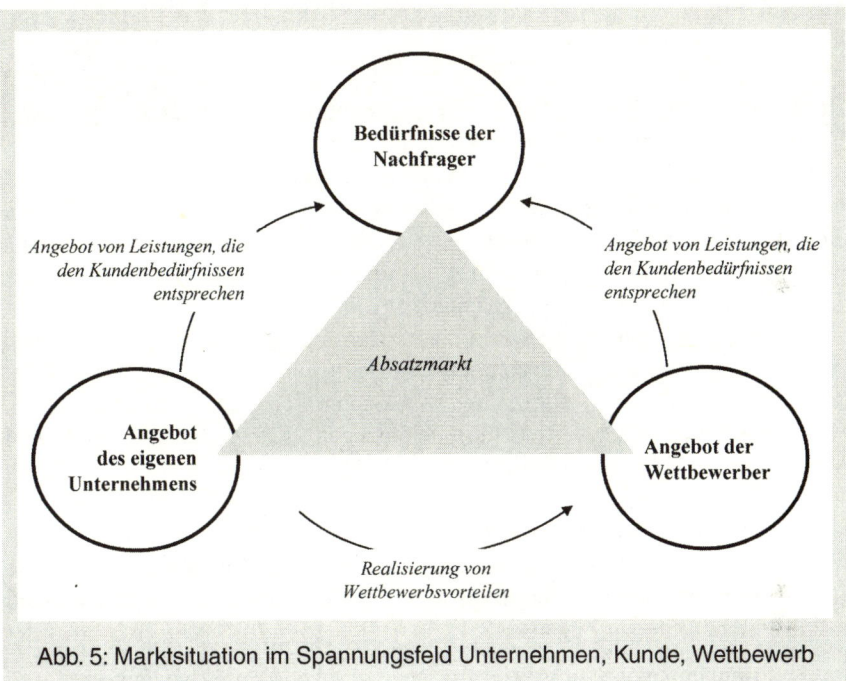

Abb. 5: Marktsituation im Spannungsfeld Unternehmen, Kunde, Wettbewerb

Marketing als marktbezogenes Unternehmensprinzip muss somit Komponenten besitzen, die einerseits auf die Anforderungen und Verhaltensweisen von Kunde und Wettbewerb reagieren (Analyseseite). Andererseits muss es auch über Komponenten verfügen, um Kunden und Wettbewerb gezielt im Sinne der eigenen Ziele beeinflussen zu können (Gestaltungsseite). Derartige Beeinflussungen sind in marktwirtschaftlichen Ordnungen legitim und spiegeln Grundprinzipien menschlicher Interaktion wieder.

Marketing bedeutet einerseits, das eigene unternehmerische Handeln möglichst stark auf die Erfordernisse von Kunden und Wettbewerbern einzustellen und andererseits Erfahrungen und Erkenntnisse zu nutzen, um diese Marktteilnehmer im eigenen Interesse zu beeinflussen.

1.3   Spezielle Disziplinen und Forschungsrichtungen

Besondere Disziplinen des Marketings bilden sich vor allem nach Branchen-
oder Marktspezifika. So existieren beispielweise Ausrichtungen wie Handelsmarketing, Dienstleistungsmarketing, Bankmarketing, Investitionsgüter-
marketing, B2B-Marketing, Konsumgütermarketing oder das Marketing von
Non-Profit-Organisationen.

Die **Entwicklung des Marketings in Deutschland** hat ihre Ursprünge in der
Handelsbetriebslehre der vorletzten Jahrhundertwende. Aus diesen Wurzeln
bildete sich seit den ca. 1920er Jahren eine Absatzwirtschaftslehre heraus, die
bis ca. 1970 vorherrschend war. Sie orientierte sich weitgehend funktional an
den BWL-Kernfunktionen und betonte vor allem die Distributionsaufgabe. Es
ging um die marktseitige Verwertung der durch die betriebliche Kombination
hervorgebrachten Leistungen. Ab ca. Mitte der 1970er war die Entwicklung in
Deutschland stark geprägt von amerikanischen Ansätzen, bei denen sich schon
seit 1965 eine Marketinglehre etablierte. In Deutschland wurde derzeit zunächst
der Begriff Absatz durch Marketing ersetzt, inhaltlich wurde sodann in weiten
Bereichen die strategische und führungsbezogene Konzeption des modernen
Marketingverständnisses etabliert.

Die **theoretische Betrachtung des Marketings** in Lehre und Forschung erfolgt nicht aus einer einheitlichen Forschungsrichtung. Vielmehr existiert eine
fruchtbare Pluralität von Erklärungsmodellen und Methoden. Zu nennen sind
insbesondere folgende Zugänge:

- **Funktionsorientierte Richtungen**, die sich darauf konzentrieren, einzelne Funktionen und Aufgaben des Marketings zu systematisieren und
  in Anhängigkeit von objektbezogenen, räumlichen, inhaltlichen oder
  zeitlichen Kriterien zu beschreiben.
- **Prozessorientierte Richtungen**, die sich im Schwerpunkt damit beschäftigen, die Wertschöpfungskette auf Erfolgsposition am Markt hin
  auszurichten und Funktionen stärker durch Prozesse ergänzen.
- **Entscheidungsorientierte Richtungen**, die Marketingfragen als einen
  Entscheidungsprozess auffassen und auf die zielorientierte Erstellung
  des Marketingprogramms abstellen.
- **Verhaltenswissenschaftliche Richtungen**, die Marketingwirkungen
  mittels (meist empirischer) Erkenntnisse der Verhaltenswissenschaften
  erklären und Empfehlungen ableiten.
- **Systemische Richtungen**, die Marketing als Aktionen in dynamischen,
  ganzheitlichen Systemen (Gefüge eng miteinander verknüpfter System-
  elemente, die sich gegenseitig beeinflussen) auffassen. Marketingver-

halten und Zielerreichung sind dabei stets Ergebnis des Zusammenwirkens aller Elemente.

– **Informationsökonomische Richtungen**, die Marketingfragen als die
Bewältigung von marktbezogenen Informations- und Unsicherheits-
problemen analysieren.

Personen, die in Unternehmen oder Organisationen mit (funktionalen) Marketingaufgaben betraut sind, werden oft als **Marketing-Manager, Marketer
oder Marketeers** bezeichnet (vgl. auch Abb. 6). Die Auffassung des Marketings als Maxime weist darauf hin, dass sich die marktbezogene Denkhaltung
jedoch keineswegs nur auf diese kraft Positionsbezeichnung damit betrauten
Personen beschränken darf.

ist ein weltweit richtungsweisender Anbieter von modularen Komponenten und Baugruppen zur Ablenkung von Laserstrahlen. Unsere anspruchsvolle Technologie wird ständig weiterentwickelt und bietet spannende Aufgaben. Es ist unser ehrgeiziges Ziel, das in den vergangenen Jahren erreichte überdurchschnittliche Wachstum unseres Unternehmens auch in Zukunft fortzusetzen. Möchten Sie uns dabei tatkräftig unterstützen und zu unserem Erfolg beitragen?

Wir suchen einen engagierten Mitarbeiter als

Marketing Manager (m/w)

Ihre Aufgabe:

- Markt-, Kunden- und Wettbewerbsanalysen und Entwicklung von daraus resultierenden Aufgaben
- Entwickeln und Umsetzen von Marketing-Plänen für unsere Produkte
- Verantwortung des Marketing-Budgets, Controlling der Maßnahmen
- Enge Zusammenarbeit mit Produktentwicklung, Produktmanagement und Vertrieb
- Aufbau und Führung eines kleinen Teams

Ihr Profil:

- Abgeschlossenes Studium (Marketing und/oder Technik)
- Mehrjährige Berufserfahrung in einer verantwortlichen Marketing-Position mit internationalen Aufgaben, idealerweise in einem Technologieunternehmen
- Gute schriftliche Ausdrucksfähigkeit in Deutsch und Englisch
- Ausgeprägte Kommunikationsstärke, Kreativität, Zielstrebigkeit und hohe Eigenmotivation
- Erste Erfahrung/Kenntnisse in der Lasertechnologie und ihren Märkten ist von Vorteil

Suchen Sie eine neue Herausforderung in einem innovativen Unternehmen mit angenehmer und überschaubarer Arbeitsumgebung? Attraktive Konditionen sind selbstverständlich. ▮▮▮▮▮▮▮▮▮▮▮▮▮▮▮ ▮▮▮▮▮▮▮▮▮▮▮▮▮▮▮ über die Autobahn sehr gut zu erreichen. Wir freuen uns auf Ihre aussagekräftige Bewerbung und werden uns kurzfristig mit Ihnen in Verbindung setzen.

Abb. 6: Stellenanzeige Marketing-Manager (Beispiel)

Literaturhinweise

Gute und knappe Übersichten zum Einstieg in den Marketingbegriff finden sich bei:
Blythe, J.: *Essentials of Marketing*, Upper Saddle River, NJ 2004.
Pepels, W.: *Marketing*, München 2004.

Deutschsprachige Standardwerke sind u. a. die Bücher von
Meffert, H./Burmann, C./Kirchgeorg, M.: *Marketing – Grundlagen marktorientierter Unternehmensführung*, Wiesbaden 2011.
Nieschlag, R./Dichtl, E./Hörschgen, H.: *Marketing*, Berlin 2002.

Erwähnenswert ist außerdem die gelungene und anschauliche Einführungsdarstellung von
Scharf, A./Schubert, B./Hehn, P.: *Marketing – Einführung in Theorie und Praxis*, Stuttgart 2009.

Aus der US-amerikanischen Literatur sei als Grundlagenwerk empfohlen:
Kotler, P./Armstrong, G.: *Principles of Marketing*, Upper Saddle River, NJ 2011.

2 Umfeld des Marketinghandelns

2.1 Marketinghandeln und Kontext[2]

Beim Marketing geht es um das Verfolgen einer Philosophie. Um diese mit Leben zu erfüllen, müssen andere Personen eingebunden und überzeugt werden. Auch müssen Ziele gesetzt und mit anderen Zielen synchronisiert werden. Schließlich müssen Marketing-Maßnahmen umgesetzt werden. Dies alles geschieht nicht im luftleeren Raum. Das Agieren von Marketingverantwortlichen im Sinne langfristiger Kundenbeziehungen geschieht vielmehr stets in einem Kontext. Diesen bezeichnet man als das **Marketing-Umfeld**. Man meint damit insgesamt die **Kräfte und Akteure außerhalb der Marketing-Funktion, die die das Marketing-Management beeinflussen**. Das Marketing-Umfeld muss betrachtet werden, weil es Chancen für Kundenbeziehungen eröffnet, andererseits daraus aber auch Risiken und Bedrohungen für Kundenbeziehungen entstehen können.

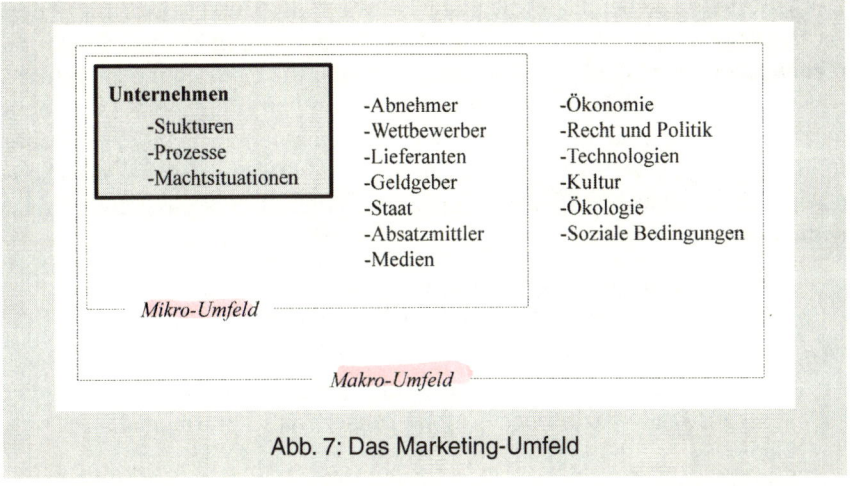

Abb. 7: Das Marketing-Umfeld

Beispiel (stark vereinfacht): Möchte man als Marketing-Manager eines produzierenden Unternehmens ein neues Produkt entwickeln und im Markt einführen, so wird der Erfolg des Vorhabens von diversen Umfeld-Einflussgrößen mitbestimmt. Zum einen ist er davon abhängig, wie sich die Markt- und Wettbewerbsumgebung darstellt. Zudem anderen nimmt aber auch die Situation in Richtung Lieferanten für Vorprodukte und Rohstoffe Einfluss auf das Vorhaben. Weiterhin ist die unternehmensinterne Situation relevant. Hier sind

---

2   Vgl. dazu auch die Abschnitte 7.1 und 7.2.

u. a. vorherrschende Machtverhältnisse und Koalitionen, Überzeugungen anderer Entscheider oder Vorgesetzter, die (zum Teil auch verdeckten) Ziele von bspw. Produktions-, Forschungs- und Vertriebsabteilungen zu berücksichtigen, um die Neuproduktentwicklung zum Erfolg zu führen.

Das Marketing-Umfeld lässt sich einteilen in den engeren Bereich, der aus den Kräften innerhalb des Unternehmens selbst sowie den engeren Partnern des Unternehmens besteht (**Mikro-Umfeld**), und den weiteren Bereich, der eher generelle Kontextbedingungen umfasst (**Makro-Umfeld**). Abb. 7 zeigt wesentliche Komponenten des Marketing-Umfelds.

Wirkungsvolles Marketing erfordert, jene Elemente im Umfeld zu identifizieren, die das Marketinghandeln beeinflussen.

2.2   Mikro-Umfeld

Das Mikro-Umfeld beinhaltet die **nähere Umwelt des Unternehmens mit den Kräften innerhalb des Unternehmens sowie den engen Partnern des Unternehmens**. Wird die Schaffung dauerhafter Kundenbeziehungen verfolgt, so ist der Erfolg bei dieser Aufgabe jedoch nicht nur von einem Funktionsbereich Marketing allein abhängig. Vielmehr nehmen auch andere Akteure im unmittelbaren Umfeld Einfluss. Im Mikro-Umfeld sind dabei insbesondere folgende Elemente mit ihren Ansprüchen und Einflussmöglichkeiten zu betrachten:

- **andere unternehmensinterne Bereiche**, speziell andere Funktionsbereiche und Abteilungen (Finanzen, Beschaffung, Forschung und Entwicklung, Produktion, etc.) mit den von ihnen verfolgten Zielen,
- **Abnehmer** mit ihren aktuell artikulierten Bedürfnissen aber auch den zukünftigen spezifischen Anforderungen an zu erbringende Leistungen,
- **Lieferanten**, die Waren liefern oder Dienste leisten und ein wichtiges Bindeglied in der Wertschöpfungskette des Unternehmens darstellen,
- **Wettbewerber**, die das eigene Marketinghandeln in Bezug auf die Befriedigung von Kundenbedürfnissen und die Gewinnung des Vertrauens herausfordern,
- **Absatzmittler**, die das Unternehmen beim Vertrieb und der Auslieferung der Leistungen an den Kunden sowie bei der Zahlungsabwicklung unterstützen (insb. Handel und Logistikdienstleister),
- **Geldgeber**, die Einfluss nehmen auf die Möglichkeiten des Unternehmens, sich Finanzmittel zu beschaffen,

– **Öffentlichkeit und Medien**, die die externe Wahrnehmung von Marketingentscheidungen des Unternehmens durch Dritte beeinflussen.

2.3   Makro-Umfeld

Das Makro-Umfeld betrachtet die **globale Umwelt** des Unternehmens, also den größeren gesamtwirtschaftlichen Zusammenhang. Auch aus diesem können sich Chancen herausbilden oder Bedrohungen für das Marketinghandeln entstehen. Insbesondere umfasst das Makro-Umfeld:

– **Ökologie** (insb. Einflüsse aus der Verknappung von Ressourcen und dem Bestreben nach nachhaltigem Handeln),

– **Technologie** (insb. technologische Trends, technologische Innovationen und Entwicklungen, Veränderungen bei Innovationszyklen, Verfügbarkeit und wirtschaftliche Nutzbarkeit von Technologien),

– **Politik und Recht** (insb. wirtschaftsrelevante Gesetzgebung, ihre Stabilität, die Rolle von Interessensverbänden, die Durchsetzbarkeit von Rechtsansprüchen) sowie

– **Kultur und sozialer Rahmen** (insb. kulturelle, auch religiöse Wertekonstellationen und ihre Veränderungen, demografische Entwicklungen, soziale oder ästhetische Trends).

2.4   Ansprüche- und Kräfteanalyse

Marketinghandeln im konkreten Fall ist dabei **simultan einer Vielfalt von internen und externen Umfeld-Elementen mit zugehörigen Kräften ausgesetzt**. Das kann anhand einer Netzwerkdarstellung verdeutlicht werden (vgl. Abb. 8). Eine solche zusammenführende Betrachtung ermöglicht zunächst die Bestandsaufnahme. Zudem erlaubt diese aber auch die Einschätzung der Durchsetzungschancen für das eigene Marketinghandeln, weil sie die Identifizierung von hemmenden und fördernden Einflüssen, Personen und Gruppen erleichtert. Daraus lassen sich Ansatzpunkte zur Veränderung der Durchsetzungschancen ableiten. Diesen Zugang bezeichnet man als **Ansprüche- und Kräfteanalyse**.

Das Vorgehen dieser Analyse verläuft in folgenden Schritten:

1. Identifizieren und Konkretisieren der Elemente (Personen, Gruppen, Einrichtungen).

2. Beschreibung der identifizierten Elemente nach ihren Zielen/Ansprüchen, der Richtung des Einflusses (fördernd, hemmend), der Stärke des Einflusses und der Machtbasis zur Durchsetzung ihrer Ziele/Ansprüche.

3. Ableitungen von Ansatzpunkten, um Hemmnisse für das eigene Marketinghandeln abzubauen oder fördernde Elemente zu stärken.

Das kann tabellarisch und/oder als Kräftediagramm wie in Abb. 9 dargestellt geschehen.

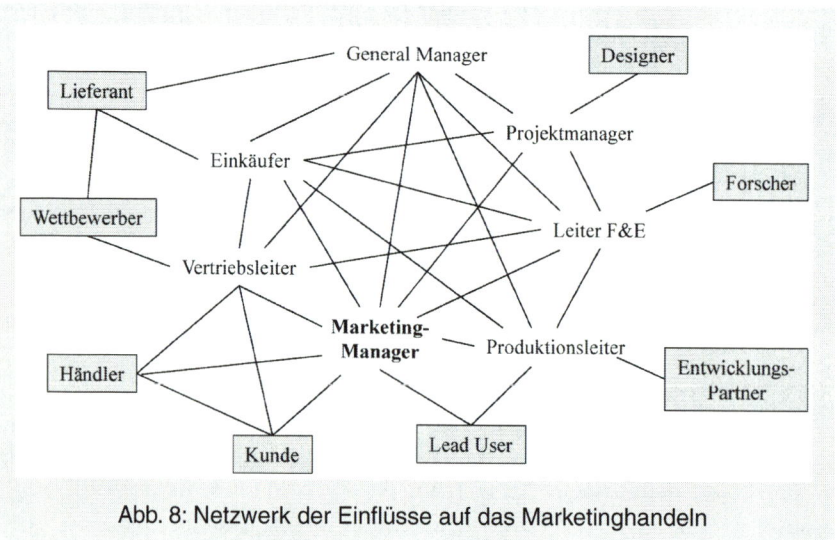

Abb. 8: Netzwerk der Einflüsse auf das Marketinghandeln

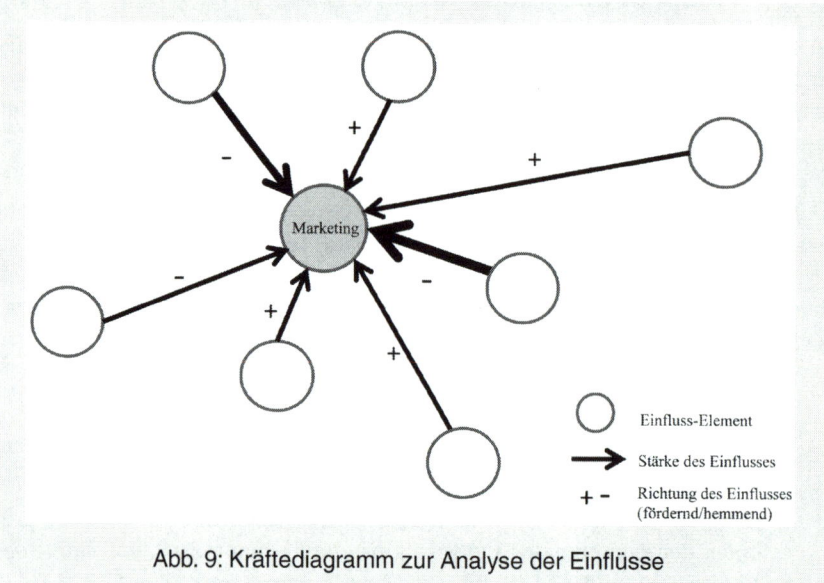

Abb. 9: Kräftediagramm zur Analyse der Einflüsse

Ansatzpunkte zur Veränderung der Durchsetzungschancen bei Marketingvorhaben können mittels Ansprüche- und Kräfteanalyse identifiziert werden.

Als hilfreiche Zugänge bezüglich der Situationsanalyse, der Identifikation von Ansatzpunkten zur Durchsetzung und zur Bewertung der Stabilität von Marketingvorhaben können weiterhin **Ansätze der Systemtheorie** und des **sozialen Konstruktivismus** herangezogen werden[3].

Literaturhinweise

Eine anschauliche Darstellung des Marketing-Umfelds und der zugehörigen Interaktionen ist zu finden bei:

Kotler, P./Armstrong, G./Saunders, J./Wong, V.: *Grundlagen des Marketing*, München 2011, S. 209–258.

Eine vertiefende, jedoch grundsätzlich anders strukturierte und mit weiteren Inhalten angereicherte Darstellung findet sich auch bei:

Meffert, H./Burmann, C./Kirchgeorg, M.: *Marketing – Grundlagen marktorientierter Unternehmensführung*, Wiesbaden 2011, S. 45–71.

Unter dem Begriff Stakeholder-Analyse wird die Betrachtung des Umfeldes oft auch losgelöst von der speziellen Thematik im Marketing herangezogen, so bspw. bei:

Dyllick, T.: *Das Anspruchsgruppen-Konzept: Eine Methodik zum Erfassen der Umweltbeziehungen der Unternehmung*, in: Management Zeitschrift IO, 1984, Heft 2, S. 74–78.

Welge, M./Al-Laham, A.: *Strategisches Management*, Wiesbaden 2003, S. 166–179.

---

3   Vgl. zum systemischen Verständnis und zum Konstruktivismus z. B. von Schlippe/ Schweitzer 2007 oder Simon 2006.

3   Grundaspekte des Käuferverhaltens

3.1   Käuferverhalten

Erfolgreiches Marketing bedingt, dass Unternehmen die Bedürfnisse ihrer Kunden und potenziellen Kunden sehr genau kennen. Zudem setzt es voraus, dass das Unternehmen in der Lage ist, sein Handeln bestmöglich auf die Kunden abzustimmen. Ebenso muss das Unternehmen in der Lage sein, die Marktteilnehmer im Sinne der eigenen Ziele wirksam zu beeinflussen (vgl. dazu auch Abschnitt 1).

Dafür grundlegend sind umfängliche Kenntnisse darüber, wie Denken, Fühlen und Handeln beim aktuellen oder zukünftigen Kunden entstehen und wie diese Aspekte zusammenwirken – also wie Kundenverhalten zustande kommt und durch welche Aspekte es in welcher Form beeinflusst wird.

Wie diese Aspekte zu **beschreiben, zu erklären und auch zu prognostizieren** sind, ist Inhalt der Theorien und Modelle des **Käuferverhaltens**. Beim Käuferverhalten sind zum einen die direkt beobachtbaren Verhaltensweisen relevant, andererseits aber auch eine Vielzahl von Prozessen, die innerhalb eines Menschen ablaufen sowie eine Reihe von Einflüssen aus der Umwelt des Menschen, z. B. seiner Kultur.

Die Erforschung des Käuferverhaltens ist ein interdisziplinäres Forschungsgebiet, das Marketing mit Verhaltenswissenschaften wie Psychologie, Sozialpsychologie, Biologie oder Soziologie verbindet.

Die Betrachtung des Käuferverhaltens trennt danach, ob es sich auf private Personen im Sinne von Endverbrauchern (Konsumenten) oder um professionelle Käufer im Sinne von Organisationen (Unternehmen, Behörden, Verbände, etc.) handelt. Entsprechend wird begrifflich unterschieden zwischen dem **Konsumentenverhalten** und dem **organisationalen Kaufverhalten**. Sowohl bei Konsumenten also auch im Bereich des organisationalen Kaufverhaltens können an den Kaufentscheidungen lediglich eine Person (individuelle Kaufentscheidungen) oder aber mehrere Personen (kollektive Kaufentscheidungen) beteiligt sein.

Es sei an dieser Stelle darauf hingewiesen, dass ein Käufer nicht immer auch der Verwender eines Produktes oder einer Leistung sein muss. Beispielweise ist das der Fall, wenn jemand ein Geschenk für eine andere Person kauft, ein Familienmitglied Lebensmittel für die gesamte Familie einkauft oder ein Einkäufer in einem Unternehmen Büromaterial für die Verwaltung beschafft.

> Käuferverhalten umfasst die Beschreibung, Erklärung und Prognose des individuellen Konsumentenverhaltens einerseits sowie des organisationalen Kaufverhaltens andererseits.

3.2   Bezugsrahmen für die Analyse und Erklärung individuellen Kaufverhaltens

Bei der Erforschung des Konsumentenverhaltens (individuelles Kaufverhalten) ist eine Vielzahl von Modellen und Theorien entwickelt worden, die sich in zwei Richtungen einteilen lassen:

– **Behavioristische Modelle** (Stimulus-Response-Modelle, SR-Modelle), die ausschließlich beobachtbare Aspekte des Konsumentenverhaltens berücksichtigen. Untersucht wird der Zusammenhang zwischen einem bestimmten Reiz (Stimulus) und einer Reaktion (Response), die beide direkt beobachtbar sind. Alles andere wird in diesen Modellklassen nicht berücksichtigt.

  Beispiel: Nach dieser Auffassung stellt ein prominent ausgelobter Sonderpreis einen Reiz (Stimulus) dar, der dazu führt, dass ein Konsument das Produkt kauft (Response). Sowohl der Sonderpreis als auch das Kaufverhalten lassen sich dabei beobachten.

– **Neobehavioristische Modelle** (Stimulus-Organismus-Response-Modelle, SOR-Modelle), die neben den beobachtbaren Stimulus- und Response-Elementen auch nicht beobachtbare, „innere" Vorgänge oder Zustände wie Denken oder Fühlen berücksichtigen (sog. intervenierende Variablen, **Konstrukte[4]**). Dabei wirkt der Stimulus zunächst auf den Organismus (mit den beinhalteten Konstrukten) und dieser wiederum auf das Verhalten. Es existiert hingegen kein direkter Zusammenhang zwischen Stimulus und Response. Abb. 10 zeigt den Grundaufbau dieser Modelle.

  Beispiel: In der neobehavioristischen Auffassung wirkt der prominent ausgelobte Sonderpreis als Stimulus zunächst auf den Organismus. In diesem wirken verschiedene nicht beobachtbare Variablen (Konstrukte, z. B. Erinnerungen, Einstellungen), deren Zusammenspiel darüber entscheidet, ob und in welcher Form eine Response, hier also ein Kauf, erfolgt.

---

4   Unter Konstrukten versteht man gedankliche, theoretische Sachverhalte, die nicht direkt empirisch messbar sind (z. B. Intelligenz). Konstrukte müssen daher über Indikatoren erschlossen (operationalisiert) werden (z. B. durch den IQ). Die Tatsache, dass Konstrukte nicht direkt empirisch erkennbar sind, bedeutet jedoch nicht, dass sie nicht existieren. Der Begriff ist praktisch deckungsgleich mit dem der latenten Variablen.

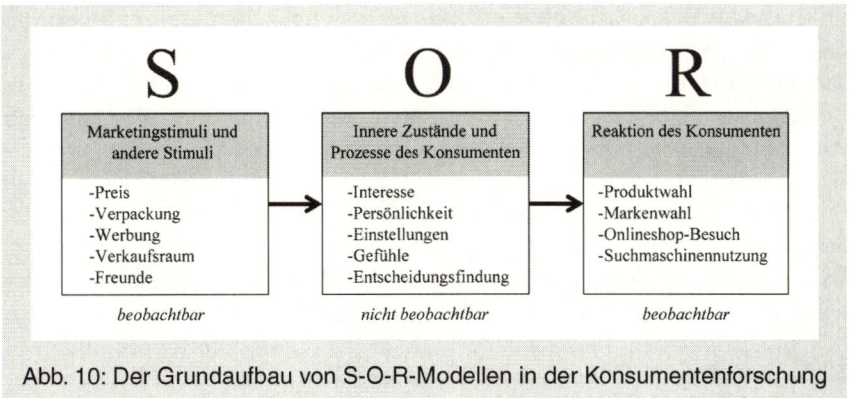

Abb. 10: Der Grundaufbau von S-O-R-Modellen in der Konsumentenforschung

Die ursprünglichen Annahmen behavioristischer Modelle sind heute kaum noch aufrechtzuerhalten. In der Konsumentenforschung ist wiederholt aufgezeigt worden, dass ein identischer Reiz zu unterschiedlichen Reaktionen führen kann. Ebenso können unterschiedliche Reize zu gleichen Reaktionen führen; oder Reize führen nur manchmal zur Reaktion. Aus diesen Gründen sind **SOR-Modelle in der Konsumentenforschung vorherrschend**. Der Betrachtungsschwerpunkt liegt dabei auf den nicht beobachtbaren intervenierenden O-Variablen. Wichtige Stimulus- und Organismusvariablen werden nachfolgend im Überblick betrachtet.

Die Konsumentenforschung orientiert sich an SOR-Modellen der Verhaltenswissenschaften, die insbesondere auch innere Prozesse und Zustände berücksichtigen.

3.3   Einflussfaktoren auf das individuelle Kaufverhalten

3.3.1   Personenbezogene Faktoren

Demografische Eigenschaften wie **Alter, Geschlecht, Familienstand, ethnische Herkunft, Einkommen** und Beschäftigungsart sind typische Einflüsse auf das Kaufverhalten von Konsumenten. Sie greifen tief in die Bedürfnisstruktur und die Möglichkeiten, aber auch in Erfahrungshorizont und Motivationen ein und sind daher wichtige Merkmale. Oftmals werden sie daher auch zur Einteilung oder Beschreibung von Konsumentengruppen herangezogen.

Ebenso ist die **Lebensphase** eine wichtige Einflussgröße auf das Konsumentenverhalten. Es liegt ein deutlicher Unterschied in dem Verhalten von jüngeren und älteren Erwachsenen vor. Auch Erwachsene mit einem Kind verhalten sich oft anders als Erwachsene ohne oder mit mehreren Kindern. Beispielsweise ist der Kauf von Kinderzimmermöbeln oder Fernreisen unterschiedlich bedeutsam für ledige Erwachsene ohne Kinder und Familien mit mehreren Kindern. Lebensphasen können anhand sogenannter Lebenszyklus-Modelle (vgl. auch Abschnitt 3.3.3) beschrieben und erfasst werden.

Eine sehr zentrale Größe ist weiterhin das **Involvement**. Darunter versteht man das innere Engagement, die Bereitschaft, sich mit etwas auseinanderzusetzen. Es ist eng mit den Faktoren Interesse, Aufmerksamkeit und persönliche Bedeutung verwandt. Beispielsweise hat ein aktiver Triathlet wahrscheinlich ein höheres Involvement für Rennräder oder leichte Laufschuhe als ein ambitionierter Wanderer. Das **langfristige Involvement** wird nach dem Bezugspunkt in mehrere Dimensionen untergliedert, u. a. in:

- Persönliches Involvement: Diese Richtung des Involvements wird durch Persönlichkeitseigenschaften, Erfahrungen, Motive oder Wertvorstellungen geprägt.
- Produkt- und Markeninvolvement: Das Produkt- und Markeninvolvement beziehen sich auf das besondere Interesse an einer Produktkategorie oder einer Marke. Ein Autofreak hat wahrscheinlich ein hohes Involvement für alles, was mit Autos zusammenhängt, während bei einem überzeugten Nutzer von Apple-Produkten das Involvement für diese Marke besonders ausgeprägt sein dürfte. Das Ausmaß dieser Involvementarten wird stark durch das **wahrgenommene Risiko** beeinflusst. Besonders wichtig sind dabei das funktionale Risiko (Risiko, dass das Produkt seinen Grundnutzen nicht erfüllt, z. B. bei Fallschirmen), das finanzielle Risiko (Risiko, dass man bei einem Fehlkauf finanzielle Nachteile erleidet, z. B. bei einer Lebensversicherung) und das soziale Risiko (Risiko, dass die gewünschte Akzeptanz in einer sozialen Gruppe ausbleibt oder eine Ablehnung durch diese erfolgt oder, dass man ein nicht erwünschtes Bild von sich selbst erzeugt, z. B. bei Gesellschaftskleidung).
- Medieninvolvement: Auch kann das Interesse an den Vermittlungsmedien für Marketingstimuli unterschiedlich hoch ausfallen. Insofern spricht man hier von unterschiedlichen Graden des Medieninvolvements. Tendenziell wird neuen Medien wie „mobile social networks" ein höheres Involvement entgegengebracht wie traditionellen Massenmedien.

Neben dem langfristigen Involvement ist insbesondere auch das **situative Involvement** zu betrachten, denn das situative Involvement prägt dominant das beim Konsumenten ausgeprägte **Gesamtinvolvement**. Ein Konsument, der ein generell hohes Involvement für Mode hat, wird sich nicht intensiv mit einem spektakulär gestalteten Schaufenster befassen, wenn er in Eile ist, um die nächste Straßenbahn noch zu bekommen. Das situative Involvement bestimmt fast immer das Gesamtinvolvement.

Involvement kann als ein Kontinuum zwischen sehr gering und sehr hoch ausgeprägt aufgefasst werden. Der Einfachheit halber unterscheidet man meist nur zwischen einem geringen Involvement (**Low-Involvement**) oder einem hohen Involvement (**High-Involvement**) des Konsumenten. Zur Erfassung der Ausprägung der Involvementarten beim Konsumenten liegen mehrere anerkannte Skalen vor. Für die Marketingaufgabe ist zu beachten, dass man in den überwiegenden Konstellationen mit Konsumenten zu tun hat, die ein nur sehr geringes Gesamtinvolvement aufweisen. Das Involvement kann durch Aktivierungstechniken kurzzeitig beeinflusst werden (vgl. Abschnitt 3.3.3.2).

Auch die **Persönlichkeit** als Gesamtheit aller für eine Person typischen, fest eingeprägten und normalerweise schwer zu ändernden Eigenschaften prägt die Verhaltensmuster des Konsumenten. Persönlichkeit bezieht sich letztlich auf die für eine Person charakteristischen (stabilen) Muster von Denken, Fühlen und Handeln. Es ist leicht nachvollziehbar, das sich Konsumenten darin unterscheiden und sich daher bestimmte Typen identifizieren lassen. Bekannt sind die **„Big Five"** Faktoren der Persönlichkeit. Dabei handelt es sich um Dimensionen, anhand derer Ausprägung sich Persönlichkeitstypen beschreiben lassen: Gewissenhaftigkeit (z. B. Ordnungsliebe, Ehrgeiz, Zuverlässigkeit), Verträglichkeit (z. B. Mitgefühl, Vertrauen, Harmoniebedürfnis), Neurotizismus (z. B. Ängstlichkeit, Nervosität, unangemessene Reaktionen auf Stress), Offenheit für Erfahrung (z. B. vielfältige Interessen, Fantasie, Wissbegierde) und Extraversion (z. B. Aktivität, Geselligkeit, Herzlichkeit, Optimismus). Zwei spezifische Persönlichkeitseigenschaften spielen im modernen Marketing eine besondere Rolle:

— **Sensation-Seeking**: Drückt die Intensität des Bedürfnisses nach Stimulation aus. Personen mit hoher Ausprägung dieser Eigenschaft (Sensation-Seeker) sind Risikobereiter, bevorzugen Tätigkeiten mit Abwechslung, suchen verstärkt Sozialkontakte und sind offen bis dominant. Sensation-Seeker streben nach dem Erleben der inneren Reaktionen auf eine intensive Reizkonstellation.

— **Variety-Seeking**: Erfasst, inwieweit Personen ein Wechsel um des Wechsels Willen wichtig ist. Diese Eigenschaft beschreibt das Phänomen, dass Konsumenten in ihrem Wahlverhalten eine Wechselneigung zeigen, die ausschließlich auf das Bedürfnis nach Abwechslung zurückzuführen ist. Sie erklärt, warum Kunden trotz Zufriedenheit Anbieter oder Produkte wechseln.

Zur Erklärung von individuellem Konsumentenverhalten erweist sich auch das **Selbstkonzept** als fruchtbar. Die Selbstkonzepttheorie geht davon aus, dass der Mensch im Hinblick auf Motive, Einstellungen und Werte ein Bild von sich selbst hat. Er entwickelt also ein **Selbstbild**, dass die Summe aller Vorstellungen in Bezug auf die eigene Person umfasst. Das eigentliche Selbstkonzept steht für eine vorrangig gedanklich geprägte Ausgestaltung der Persönlichkeit, die darauf bedacht ist, das Selbstbild mit dem Bild über die Umwelt und entsprechende Erfahrungen zu harmonisieren. Daher kommt es auch dazu, dass Verhalten so ausgerichtet wird, dass die Wahrnehmung des eigenen Verhaltens zum Selbstbild passt bzw. es noch verstärkt. Allgemein wird dem Selbstkonzept eine durchaus starke Steuerungswirkung auf das Verhalten zugeschrieben. Begründet ist dies darin, dass sich der Konsument konsistent (oftmals unbewusst) so zu verhalten versucht, wie es seinem Selbstkonzept entspricht. Im Marketingkontext: Der Konsument wählt diese Marken oder Leistungen aus, von denen die Vorstellungen über sie am besten zu seinem Selbstbild passen. Damit erreicht er eine Verstärkung, einen Erhalt oder eine Darstellung seines Selbstbildes.

> **Zu den wichtigen personenbezogene Einflüssen auf das Kaufverhalten zählen das Involvement des Konsumenten, die Lebensphase, in der er sich befindet, Alter, Einkommen, Geschlecht und ethnische Merkmale sowie Persönlichkeit und Selbstbild.**

3.3.2   Psychische Faktoren und Phänomene

3.3.2.1 Zusammenwirken energetischer und kognitiver Prozesse

Die psychischen Einflüsse des Konsumentenverhaltens befassen sich mit dem (bewussten und unbewussten) inneren Erleben und den dazugehörigen Faktoren und Vorgängen, die sich auf das Verhalten auswirken. Mehrere sind dabei so grundlegend, dass sie genauer betrachtet werden sollen.

Nach gängiger Meinung werden innere Vorgänge aus einem **Zusammenspiel von kognitiven und energetischen (oft auch als aktivierend bezeichneten) Faktoren und Prozessen** erklärt. Je nachdem, ob in diesem Zusammenspiel energetische oder kognitive Aspekte dominieren, werden einzelne **Konstrukte** (also nicht direkt beobachtbare, theoretische Größen) oft auch den energetischen oder den kognitiven Prozessen zugeordnet. Wichtig ist jedoch, dass bei allen psychischen Faktoren und Prozessen sowohl die energetische als auch die kognitive Seite eine Rolle spielen, nur jeweils unterschiedlich stark (vgl. Abb. 11).

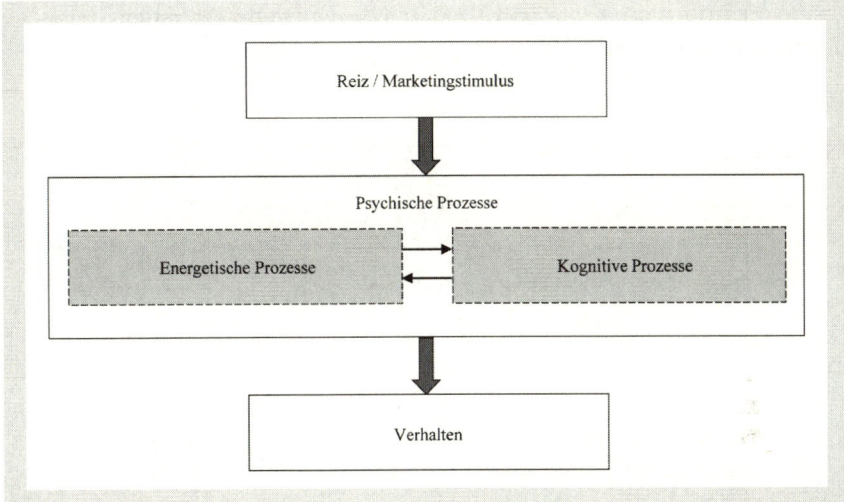

Abb. 11: Zusammenspiel energetischer und kognitiver psychischer Komponenten

Energetische Faktoren und Prozesse sind jene, die den Menschen mit Schubkraft ausstatten und Verhalten antreiben.

Kognitive Prozesse und Faktoren sind gedanklich kontrollierend ausgerichtet und tendenziell rationaler und bewusster Natur. Kennzeichnend ist die starke Bezugnahme auf die Informationsverarbeitung beim Menschen. Kognitiven Prozessen wird eine wichtige Rolle für die bewusste Verhaltenssteuerung zugewiesen.

Die mit Blick auf die Erklärung des Konsumentenverhaltens zentralen (und nachfolgend zu betrachtenden) Aspekte sind (vgl. Abb. 12):

- Aktivierung
- Emotion
- Motivation
- Einstellung
- Zufriedenheit
- Wahrnehmung und Urteil
- Wissen und Lernen

Psychische Phänomene entstehen im Zusammenwirken energetischer und kognitiver Prozesse. Energetische Prozesse sind relevant für Antriebe, während sich kognitive Prozesse insbesondere

auf die Informationsverarbeitung und die bewusste Verhaltenssteuerung beziehen.

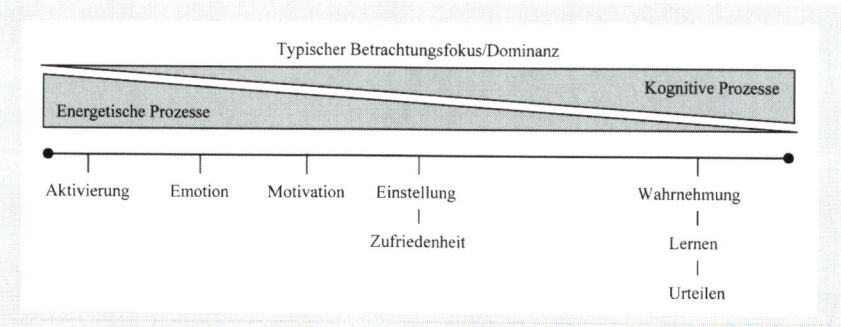

Abb. 12: Konstrukte und ihre Einordnung in das Zusammenspiel von kognitiven und energetischen Prozessen (schematische, vereinfachende Darstellung)

3.3.2.2 Energetisch dominierte Konstrukte und Prozesse

Aktivierung

Aktivierung ist der **grundlegende physiologische Erregungszustand**, der den menschlichen Körper reaktionsbereit macht. Sie beeinflusst Leistungsbereitschaft und Leistungsfähigkeit des Konsumenten. Davon abgesehen, dass Aktivierung die Grundvoraussetzung für viele andere psychische Prozesse bildet (aufgrund der mit ihr verbundenen Schubkraft), wird sie im Marketingkontext vor allem wegen ihrer Kontaktwirkung und ihrer Verstärkerwirkung betrachtet.

Die **Kontaktwirkung der Aktivierung** bezieht sich darauf, dass das gezielte Auslösen von Aktivierung regelmäßig eine Hinwendung zum auslösenden Reiz führt. Beispielsweise bewirkt plötzlich auftretende laute Musik an einem Messestand, dass Messebesucher in der unmittelbaren Entfernung dieses Standes zumindest kurzzeitig ihren Blick in Richtung des Messestands richten. Das ist eine menschlich angeborene Reaktion, die man im Marketing gezielt einsetzt. Der **Kontakt** zum Konsumenten ist die Voraussetzung dafür, dass Marketinginformationen von Konsumenten wahrgenommen werden, sie ist jedoch noch keine Garantie dafür.

Für das gezielte Auslösen von Aktivierung werden im Marketing drei grundlegende Techniken eingesetzt:

- Einsatz **physisch intensiver Reize**: Dazu zählen überdurchschnittlich groß, farblich intensiv oder laut umgesetzte Marketingreize, zum Beispiel überlebensgroße Pappaufsteller in Supermärkten.

- Einsatz **überraschender Reize**: Damit sind Marketingumsetzungen gemeint, die gegen Erwartungen verstoßen und daher gedankliche Widersprüche auslösen. In diesem Zusammenhang wird oft mit Verfremdungen gearbeitet (z. B. Darstellung eines Gesichtes mit drei Augen).
- Einsatz **emotionaler Reize**: Hier werden biologische Schlüsselreize genutzt (z. B. Kindchenschema), erotische Reize (z. B. Busen) oder kulturell bzw. zielgruppenspezifisch gelernte Reizkategorien (z. B. die Szene eines Fußballspiels).

Neben der Kontaktwirkung ist die **Verstärkerwirkung der Aktivierung** erheblich. Damit ist der Zusammenhang gemeint, dass ausgelöste Aktivierung zu **verbesserter Aufnahme, Verarbeitung und auch Speicherung von Marketinginformationen** beim Konsumenten führt. So werden zum Beispiel ausgefallen oder auffällig gestaltete Banneranzeigen auf Webseiten besser erinnert. Dies wird über die höhere Aktivierungskraft erklärt.

Das Grundniveau der Aktivierung (tonische Aktivierung) ist individuell verschieden und verändert sich im Tagesablauf. Durch den gezielten Einsatz von Reizen im Marketing kann man das Aktivierungsniveau des Konsumenten kurzzeitig erhöhen (**phasische Aktivierung**). Ebenso können aber auch innere Reize (z. B. eine Erinnerung, ein Gedanke) zu einer phasischen Aktivierung führen.

Aktivierung steht in enger Verbindung zu den Konstrukten Involvement und Aufmerksamkeit. Die Messung der Aktivierung erfolgt in der Regel über physiologische Indikatoren wie eine Veränderung des Hautwiederstandes oder der Herzrate.

Emotionen
Als Emotionen bezeichnet man **innere Erregungszustände, die als angenehm oder unangenehm interpretiert werden**. Diese Interpretation kann sehr bewusst oder auch eher unbewusst geschehen. Zu Klassifizierung der möglichen Ausprägungsformen und Qualitäten (und damit auch zur besseren sprachlichen Fassbarkeit) sind diverse Systeme entwickelt worden, u. a. die Unterteilung in sog. Primäremotionen wie Freude, Angst oder Trauer und Sekundäremotionen wie z. B. Neugier, Vergnügen oder Enttäuschung.

Über den Zusammenhang bzw. die Abfolge der Bestandteile „wahrgenommener auslösender Sachverhalt" (z. B. ein Schatten) „wahrgenommener Erregungszustand" (z. B. Herzrasen), ihrer Interpretation („Ich habe Angst!") und dem Konstrukt Emotion existieren konkurrierende Emotionstheorien. Nach wie vor ist umstritten, ob gilt „ich bin traurig, weil jemand gestorben ist" oder

„ich weine, weil jemand gestorben ist, also bin ich traurig" oder „ich bin traurig, also weine ich, und das ist im Tod einer Person begründet".

Emotionen spielen für Marketinganwendungen eine sehr bedeutende Rolle. Der Einsatz emotionaler Reize zu Auslösung oder Verstärkung von Emotionen erfolgt vor dem Hintergrund von zwei Wirkungspfaden:

– Emotionen als Bestandteil einer **positiven Wahrnehmungsatmosphäre**: Damit soll erreicht werden, dass Informationen leichter aufgenommen, positiver bewertet und besser erinnert werden. Charakteristisch für diese Einsatzform ist, dass positive emotionale Reize eingesetzt werden, diese jedoch im Hintergrund bleiben. Es geht hier um Gefälligkeit, um das „Angenehm-Finden". Beispiel: Die ansprechende Gestaltung eines Verkaufsraumes, die dazu führt, dass sich ein Kunde wohlfühlt.

– Emotionen als Teil von **Erlebniswirkungen**: Diese Anwendung geht über die atmosphärischen Wirkungen hinaus, weil hier das Produkt oder eine Marke mit konkreten Emotionen (bzw. meist sogar mit Bündeln mehrerer Emotionen) verknüpft werden soll. Die emotionalen Reize dienen also dem Imageaufbau und sind daher auch dominanter Bestandteil. Sie müssen zudem wiederholt und in gleichartiger Weise gemeinsam mit dem Produkt oder der Marke dargeboten werden. Beispiel: Die Marke Globetrotter vermittelt über Kataloggestaltung, die eigenen Geschäfte (in dem sogar mit mehreren Sinnen eigene Erfahrungen durch Ausprobieren gemacht werden können), die Werbung und ihren Onlineshop konsistent ein Erlebnis rund um „Freiheit, Natur und Träume leben". Damit soll diese Marke mit dem entsprechenden Erlebnis verbunden werden. Analog verfährt auch die Mode-Marke Hollister.

Hauptinstrumente zur **Vermittlung und Ansprache von Emotionen** sind vor allem bildliche Medien und multisensuale Reizkonstellationen.

Zur Messung von Emotionen stehen spezifische Verfahren zur Verfügung, die meist gleichzeitig an der Erfassung der physiologischen Erregung (z. B. Messung der Herzrate), an der subjektiven Interpretation dieses Zustandes (z. B. Bilderskala zum Empfinden) und am Emotionsausdruck (z. B. Analyse der Mimik) ansetzen.

Motivation
Motivation beschäftigt sich mit den Ursachen und Antrieben für Handeln. Sie lässt sich als die Existenz einer **Antriebskraft** beschreiben, **die mit einer Zielorientierung** verbunden ist. Dementsprechend beantwortet Motivation Fragen nach der Auslösung, Intensität und Richtung von Handlungstendenzen.

Motivation beinhaltet **energetische und kognitive Anteile**. Energetische, da Emotionen oder Mangelzustände den Menschen mit Handlungsbereitschaft ausstatten; kognitive, da a) eine innere Zielsetzung erfolgen muss, b) eine innere Bewertung darüber erfolgen muss, wie wichtig das Ziel ist und c) eine innere Bewertung darüber erfolgen muss, wie das Ziel erreicht werden kann.

Die Marketinganwendung steht vor der Herausforderung, Motive des Konsumenten zu identifizieren, diese gezielt anzusprechen bzw. aktiv werden zu lassen und schließlich auch zu befriedigen.

Zur Erklärung und Beschreibung motivationaler Phänomene wurden zahlreiche Modelle entwickelt. Sie lassen sich in die zwei Kategorien Inhaltstheorien und Prozesstheorien gliedern. Zu den **Inhaltstheorien** zählen biologische Konzepte wie Instinkte oder Triebe, die Maslow'sche Bedürfnishierarchie, McClellands Theorie der gelernten Motivation oder die ERB-Theorie von Alderfer. Ihnen ist gemeinsam, dass sie ihren Erklärungsschwerpunkt auf die treibenden Kräfte hinter einem Verhalten legen. Im Marketingkontext bekannt sind auch die **Konsummotive** mittlerer Reichweite nach Trommsdorff:

- Ökonomik/Sparsamkeit/Rationalität
- Soziale Wünschbarkeit/Normenunterwerfung
- Lust/Erregung/Neugier
- Sex/Erotik
- Angst/Furch/Risikoneigung
- Konsistenz/Dissonanz/Konflikt
- Prestige/Status/soziale Anerkennung

Für das Marketing spielen auch zwei weitere spezifische Inhaltstheorien eine herausragende Rolle:

- **Reaktanztheorie**: Empfindet ein Konsument eigene Freiheitsgrade als bedroht, so kann er auf die auslösenden Maßnahmen mit verdeckter oder offener Abwehr reagieren. Dieses spezielle Motiv zur komplexen Gegenreaktion auf Einengung bzw. zum Erhalt von Freiheiten bezeichnet man als Reaktanz. Beispiel für eine Reaktanzreaktion: In einem Beratungsgespräch zu einem möglichen Versicherungsvertrag nutzt der Berater aggressive Verkaufstechniken und setzt eine stark überredende Gesprächsführung ein, die einen starken Druck auf den Kunden aufbaut, noch heute den Vertrag zu unterschreiben. Der Kunde reagiert darauf mit Rückzug und blockt weitere Kontakte mit diesem Kundenberater und dieser Versicherung ab. Stattdessen sucht er ein Gespräch mit einer anderen Versicherung.

– **Dissonanztheorie**: Dissonanzen sind empfundene Unstimmigkeiten oder Ungleichgewichte zwischen Kognitionen. Grundannahme ist dabei, dass jeder Mensch dissonante Information als psychisch unangenehm empfindet und danach strebt, diesen Zustand zu beseitigen oder ihn gar nicht erst entstehen zu lassen. Beispielsweise kann eine wahrgenommenen Dissonanz vorliegen, wenn jemand den Wunsch nach gesunder Ernährungsweise hat, er aber weiß, dass es gerade etwas Ungesundes zu sich nimmt. Um die durch die Dissonanz ausgelöste Spannung abzubauen – die Dissonanz zu reduzieren – können individuell mehrere Strategien erfolgreich sein. Häufig wird der Widerspruch heruntergespielt („So ungesund ist dieses Nahrungsmittel ja gar nicht."), das Verhalten wird als erzwungen dargestellt („ Ich musste das ja essen, sonst wäre der andere beleidigt gewesen.") oder es wird vermehrt nach Information gesucht, die das Ungleichgewicht mildern („Immerhin enthält dieses Nahrungsmittel nachgewiesenermaßen ja auch viele Vitamine.")

Im Marketing sind **Techniken zur Dissonanzreduktion**, z. B. durch das Liefern entsprechender Argumente oder von bestätigender Information bedeutsam, um die Folgen von Dissonanzen, nämlich das Abwenden oder das Aufschieben einer Kaufentscheidung, zu reduzieren.

Prozesstheorien der Motivation beschäftigen sich stärker mit der Frage, wie Motivation und motiviertes Verhalten überhaupt zustande kommt. Meist sind hier kognitive Komponenten besonders bedeutsam. Motivierende Kräfte werden bei diesen Theorien häufig als regulative Funktion verstanden, die dazu beiträgt, bestimmte Ziele zu erreichen. Ziel-Mittel-Zusammenhänge und innerer Bewertungen dieser Zusammenhänge spielen eine besondere Rolle.

Bekannte Vertreter solcher Prozesstheorien sind **Erwartungs-Wert-Theorien** nach der Grundidee von Vroom. Nach ihnen bestimmt sich die Stärke der Motivation für eine Handlung u. a. aus dem Zusammenwirken a) der subjektiven Erwartung, dass die Ergebnisse der Handlung eintreten sowie b) der persönliche Bedeutung (Belohnungswert; Valenz) eines Ergebnisses. An beiden Faktoren ergeben sich Ansatzpunkte für Marketingmaßnahmen, um die Motivation zu beeinflussen.

Zur **Messung von Motiven** im Marketing werden vor allem qualitative und insbesondere auch **projektive Verfahren** herangezogen. Projektiv nennt man Verfahren, die die Befragten über indirekte Fragetechniken dazu bewegen, eigene Charakterzüge in die Umwelt zu „projizieren". Dabei unterstellt man, dass Individuen die Tendenz besitzen, einer anderen Person oder Sache eigene Gefühle, Gedanken, Einstellungen oder Motive zuzuschreiben. Wesentlich sind auch **Means-End-Analysen**. Diese Technik misst und verdichtet individuelle Means-End-Ketten, die abbilden, in welcher Weise Konsumenten Produkte oder Leistungen als Mittel [„means"] ansehen, um Werte oder Ziele zu erreichen [„ends"]. So könnte beispielsweise die Kette vom konkreten, objektiven Merkmale einer Inlineskating-Schuhs „geringes Gewicht" über zunehmend abstrakte Attribute wie „rollt gleichmäßiger" bis zu nutzenstiftenden Konsequenzen „geringere Anstrengung beim Fahren" und schließlich zu den Werten „Fitness" und „eine gute Figur haben" verlaufen. Es existieren weiterhin geprüfte Fragebögen und psychologische Testverfahren zur Erfassung bestimmter Motive bzw. Motivationssituationen.

Einstellung
Einstellungen sind globale und relativ stabile Bewertungen von Objekten, Themen oder Personen. Sie können auf kognitiven, emotionalen oder verhaltensbezogenen Informationen und Erfahrungen beruhen.

Beispiel: Ein Konsument legt großen Wert auf eine ausführliche Beratung und einen umfangreichen Nachkaufservice beim Kauf von Möbeln. Da er in einem regionalen Möbelfachgeschäft schon mehrfach eine intensive und gute Beratung erhalten und auch Serviceleistungen in Anspruch genommen hat, hat er eine positive Einstellung zu diesem Geschäft.

Wesentliche Theorien zu Einstellungen gehen davon aus, dass bei Einstellungen drei Komponenten zusammenwirken (jedoch existieren über die Art des Zusammenwirkens durchaus unterschiedliche Auffassungen).

- **Emotionale bzw. motivationale Komponente**: Mit der Einstellung verbundene Gefühle oder Motive – „Die Marke gefällt mir".
- **Kognitive Komponente**: Erfahrungen und Wissen rund um das Einstellungsobjekt – „Die Marke hat in Tests gut abgeschnitten".
- **Verhaltenskomponente**: Bereitschaft, Handlungen auszuführen – „Diese Marke werde ich kaufen/empfehlen".

Entsprechend setzt die **Messung von Einstellungen** meist an diesem Komponenten an. Verbreitet sind dabei sogenannte **Multiattributmodelle**. Sie erfassen diverse Eigenschaften von Objekten nach subjektiven, affektiven und kognitiven Komponenten und der Relevanz; je nach Modell werden diese Teilwerte dann unterschiedlich miteinander verknüpft. Neben solchen expliziten Messmethoden existieren **implizite Verfahren**, die so ausgerichtet sind, dass die Befragten ihre Antworten nicht bewusst mit der eigenen Person verbinden. Beispielsweise wird dabei nach dem Verhalten oder den Einstellungen einer dritten Person gefragt, um dann auf die befragte Person zu schließen („Welche Einstellung haben Ihre Kommilitonen gegenüber ausländischen Studierenden?"). Weiterhin kann man mit Reaktionszeiten arbeiten, um darauf zu schließen, wie stark bestimmte Inhalte mit Objekten verbunden sind.

In weiten Bereichen geht man davon aus, dass sich eine positive Einstellung positiv auf eine Kaufwahrscheinlichkeit auswirkt. Mit der Stärke der positiven Einstellung sollte demnach die Kaufwahrscheinlichkeit steigen (sog. **E-V-Hypothese**: Einstellung bestimmt das Verhalten). Jedoch lässt sich immer wieder (auch in zahlreichen Studien) zeigen, dass positive Einstellungen nicht immer zum entsprechenden Verhalten oder zum Kauf führen. Erfasst man zum Beispiel bei Konsumenten Einstellungen zum umweltbewussten Verhalten, so lässt sich oft eine positive Einstellung zur Umwelt finden. Analysiert man bei diesen Personen das umweltbewusste Verhalten, so lassen sich oft zahlreiche Widersprüche zwischen der positiven Einstellung und einem entsprechend umweltbewussten Verhalten aufzeigen.

Oft findet man den Zusammenhang, dass abgefragte Einstellungen erst aus dem eigenen Verhalten „erschlossen" werden (sog. **V-E-Hypothese**: Verhalten bestimmt die Einstellung) oder erst in der Befragungssituation gebildet werden. Dies kann mittels Dissonanzreduktion erklärt werden. Nach dem Motto: „Wenn ich das teurere Produkt gekauft habe, muss ich wohl Wert auf Qualität legen, sonst hätte ich mich ja nicht wirtschaftlich verhalten". Um die unangenehmen Spannungen einer Dissonanz zu vermeiden, wird die entsprechende Einstellung zitiert.

Auch andere Faktoren wie Normen, Erwartungen, eigene Beeinflussbarkeit oder Involvement beeinflussen, ob man von der Einstellung auf das Verhalten schließen kann.

Der im Marketingkotext wichtige Begriff „**Image**" zeigt eine hohe Überschneidung mit dem Einstellungsbegriff. Oft wird Image als ein mehrdimensionales Einstellungskonstrukt abgegrenzt. Für die meisten Anwendungen können Einstellung und Image jedoch synonym benutzt werden.

Zufriedenheit

Kundenzufriedenheit gilt als wichtige Zielgröße einer langfristig stabilen und wirtschaftlichen Kundenbeziehung. Zufriedenheit als ein positives Gefühl nach einer Handlung wird verstanden als das **Ergebnis einer Vergleichsprozesses zwischen den Erwartungen des Kunden und an eine Leistung und der tatsächlich wahrgenommenen Leistung** (vgl. Abb. 13). Ansatzpunkte zu **Beeinflussung des Zufriedenheitsurteils** ergeben sich demnach am Wissen/den Erwartungen und der Wahrnehmung der Leistung.

Man geht davon aus, dass Verhalten, mit dem man zufrieden war, wiederholt/ verstärkt wird und es beim Wiederholen mit geringerem Involvement abläuft. Ein zufriedener Kunde kauft in einer vergleichbaren Situation wahrscheinlich ohne intensive Entscheidungsprozesse nochmals. Daher diskutiert man Zufriedenheit auch als wichtigen Baustein auf dem „Weg" zur Marken-/Produkttreue.

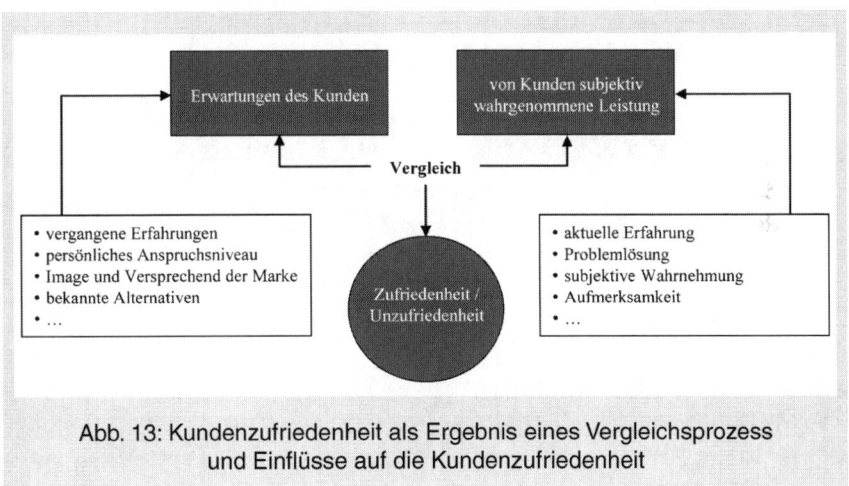

Abb. 13: Kundenzufriedenheit als Ergebnis eines Vergleichsprozess und Einflüsse auf die Kundenzufriedenheit

Zu Erklärung der Entstehung von Zufriedenheit bzw. Unzufriedenheit ist das sogenannte **Confirmation/Disconfirmation-Modell (C/D-Modell)** gut geeignet. Danach kommt es zum Vergleich der Erwartungen (Soll-Leistungen) mit dem subjektiv wahrgenommenen Leistungsniveau (Ist-Leistung). Der Verglich kann in drei Ergebnisse münden (vgl. Abb. 14):

- Ist < Soll: Die Erwartungen werden nicht erfüllt (negative Disconfirmation). Es resultiert Unzufriedenheit.

- Ist = Soll: Die Erwartungen werden bestätigt (Confirmation). Neutrale Zufriedenheit resultiert.

- Ist > Soll: Die Erwartungen werden übertroffen (positive Disconfirmation). Erhöhte Zufriedenheit resultiert. Gegebenenfalls werden die Erwartungen angepasst.

Große Beachtung zur Erklärung von Kundenzufriedenheit hat auch das **Kano-Modell** gefunden. Es stützt sich auf die Annahme, dass der Zusammenhang zwischen dem Erfüllungsgrad der Erwartungen und der Zufriedenheit von der Art der Anforderungen abhängig ist. Das Modell unterscheidet zwischen drei Arten von Anforderungen:

– Basisanforderungen: Diese Produkteigenschaften müssen aus Sicht des Kunden selbstverständlich erfüllt sein. Schon bei geringfügiger Nicht-erfüllung resultiert eine hohe Unzufriedenheit. Andererseits führt eine Erfüllung nicht zur Zufriedenheit, sondern nur zur Nicht-Unzufriedenheit. Eine Übererfüllung der Erwartungen bei diesen Anforderungen kann die Zufriedenheit nicht mehr steigern. Beispiel: Bezahlmöglichkeit mit Kreditkarte im Restaurant.

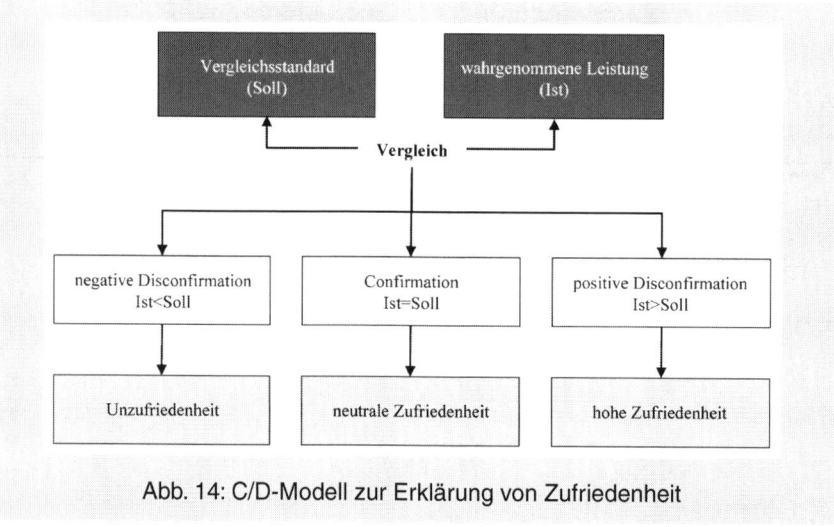

Abb. 14: C/D-Modell zur Erklärung von Zufriedenheit

– Leistungsanforderungen: Dieses sind Anforderungen, die vom Kunden explizit verlangt (und artikuliert) werden. Die Zufriedenheit verhält sich bei diesen Anforderungen nahezu linear zum Erfüllungsgrad. Je höher der Erfüllungsgrad, desto höher die Zufriedenheit. Nicht-Erfüllung führt zur Unzufriedenheit. Beispiel: Preis-Leistungsverhältnis bei einer Urlaubsreise.

– Begeisterungsanforderungen: Anforderungen, die nicht erwartet werden, weil sie im Markt nicht üblich sind. Entsprechend werden sie auch nicht artikuliert. Ihre Erfüllung führt zu überproportionaler Zufriedenheit. Eine Nicht-Erfüllung macht jedoch auch nicht unzufrieden. Zu beachten ist, dass Begeisterungsanforderungen im Zeitablauf nicht konstant sind, weil sich Standards im Markt und damit Ansprüche von Kunden weiterentwickeln. Begeisterungsfaktoren von heute müssen daher keine von morgen sein. Beispiel: Die Autowerkstatt, die den Wagen nach der Inspektion komplett gereinigt wieder übergibt.

Abb. 15 verdeutlicht den Zusammenhang zwischen dem Erfüllungsgrad der drei Anforderungsarten und der Ausprägung von Zufriedenheit.

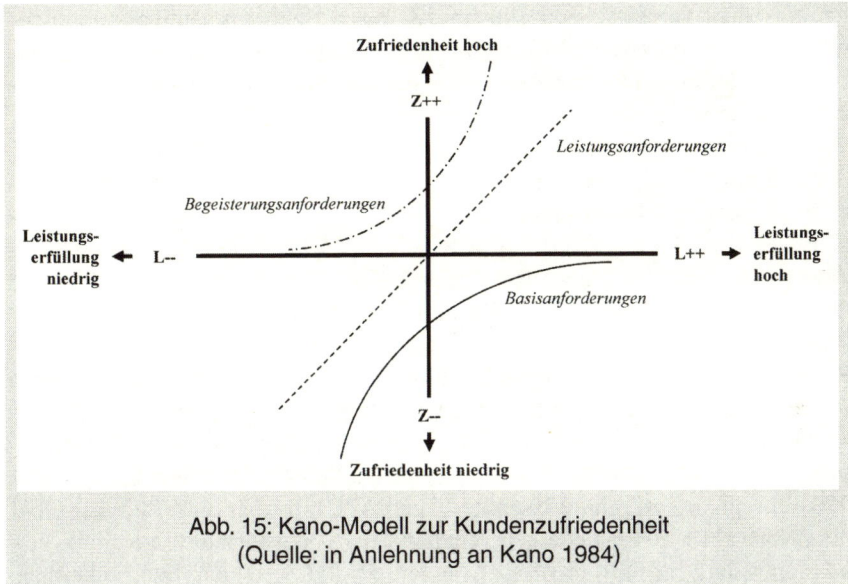

Abb. 15: Kano-Modell zur Kundenzufriedenheit
(Quelle: in Anlehnung an Kano 1984)

Zur Messung der Kundenzufriedenheit werden zahlreiche Ansätze diskutiert, die entweder an objektiven Größen (wie Abwanderungsraten), an an Kunden erhobenen subjektiven merkmalsbezogenen Werten (wie Befragungen mit Zufriedenheitsskalen) oder an unstrukturiert an Kunden ermittelten Anhaltspunkten ansetzen[5].

Aktivierung, Emotionen, Motivation, Einstellung und Zufriedenheit sind elementare Erklärungskonstrukte für das Zustandekommen individuellen Kaufverhaltens. Aufgrund der Betonung der beinhalteten Antriebskräfte werden sie zu den energetisch dominierten Faktoren und Prozessen gerechnet. Jedoch wirken bei ihnen stets auch kognitive Einflüsse.

3.3.2.3 Kognitiv dominierte Konstrukte und Prozesse

Kognitiv dominierte Konstrukte und Prozesse betonen die Rolle einer (bewussten) gedanklichen Kontrolle. Jedoch stehen sie stets in Verbindung mit energetischen Prozessen (vgl. Abschnitt 3.3.2.1).

Als Bezugsmodell für die Diskussion kognitiver Prozesse ist das **Drei-Speicher-Modell** verbreitet. Es erweist sich als sehr anschaulicher Ansatz, ist al-

---

5   Eine Zusammenstellung findet sich u. a. bei Homburg/Rudolph (1995).

lerdings stark vereinfachend und spiegelt auch nicht den heutigen Stand des gedächtnispsychologischen Wissens wider. Dennoch lassen sich wesentliche Vorgänge der Informationsverarbeitung der Konsumenten anhand des Modells gut erläutern.

Anhand des Modells werden Vorgänge von der Reizverarbeitung bis zur Reaktion erklärt, indem auf drei unterschiedlich spezialisierte Speicher[6] zurückgegriffen wird. Diese sind der **sensorische Speicher (SIS)**, der **Arbeitsspeicher (AS)** sowie der **Langzeitspeicher (LZS)**. Abb. 16 gibt den Aufbau und die Verbindungen zwischen den Komponenten wieder.

Reize wie z. B. ein Geräusch werden als Vorbereitung ihrer Weiterverarbeitung für Sekundenbruchteile im SIS sehr detailgetreu zwischengespeichert. Danach sind diese passiv festgehaltenen „Nachbilder" mit ihrer großen Informationsmenge allerdings verfallen und damit verloren. Im AS wird eine sehr begrenzte Auswahl (nur bis zu zehn Wissenseinheiten) von Informationen für einen Zeitraum von ca. 18–20 Sekunden vorgehalten. Hier findet auch die eigentliche Verarbeitung statt, indem (Um-)Bewertungen, Strukturierungen, Interpretationen und Entscheidungen erfolgen oder neue Verknüpfungen vorgenommen werden. Beim LZG hingegen sind Kapazität und Speicherdauer unbegrenzt. Inhalte, die dort abgelegt werden, gehen also nie mehr verloren. Die Inhalte im LZS können Fakten, Interpretationsregeln oder Problemlösungsmuster (semantisches Gedächtnis), autobiografische, ichbezogen zeitlich geordnete Information (episodisches Gedächtnis) oder aber auch körperliche Handlungsmuster (prozedurales Gedächtnis) sein.

Die Interaktion zwischen den Speichern lässt sich wie folgt umreißen: Reize gelangen zunächst in den SIS. Eine kleine Auswahl dieser Inhalte aus dem SIS gelangt dann in den AS, wo sie mit Informationen zusammentreffen, die aus dem LZG in den AS gelangt sind. Vom AS können (auch durch Verknüpfung neu entstandene) Informationen in den LZS übernommen werden. Die verhaltenssteuernde Reaktion erfolgt auf Basis der Interpretation der aktuell im AS enthaltenen Inhalte.

An dieser Stelle werden schon bedeutsame „Schwellen" erkennbar, die die Informationsverarbeitung beeinflussen (vgl. Abb. 16). Die erste Schwelle besteht in der notwendigen Zuwendung zu einem Reiz. Findet diese nicht statt, erfolgt

---

6   Dabei sind die hier angenommenen „Speicher" rein logischer Natur. Sie stellen keine neurologischen Einheiten dar und sagen auch nicht aus, dass bestimmte Prozesse in bestimmten Hirnregionen ablaufen.

keine Reizaufnahme in den SIS. Die zweite Schwelle liegt im Übergang zwischen SIS und AG. Aufgrund der Kapazitätsbeschränkung des AS kann nur ein sehr geringer Ausschnitt von Informationen in den AS gelangen. Damit eine Information für die Übernahme in Frage kommt, muss ihr ein entsprechendes Interesse entgegengebracht werden oder die Information an sich muss aktivierend sein. Weitere Schwellen bestehen im Übergang zwischen AS und LZS. Beim Abruf aus dem LZG muss die „richtige" Information auffindbar und zugriffsfähig sein. Beim Informationsübergang vom AS zum LZG hingegen kommt es darauf an, dass Inhalte des AS übertragen und sinnvoll sowie auffindbar in die Inhalte des LZG eingebunden werden. Deutlich wird, dass diese kognitiven Vorgänge der Informationsverarbeitung im Wesentlichen nicht passiv ablaufen, sondern eine kognitive Aktivität erfordern.

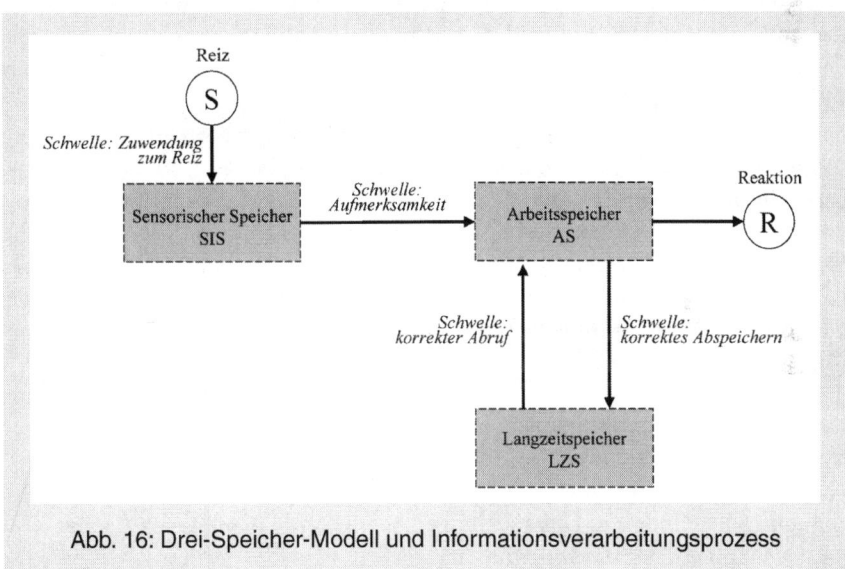

Abb. 16: Drei-Speicher-Modell und Informationsverarbeitungsprozess

Beispiel: Ein Kunde betritt den Verkaufsraum einer Bank, in dem ein Aufsteller installiert ist, auf dem eine bildbasierte Werbebotschaft zum Thema „sichere Finanzanlagen" aufgebracht ist. Voraussetzung dafür, dass es zum Kontakt mit dieser gezeigten Botschaft kommt, ist eine Hinwendung zu diesem Reiz (z. B. durch die auffällige Bildgestaltung). Erst dadurch und die anschließende Aufnahme, z. B. über den Sehsinn, können die verbundenen Informationen in den SIS gelangen. Damit aus der Fülle der im SIS verfügbaren Informationen jene zur Werbebotschaft für eine Weiterverarbeitung in den AS übernommen werden können, muss dieser Ausschnitt aus der Informationsflut (bewusst oder unbewusst) mit einer gewissen Aufmerksamkeit bedacht sein, sonst entgehen die Informationen der Überführung ins AS. Hier könnte es der Fall sein, dass der

Kunde sich in der Situation befindet, sowieso gerade über Anlagemöglichkeiten
für eine Geldsumme aus einer Erbschaft nachzudenken. Damit wäre die Übernahme der Information ins AS wahrscheinlich, weil der Kunde also ein höheres
Involvement für dieses Thema aufweist. Die so in den AS übernommene Information wird mit den gleichzeitig im AS vorhandenen Informationen verglichen,
ggf. auch nachdem weitere relevante Informationen (z. B. Wissen um Angebote anderer Banken oder Alternativen) aus dem LZS ins AS gelangt sind. Aus
dem Abgleich kann dann z. B. ein Urteil über die Bank und die auf dem Aufsteller beworbene Leistung entstehen. Das Ergebnis/das Urteil hängt von den
aus dem LZS abgerufenen und den im AS befindlichen Informationselementen
ab. Dieses Urteil wird dann wiederum im LSZ abgelegt. Ebenso könnte aus der
Verarbeitung im AS eine Handlungsmotivation entstehen, die dafür sorgt, dass
der Kunde einen Servicemitarbeiter der in der Filiale nach den wahrgenommenen Finanzanlagen fragt und so weitere Informationen einholt.

Informationsaufnahme und Wahrnehmung
Die Informationsaufnahme beinhaltet alle Vorgänge zur Überführung von Informationen in den Arbeitsspeicher. Folglich gibt es einerseits eine **externe Informationsaufnahme**, indem Reizinformation aus dem SIS in den AS übernommen wird. Bei einer bewussten und gezielten Informationssuche steht
dies auch in Zusammenhang mit einer gezielten Zuwendung zu Reizen, z. B.
in Form einer Informationsrecherche im Internet. Andererseits gibt es daneben
eine **interne Informationsaufnahme**. Darunter versteht man den Abruf von
Information aus dem LZS.

Wahrnehmung umfasst neben einer Informationsaufnahme auch die subjektive Auswahl und Interpretation der Information in AS, es wird individuell Sinn
verliehen – vor dem Hintergrund der weiteren Informationen, die sich gleichzeitig im AS befinden, z. B. Erwartungen oder Erfahrungen (die aktiv oder passiv aus dem LZG übertragen wurden).

> **Wahrnehmung ist ein aktiver, selektiver und subjektiver Vorgang
> der menschlichen Informationsverarbeitung.**

Um Marketingziele zu erreichen, ist die Kenntnis dieser besonderen Filterwir-
kung der Wahrnehmung bedeutsam. Man denke zum Beispiel an den Einsatz
eines Werbebanners in einem Supermarkt. Die Marketingaufgabe ist nicht damit getan, ein Banner an sich überhaupt aufzustellen. Vielmehr geht es darum,
sicherzustellen, dass die angestrebte Wirkung auch möglichst gut erreicht wird.
Aus Marketingsicht muss daher durchdacht werden, wie es am besten gelingt,
beim einkaufenden Kunden a) die Hinwendung zum Reiz zu erreichen, b) zu
unterstützen, dass gerade diese Reizinformation in den AS gelangt, sowie c) da-

für zu sorgen, dass die gewünschte Interpretation der Information erfolgt – dafür müsste dann der Abruf von Informationen aus dem LZG angeregt werden, die für eine solche Interpretation förderlich sind. Aus diesen Zusammenhängen ergeben sich beispielsweise schon zahlreiche Anforderungen an die Gestaltung und die Platzierung des Banners.

Urteilen
Im AS laufen permanent zahlreiche Beurteilungsprozesse ab. Nimmt man den konkreten Fall einer **Produktbeurteilung**, so bedeutet dies, dass die extern aufgenommenen aktuellen Informationen mit den aus den LZG abgerufenen (gespeicherten) Informationen in Beziehung gesetzt werden. Dies mündet in eine subjektive Einschätzung des Produktes.

Sowohl die aktuell verfügbaren als auch die gespeicherten Informationen können sich direkt auf das Produkt (z. B. wahrgenommene Form und Farbe oder erinnerte Werbung) oder aber auf das Umfeld des Produktes (z. B. Testberichte, Verkaufspersonal oder erinnerte Empfehlungen von Freunden) beziehen.

Um das Produkturteil zu beeinflussen, kann man somit nicht nur an den aktuell wahrnehmbaren Informationen ansetzten, sondern auch an den gespeicherten Informationen, dem sogenannten **Produktwissen**. Daher ist der gezielte Aufbau bestimmter Gedächtnisinhalte zu Marken oder Produkten durch Kommunikationsmaßnahmen aus Marketingsicht oftmals eine sinnvolle Investition, da von ihnen ein Einfluss auf die Urteilsbildung des Konsumenten ausgeht.

Die Prozesse der Urteilsbildung im AS selbst können nach vielfältigen Mustern ablaufen. Diese werden als „kognitive Programme" verstanden. Dabei dominieren vereinfachende Muster – heuristische Prinzipien[7] –, beispielsweise:

– Schluss von einer Information auf das Gesamturteil, z. B. anhand sogenannter **Schlüsselinformationen** wie eines Testergebnisses, der Marke oder der Preises.

– Schluss von einer Information auf andere Eigenschaften, z. B. vom Gewicht der Waschmaschine auf ihre Lebensdauer.

Urteilsbildung von Konsumenten hat daher wenig mit rationalem oder vernünftigem Entscheiden gemein, sondern ist stets subjektiv. Dies ist zum einen durch

---

7   Heuristiken sind „Daumenregeln", die anhand leicht zugänglicher Informationen schnell und einfach zu hinreichenden Lösungen kommen. Sie erbringen jedoch keine Lösungen im Sinne einer Optimierung. Zur Rolle von Heuristiken bei der Urteilsbildung von Konsumenten vgl. auch Redler 2003, S. 82 ff.

die **vereinfachenden Prinzipien** bedingt, andererseits durch die Besonderheiten der internen und externen Informationsaufnahme begründet. Für das Marketing ergibt sich eine Vielzahl von Ansatzpunkten, um den Beurteilungsprozess zu beeinflussen, z. B. die Vermittlung von Schlüsselinformationen.

> **Urteilsbildung bzw. Produktbeurteilung ist ein subjektiv geprägter Prozess der Informationsverarbeitung, der auf dem Zusammenwirken interner und externer Wahrnehmung sowie (vereinfachenden) mentalen Prinzipien beruht.**

Wissen und Lernen

Im LZG abgelegte Inhalte bezeichnet man als **Wissen**. Die Wissenseinheiten werden bei Bedarf aus dem LZG in den AS abgerufen. Um Wissen zu verändern, müssen die relevanten Einheiten in den AS gelangen, um nach der Umorganisation wieder im LZS abgelegt zu werden. Im Marketing ist vor allem das Produkt- und Markenwissen im Betrachtungsfokus.

Zur Darstellung der Wissenseinheiten und -strukturen von Konsumenten eignen sich **Netzwerkmodelle**. Ihre Elemente sind dem Grunde nach die „Knoten", die für Eigenschaften und Vorstellungen, die mit einem Objekt, z. B. einem Produkt verbunden sind, stehen. Dabei existieren mehrfache Beziehungen unter den „Knoten" (vgl. Abb. 17).

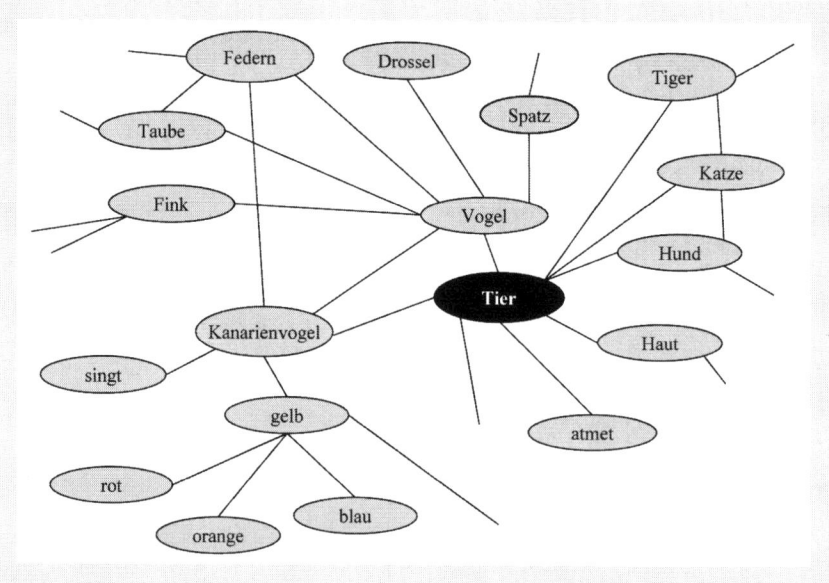

Abb. 17: Wissen als Netzwerk (Ausschnitte am Beispiel Kanarienvogel)

Lernen kann als der Aufbau oder die Veränderung dieser Wissensstrukturen betrachtet werden – zum Beispiel durch neue Erfahrungen, persönliche Berichte, eine wahrgenommene Werbung oder wahrgenommene Informationen aus einem sozialen Netzwerk. Wesentliche Einflüsse auf das Lernen, also wie schnell und nachhaltig die Veränderungen der Wissensstrukturen ablaufen, gehen u. a. vom bereits bestehenden Wissen, der Person, den Lernbedingungen – und insbesondere vom **Involvement** aus. In den häufigen Fällen eines geringen Involvements sind zum Aufbau von Wissen zahlreiche gleichartige Informationen und ihre mehrfache Verarbeitung erforderlich, damit Wissensstrukturen sich verändern und verändert abgespeichert werden. Das bedeutet, dass zum Aufbau von Marken- und Produktwissen die relevanten Botschaften über einen langen Zeitraum gleichartig dargeboten werden, um das Lernen zu erleichtern.

Beispiel: Um eine positive Einstellung gegenüber einer Kaffee-Marke beim Konsumenten aufzubauen und zu verankern, dass diese Marke für ein spezielles schonendes Röstungsverfahren steht, müssen entsprechende Aussagen und Bilder entwickelt werden, die diese Botschaften transportieren können. Diese Aussagen und Bilder müssen dann in gleichartiger Darstellung über einen längeren Zeitraum und über alle Kontakte, die der Konsument zur Marke hat, wahrnehmbar eingesetzt werden.

Wissen wird durch Lernen aufgebaut. Es kann als im LZG abgelegte Wissensstrukturen aufgefasst und durch Netzwerke dargestellt werden.

3.3.3   Kulturelle, soziale und räumliche Faktoren

Die kulturellen, sozialen und räumlichen Aspekte, die auf das Konsumentenverhalten wirken, werden oft unter dem Begriff der **Umwelt** zusammengefasst. Es kann dabei unterteilt werden, ob es sich um eine nähere oder eine weitere Umwelt handelt. Entscheidend ist dabei die Kontakthäufigkeit. Seltene und eher distanzierte Kontakte bestehen bspw. zu Trainingspartnern im Fitnessstudio, zu den zahlreichen anderen Studenten an der eigenen Hochschule oder zur architektonischen Umgebung der Heimatstadt. Daher werden diese der **weiteren Umwelt** zugeordnet. Zur **näheren Umwelt** hingegen bestehen häufige und intensive, oft sehr persönliche Kontakte. Beispiele sind Freunde, Familie, die eigene Wohnung oder die Arbeitsstätte.

Oftmals wird auf einer weiteren Ebene zwischen einer **realen Umwelt** (Erfahrungsumwelt) und einer **medial vermittelten Umwelt** (Medienumwelt) unterschieden. Danach wäre eine reale Erfahrung z. B. die persönlich erlebte Vorlesung, eine medial vermittelte Umwelterfahrung die als Podcast konsumierte Vorlesungseinheit. **Die Aufrechterhaltung einer Trennung zwischen medialer und realer Umwelt ist jedoch umstritten.** Untersuchungen zeigen: Erinnerungen daran, ob Erfahrungen aus Medien oder eigenen direkten Erfahrung stammen, sind kaum verlässlich – die Quellen verschwimmen. Auch sind die Anteile von medialer und realer Erfahrung, die die subjektive Wirklichkeit bestimmen, im Wandel (z. B. aktuell ein zunehmender Anteil von Kontakten mit Freunden über soziale Netzwerke). Dadurch formen sich neuartige Lebenswelten, Lebensumwelten. Letztlich stellen sowohl der reale wie auch der mediale Umweltbereich Wirklichkeit für den Konsumenten dar.

> **Die für den Menschen erlebbare Umwelt besteht aus allen Objekten, die sich im Wahrnehmungsbereich menschlicher Sinne befinden. Sie nimmt Einfluss auf das Verhalten.**

Kultur

Kultur umfasst gesellschaftlich übereinstimmende Muster in Denken, Fühlen und Handeln. Ausdruck findet Kultur oft in Sprache, Symbolen, Ritualen. Durch sie kommt es zu gleichgerichteten Verhaltensweisen in Gesellschaften. Kleinere kulturelle Einheiten, deren Mitglieder kulturelle Ähnlichkeiten zeigen, jedoch in bestimmten Aspekten von den generellen kulturellen Mustern abweichen, werden als **Subkulturen** bezeichnet. So existieren in der deutschen Gesellschaft diverse Jugendkulturen im Sinne von Subkulturen, bspw. die der Skater, der Goths, der Punks, der Hacker, der Gamer, etc. Der Übergang zum Begriff der „Szenen" ist fließend. Aktivitäten und Werte von Subkulturen nehmen immer nur einen (manchmal auch wesentlichen) Teil des Lebensvollzuges ein, Werte und Normen der Hauptkultur haben jedoch nach wie vor eine wichtige Bedeutung.

Im Marketing arbeitet man in diesem Zusammenhang mit dem Ansatz des Lebensstils. Der **Lebensstil** steht für Muster von Verhaltensweisen, Werten und Normen, die für eine abgrenzbare Mehrzahl von Menschen typisch sind. Bekannte Lebensstiltypologien sind die Sinus-Milieus, GfK Roper-Consumer-Styles, VALS II oder die Typologie der Wünsche. Abb. 18 zeigt den Ansatz von Sinus.

Zur Erfassung des Lebensstils greift man auf das Grundprinzip des klassischen **AIO-Ansatzes** zurück. Man misst durch Beobachtung und Befragung die Komponenten A=Aktivitäten, I=Interessen (emotional bedingtes Verhalten) und O=Meinungen (Opinions, kognitive Orientierungen). Zum Beispiel könnte man sich auf das Mediennutzungs- und Urlaubsverhalten (A), auf die Freizeit- oder politischen Interessen (I) sowie auf Einstellungen und Haltungen zu Politik, Wirtschaft oder Werten beziehen (O). Lebensstile sind im

Marketing besonders für die Abgrenzung und genaue Erfassung von Markt-
segmenten relevant.

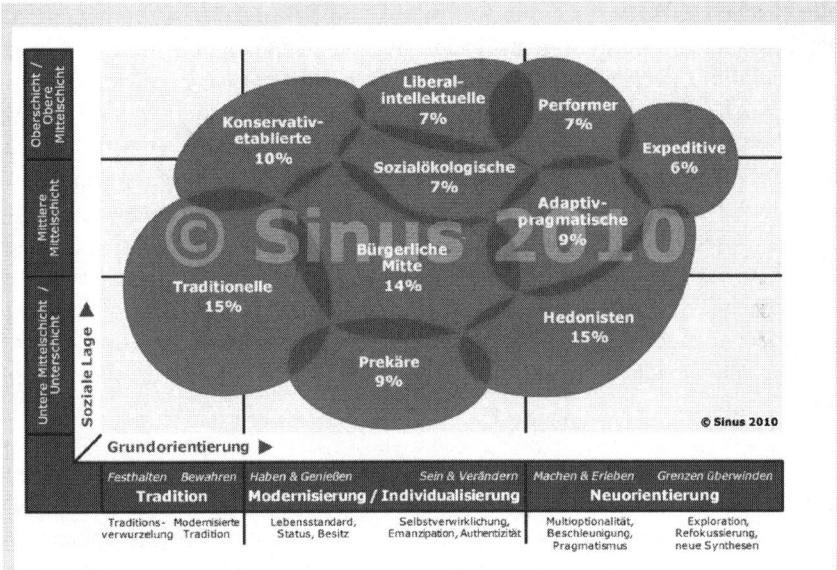

Kurcharakteristik ausgewählter Typen:
Bürgerliche Mitte - 14%
Der leistungs- und anpassungsbereite bürgerliche Mainstream: generelle Bejahung der gesell-
schaftlichen Ordnung; Streben nach beruflicher und sozialer Etablierung, nach gesicherten und
harmonischen Verhältnissen.
Adaptiv-pragmatisches Milieu - 9%
Die zielstrebige junge Mitte der Gesellschaft mit ausgeprägtem Lebenspragmatismus und Nutzen-
kalkül: erfolgsorientiert und kompromissbereit, hedonistisch und konventionell, flexibel und
sicherheitsorientiert.
Sozialökologisches Milieu - 7%
Idealistisches, konsumkritisches / -bewusstes Milieu mit normativen Vorstellungen vom "richtigen"
Leben: Ausgeprägtes ökologisches und soziales Gewissen; Globalisierungs- Skeptiker, Bannerträger
von Political Correctness und Diversity.

Abb. 18: Die Sinus-Milieus als Beispiel für eine Lebensstiltypologie
(Quelle: www.sinus-institut.de)

**Lebensstile sind typische und stabile Muster von Verhaltensweisen,
Einstellungen und Interessen bei Konsumenten.**

Gruppen
Hohe Bedeutung als Einflussfaktor auf das individuelle Kaufverhalten haben
soziale Gruppen. **Gruppen** sind Personenmehrheiten, die Interaktionen unter-

halten, zwischen denen also mehr oder weniger intensive wechselseitige Beziehungen bestehen. Oft werden auch ein Zusammengehörigkeitsgefühl („Wir-Gefühl") und die Verfolgung gemeinsamer Ziele als definitorische Bestandteile gesehen. Gruppen werden in Primär- und Sekundärgruppen eingeteilt. Die Unterscheidung erfolgt nach der Anzahl der Gruppenmitglieder und der Kontaktaufnahme untereinander. In **Primärgruppen**, zu denen die Familie, Nachbarschaft sowie Gruppen von Gleichaltrigen und sozial Gleichgestellten (Peer Groups) zählen, besteht eine relativ hohe Kontaktintensität in Form von persönlichen Kontakten. Es liegt eine hohe gegenseitige Einflussnahme vor. Zu den **Sekundärgruppen** zählen etwa Betriebe und Vereine. In diesen Großgruppen bestehen zum Teil nur unpersönliche, indirekte Kontakte. Eine besondere Rolle spielen **Bezugsgruppen**. Das sind Gruppen, nach denen sich einzelne Personen richten. Bezugsgruppe zu sein ist damit eine passive Eigenschaft. Eine Gruppe wird in dem Moment zur Bezugsgruppe, in dem sich andere an ihnen ausrichten (z. B. für Bewertungen oder Markenwahl).

Gruppen üben einen starken Einfluss auf den Konsumenten aus. Zum einen durch **normative Anpassung** des einzelnen an die Gruppenstandards. Weiterhin gibt es den **Informations-Einfluss**, da der Einzelne Informationen von der Gruppe bezieht. Mit Blick auf die einzelne Person kann **wert-expressives Verhalten** auftreten, das dem einzelnen ermöglicht, seine Zugehörigkeit zur Gruppe darzustellen. Diese Einflüsse sind aus Marketingsicht vor allem bei sozial auffälligen und eher öffentlich konsumierten Gütern relevant.

Innerhalb der Kommunikationsbeziehungen einer Gruppe hat nicht jedes Gruppenmitglied die gleiche Bedeutung. Es lassen sich Personen identifizieren, die bei bestimmten Themen in besonders hohem Austausch mit anderen stehen. Kommt nun noch hinzu, dass sich andere Personen in der Gruppe in ihren Einstellungen und Verhalten nach ihnen richten, so spricht man von **Meinungsführern**. Sie haben in bestimmten Fragen eine anerkannte Autorität.

Anwendung im Marketing: Wesentlich ist es, zunächst Bezugsgruppen bzw. Meinungsführer zu identifiziert. Dann kann im Hinblick auf Marketingziele versucht werden, die Bezugsgruppe oder den Meinungsführer zu beeinflussen (z. B. durch besonders intensive Bereitstellung von Informationen, durch Bemusterungen bzw. kostenlose Ausstattung mit einem Produkt etc.). Ein anderer Ansatz wäre es, sich in der Marketingkommunikation gezielt auf identifizierte Bezugsgruppen mit ihren Normen oder auf Meinungsführer zu beziehen. Zudem ist es möglich, neue Bezugsgruppen zu schaffen.

Familie

Eine für das Marketing besonders relevante soziale Gruppe ist auch die **Familie**[8]. Sie ist dadurch gekennzeichnet, dass die Mitglieder meist täglichen persönlichen Kontakt pflegen, und langfristige, emotionale Beziehungen haben. Auch der gemeinsame Konsum ist typisch.

Direkte Rückwirkungen der Familie auf das Konsumentenverhalten ergeben sich aus den Einflüssen auf das individuelle Kaufverhalten der Familienmitglieder sowie aus den von der Familie gemeinsam getätigten Käufen. Weiterhin ergeben sich **indirekte Einflusswirkungen** der Familie, weil die Familie als Sozialisationsagent Einflüsse, Werte und Verhaltensmuster an das Kind als zukünftigen Konsumenten weitergibt.

Die zeitliche Lebens-Entwicklung von Familien lässt sich anhand von Phasen typischer Verhaltensweisen und Einstellungen charakterisieren und in einem sogenannten **Familienzyklus** abbilden. Dieser kann für eine Segmentierung wichtig sein.

Entscheidungsfindung und Kaufakt laufen bei Familien nicht zwingend bei einer Person zusammen. Oft geht der Bedarfsimpuls von einem einzelnen Mitglied aus, während die Auswahl und Entscheidungsbildung dann unter direkter oder indirekter Beteiligung mehrerer Mitglieder abläuft. Der eigentliche Kauf kann dann wiederum durch eine einzelne Person, jedoch oft eine vom ursprünglichen Impulsgeber verschiedene Person, getätigt werden.

Beispiel: In einer Familie schlägt die Tochter vor, die nächste Urlaubsreise nicht am spanischen Strand zu verbringen, sondern nach Paris zu reisen, um Metropolenflair zu erleben (Bedarfsimpuls). Dies ist bei den anderen Familienmitgliedern höchst umstritten. Der Vater möchte zum Wandern nach Österreich fahren, während die Mutter dafür plädiert, daheim zu bleiben. Der Sohn möchte unbedingt ins südliche Ausland, wohin genau ist ihm egal. Die Diskussionen, weitere Informationsrecherche und das Abwägen von Vor- und Nachteilen aus den einzelnen Perspektiven dauert über mehrere Wochen an. Schließlich einigen sich alle darauf, an die italienische Küste zu reisen und einige Tage in Rom zu verbringen (Entscheidungsfindung). Daraufhin bucht die Mutter die Unterkunft und den Transport online bei einem Reiseanbieter (eigentlicher Kaufakt).

---

[8]   In den aktuellen Diskussionen wird von einem derzeit und auch zukünftig sinkenden Einfluss auf das Verhalten des Einzelnen ausgegangen.

Entsprechend kann in Familien danach unterscheiden werden, von welchem Familienmitglied der Bedarfsimpuls ausgeht, welche Mitglieder bei der Informationssuche und der Bewertung eine Rolle spielen und welches Mitglied den tatsächlichen Kauf tätigt.

Familienrollen und Entscheidungsfindung in der Familie können nach Kultur stark variieren. Afrikanische Kulturen als Beispiel scheinen eher männlich dominiert zu sein, während europäische oder nordamerikanische Kulturen ein eher gleichberechtigteres Muster im Entscheidungsprozess aufzuweisen scheinen. Zudem gibt es Unterschiede nach der Produktart.

Grundsätzlich wurden vier **Arten familiärer Entscheidungsfindung** identifiziert:

- Dominanz der Ehefrau: Die Frau nimmt stärker Einfluss auf die Entscheidung.
- Dominanz des Ehemanns: Der Mann nimmt stärker Einfluss auf die Entscheidung.
- Synkratische oder demokratische Ausprägung: Beide Partner sind an der Entscheidung gleich stark beteiligt.
- Autonomie: Entscheidungen werden vollkommen unabhängig voneinander getroffen.

Kenntnis darüber, welche dieser Spezialisierung am wahrscheinlichsten vorliegt, ist eine wichtige Voraussetzung für das Erreichen der Marketingziele – beispielsweise, weil davon der Stil und der Inhalt einer Werbebotschaft abhängt.

Kinder haben einen starken und oft unterschätzten Einfluss auf das Kaufverhalten von Familien. Zu einen ergeben sich **primäre Einflüsse** dadurch, dass durch Kinder in der Familie ein konkreter zusätzlicher Bedarf entsteht (z. B. nach Babynahrung). Zum anderen existieren **sekundäre Wirkungen**. Diese kommen zustande, weil von den Kindern Kaufanregungen (Wünsche) und Ansprüche (z. B. auch auf bestimmte Marken) ausgehen, die letztlich zu einer hohen Prozentzahl auch in entsprechenden Käufen der Familien existieren. Oft spielt es für die Selbstwahrnehmung der Eltern zudem eine Rolle, welches Image ihr Kind (über die Produkt- und Markennutzung) nach außen praktiziert. Daher sind Eltern bemüht, dieses Image zu steuern. Hierdurch ergibt sich ein weiterer Mechanismus des Kindereinflusses. Entsprechend ergeben sich hier Ansatzpunkte für das Marketing.

Von der Familie gehen direkte und indirekte Einflüsse auf Kaufentscheidungen aus. Sie unterliegen typischen Entscheidungsmustern

in unterschiedlichen Familienzyklusphasen. Der effektive Einfluss von Kindern ist sehr groß.

Räumliche Umwelt

Konsumentenverhalten ist in großen Bereichen auch von der räumlichen Umwelt im Sinne der physischen Umgebung des Konsumenten beeinflusst. Typische Felder sind hier beispielsweise Ladengestaltung, Messeaufbauten, die Gestaltung von Einkaufszentren oder die Innenarchitektur von Restaurants.

Nach einem Grundmodel der **Umweltpsychologie** von **Mehrabian/Russel** (1974) lösen Umweltreize beim Menschen Gefühle und Reaktionen auf diese Reize aus. Gefühle und Reaktion sind abhängig von der Persönlichkeit des Menschen und seinen Erfahrungen. Dabei wirken aus der Umwelt verschiedenen Einzelreize – die in den unterschiedlichen Sinnesmodalitäten vorliegen (z. B. Töne, Gerüche, Licht, …) – zusammen. Es resultiert eine **Reizrate**. Je nach Reizstärke und -konstellation einer Umgebung resultieren somit unterschiedliche Reizraten. Sie ist außerdem beeinflusst von der Neuartigkeit und Komplexität der Reizkonstellationen. Eine hohe Reizrate bewirkt eine erhöhte Erregung des Konsumenten.

Die Reizkonstellation wird vom Konsumenten auf den drei Dimensionen „Stärke der Erregung", „Lust" (positive oder negative Bewertung der Umweltsituation) und „Dominanz" (Gefühl der Kontrolle durch oder über die Umwelt) interpretiert.[9] Diese Interpretation (die sogenannte innere emotionale Reaktion) entscheidet darüber, ob sich ein Konsument seiner Umwelt tendenziell eher nähert[10] (z. B. Ausbilden einer positiven Einstellung oder häufiger Besuch einer Einkaufstätte) oder diese meidet (z. B. der Verzicht auf den Besuch eines Messestands).

Marketinganwendungen zur Gestaltung der räumlichen Umwelt zielen im wesentlichen a) auf die **strategische Wirkung**, Positionierungsideen zu transportieren, sowie b) auf **atmosphärische Effekte** und Orientierungswirkungen, um Gefallen auszulösen, positive Einstellungen aufzubauen, Irritationen zu vermeiden, Kontakte zu fördern und eine bessere Informationsverarbeitung und -verankerung zu sichern.

---

9   Oft beschrieben als intervenierende Reaktionen. Bei geringer Erregung ist man entspannt und ruhig, bei starker Erregung ist man aktiv, angeregt, eventuell sogar überdreht. Die Dimension „Lust" bedeutet, dass man vergnügt, glücklich und zufrieden ist und sich gut fühlt. Die Dimension „Dominanz" scheint von untergeordneter Bedeutung zu sein.

10   Dies ist auch im Übertragenen Sinne zu verstehen.

Hier besteht ein enger Bezug zum Ansatz des **Erlebnismarketings**. Dabei geht es um die multimodale Vermittlung von Erlebniswerten, d. h. von sinnlichen Konsumerlebnissen, die ihre Verankerung in der Erfahrungs- und Gefühlswelt der Konsumenten haben. Grundbestandteil des dafür notwendigen „Erlebnis-Mix" ist oftmals eine erlebnisbetonte Gestaltung räumlicher Umwelten (z. B. Einkaufstätten durch entsprechendes Visual Merchandising). Dazu wiederum sind Reizrate und -konstellation vor dem Hintergrund wahrscheinlich auftretender innerer Reaktionen zu auszurichten.

> **Die räumliche Umwelt prägt das Konsumentenverhalten, da sie zu emotionalen Reaktionen des Konsumenten führt, die für eine Zuwendung zu einer Umwelt oder deren Ablehnung verantwortlich ist.**

3.4 Typen individueller Kaufentscheidungen

Kaufentscheidungen des Konsumenten lassen sich nach dem Ausmaß des Involvements (vgl Abschnitt 3.3.1) und damit **anhand der kognitiven Beteiligung unterscheiden**. Klassischerweise betrachtet man in der deutschsprachigen Literatur vier grundlegende Konzepte des Entscheidungsverhaltens:

- **Extensive Entscheidungen** sind Wahlhandlungen mit hoher innerer Beteiligung des Konsumenten. Die Prozesse werden gedanklich stark gesteuert und die Kaufabsichten erst während des Entscheidungsprozesses konkretisiert. Mögliche Alternativen und detaillierte Informationen werden aktiv gesucht. Extensive Entscheidungen spiegeln tendenziell das Verhalten eines vollständig rationalen Konsumenten wieder.
- **Limitierte Entscheidungen** hingegen unterliegen einer kognitiven Vereinfachung. Die Entscheidung wird geplant und überlegt gefällt, jedoch werden nicht mehr alle Alternativen und Argumente berücksichtigt und bewertet, sondern der Prozess wird abgebrochen, sobald eine für den Konsumenten befriedigende Lösung erreicht ist. Dabei wird vorrangig auf bestehendes Wissen zurückgegriffen. Im Rahmen der externen Informationsaufnahme sind Schlüsselinformationen wie Testurteile und Qualitätssiegel von Belang.
  Im Zusammenhang mit einer Beschränkung auf wenige Auswahl-Alternativen sind einige weitere spezifische Begriffe relevant. Die Gesamtmenge der objektiv vorliegenden Alternativen wird als Available Set bezeichnet. Die Teilmenge der davon bewussten Alternativen heißt Awareness Set. Nur zu einem Teil diese bewussten Alternativen liegt Markenwissen vor. Diesen Teil bezeichnet man als Processed Set (den Rest nennt man „foggy"). Wiederum nur ein Teil des Processed Set ist positiv bewertet und kommt daher als echte Alternative in Frage. Das ist das **Conside-**

ration Set (vgl. Abb 19). Für die limitierte Kaufentscheidung bedeutet dies, dass ein Consideration Set klein ausfällt und nur ca. ein bis drei Alternativen beinhaltet. Dadurch werden Entscheidungen vereinfacht. Für Marketinganwendungen bedeuteten diese Erkenntnisse, dass in den meisten Situationen eine Hauptaufgabe darin besteht, mit den angebotenen Leistungen oder der eigenen Marke überhaupt in das Consideration Set der Zielgruppe zu gelangen.

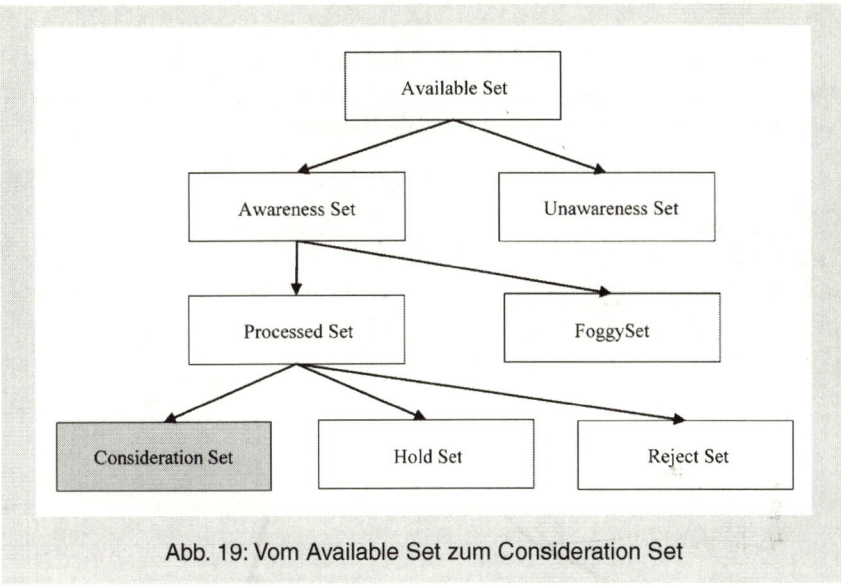

Abb. 19: Vom Available Set zum Consideration Set

- **Habitualisierten Entscheidungen** treten als spezifische Erscheinung eines stark vereinfachten Entscheidungsverhaltens auf. Bei teilweiser Habitualisierung werden Entscheidungen anhand von stark routinierten und nicht mehr hinterfragten Entscheidungsabläufen getroffen. Bei einer totalen Habitualisierung ergeben sich vollständig automatisierte (reaktive) Handlungen, die dann stets in der Wahl der gleichen Alternative münden. Habitualisierung steht daher in enger Verbindung zur Ausbildung von Marken- oder Produkttreue.

- **Impulsive Entscheidungen** zeichnen sich durch ein sehr geringes Involvement aus, so dass eine kognitive Informationsverarbeitung kaum ausgeprägt ist. Hinzu kommt hier eine emotionale Komponente, eine gefühlsmäßig starke Aufladung oder Aktivierung. Impulsive Kaufentscheidungen sind ungeplant und entstehen spontan aufgrund einer bestimmten Reizsituation (z. B. einer anregenden Zweitplatzierung) oder durch innere Prozesse des Konsumenten (z. B. zum Ausgleich innerer Spannungen oder Konflikte oder durch die plötzliche Aktualisierung von Wünschen oder Ideen).

Diese Ausprägungen (vgl. Abb. 20) sind als Idealtypen aufzufassen. In der Realität lassen sich oftmals Überlagerungen und Zwischenformen beobachten. Die sorgfältige Analyse des Kaufverhaltens-Typus, der in bestimmten Situationen oder bei bestimmten Produktarten vorherrscht, ermöglicht die Ableitung wichtiger Ansatzpunkte für das Marketing.

Zur Bestimmung des relevanten Kaufverhaltens ist zunächst die Involvementsituation einzuschätzen (vgl. Abschnitt 3.3.1), sodann ist zu bewerten, inwieweit reizgesteuerte Impulse und die emotionale Beteiligung eine Rolle spielen.

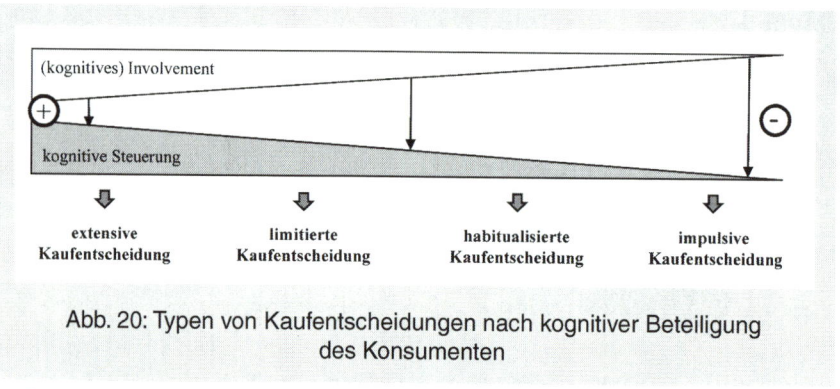

Abb. 20: Typen von Kaufentscheidungen nach kognitiver Beteiligung des Konsumenten

Nach dem Ausmaß der kognitiven Beteiligung werden extensive, habitualisierte, limitierte und impulsive Kaufentscheidungen unterschieden. Die Bestimmung des wahrscheinlich dominierenden Kaufverhaltenstyps ist eine wesentliche Grundbedingung, um Marketingstrategien und -maßnahmen effektiv und effizient zu gestalten.

3.5   Kernelemente organisationalen Kaufverhaltens

Organisationale Kaufentscheidungen sind für Business-to-Business-Märkte charakteristisch. Sie beziehen sich auf den Prozess, durch den Organisationen (Unternehmen, Parteien, Behörden) ihren Bedarf an Gütern oder Dienstleistungen ermitteln, Alternativen identifizieren, eine Auswahl treffen und den Kauf umsetzen. Kaufentscheidungen in Organisationen sind oft **kollektiver Natur**, insofern als an den Kaufentscheidungen mehrere, sich gegenseitig beeinflussende Personen mitwirken. Daher spricht man auch von **multipersonalen** Kaufentscheidungen. Unternehmensintern liegen häufig komplexe

Zuständigkeitsbereiche vor: Es sind mehrere Entscheidungsträger eingebunden (Verantwortliche aus Einkauf, Produktion, Rechtsabteilung etc.), oft sind sogar unterschiedliche Einheiten eines Unternehmens beteiligt. Daneben können im Kaufprozess durchaus auch externe Beratungsgesellschaften oder Banken hinzugezogen werden.

In diesem professionellen Kaufkontext (z. B. der Kauf einer neuen IT-Ausstattung für ein Unternehmen) sind Kaufentscheidungen außerdem oft **relativ komplex und zeitaufwändig**. Der Kaufentscheidungsprozess ist **stärker formalisiert** (z. B. durch Richtlinien, Produktspezifikationen, Vollmachten etc.) und muss „rationalen" Kriterien genügen. Ebenso sind oft engere Beziehungen, aber auch Abhängigkeiten zwischen Verkäufer und Käufer zu beobachten. Wertmäßig handelt es sich im Vergleich zu privaten Konsumentenkäufen um größere Käufe, die allerdings tendenziell seltener getätigt werden. Besondere Praktiken wie Bemusterungen und Begutachtungen sind bedeutsam. Prägend sind auch **Verhandlungen**.

Auf das konkrete (professionelle) Kaufverhalten einer Organisation nimmt eine Reihe von Faktoren Einfluss. Diese sind in Abb. 21 im Überblick zusammengestellt.

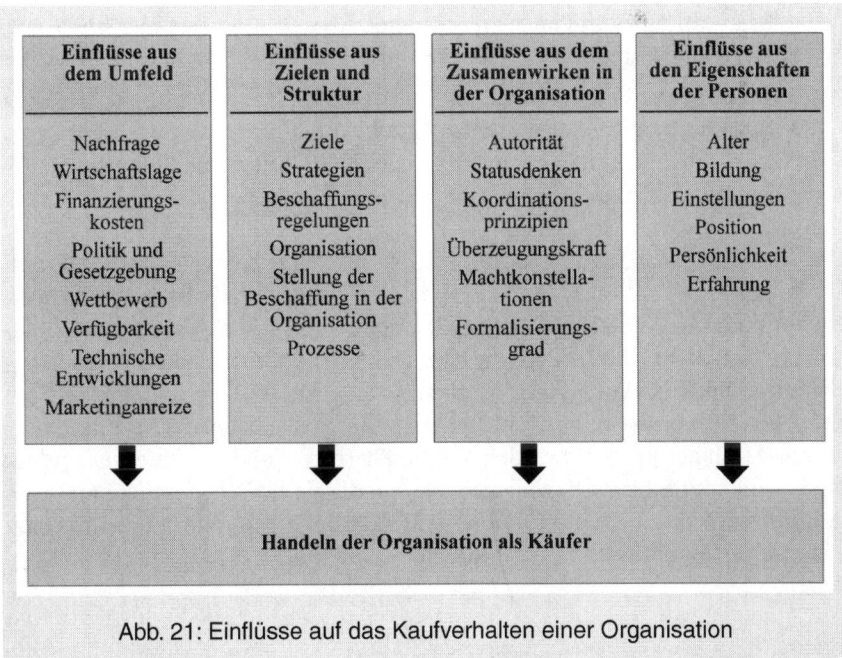

Einflüsse aus dem Umfeld	Einflüsse aus Zielen und Struktur	Einflüsse aus dem Zusamenwirken in der Organisation	Einflüsse aus den Eigenschaften der Personen
Nachfrage	Ziele	Autorität	Alter
Wirtschaftslage	Strategien	Statusdenken	Bildung
Finanzierungs-kosten	Beschaffungs-regelungen	Koordinations-prinzipien	Einstellungen
Politik und Gesetzgebung	Organisation	Überzeugungskraft	Position
Wettbewerb	Stellung der Beschaffung in der Organisation	Machtkonstella-tionen	Persönlichkeit
Verfügbarkeit	Prozesse	Formalisierungs-grad	Erfahrung
Technische Entwicklungen			
Marketinganreize			

Handeln der Organisation als Käufer

Abb. 21: Einflüsse auf das Kaufverhalten einer Organisation

Der **Prozess des professionellen Kaufverhaltens** wird nach Robinson et al. (1967) allgemein durch folgende Phasen beschrieben:

(1) Problemerkennung (Bedarfserkennung)

(2) Bestimmung von Art und Menge der benötigten Leistung

(3) Genaue Spezifikation der benötigten Leistung

(4) Suche nach Lieferanten

(5) Angebotseinholung bei potenziellen Lieferanten

(6) Angebotsauswertung und Auswahl auf Basis einen Pflichtenheftes

(7) Bestellung

(8) Nachkaufphase, in der Erfahrungen ausgewertet werden

Organisationale Kaufentscheidungen lassen sich nach der Neuartigkeit des Problems, dem Informationsbedarf und der Zahl der betrachteten Alternativen zudem in drei wesentliche **Kaufklassen** unterscheiden:

- **Erstkauf** (new task): Es handelt sich um den erstmaligen Kauf. Die Organisation hat noch keine bewährten Entscheidungsmuster zu diesem Fall. Beispiel: Öffentlicher Bau einer Brücke.

- **Modifizierter Wiederkauf** (modified re-buy): Die Organisation hat schon bestimmte Entscheidungsmuster. Es handelt sich um die Wiederbeschaffung eines Gutes mit gewissen Abweichungen zum ersten Kauf. Beispiel: Beschaffung neuer Firmen-PKW.

- **Identischer Wiederkauf** (straight re-buy): Es liegt eine Routineentscheidung vor, ein bestimmtes Gut wird lediglich nachdisponiert, also in gleicher Qualität und unter gleichen Beschaffungsbedingungen nachgekauft. Beispiel: Abrufauftrag für Schmierstoffe in der Produktion.

Die Kaufphasen und Kaufklassen werden im sogenannten **Buygrid-Modell** kombiniert[11]. Nach diesem Modell haben die **Kaufphasen je nach Kaufklasse eine unterschiedliche Bedeutung** und prägen sich auch zum Teil unterschiedlich aus – auch im Hinblick auf die daran beteiligten Personen und Hierarchieebenen. Beim Erstkauf werden tendenziell alle Phasen durchlaufen, und die Geschäftsführung ist beim Kauf beteiligt. Beim identischen Wiederkauf beschränkt sich der Prozess letztlich auf die Phasen (7) und (8), beteiligt sind lediglich Einkäufer bzw. Disponenten. Bei modifizierten Wiederkäufen werden ggf. nur die Phasen (5) bis (8) durchlaufen und die Auswahl beschränkt sich auf eine bestimmte Anzahl von bekannten Lieferanten.

---

[11]   Das Modell geht auf Robinson et al. 1967 zurück.

Organisationale Kaufentscheidungen sind, wie angesprochen, Mehrpersonen-entscheidungen. Die faktische Organisationseinheit (die aus Individuen und Teileinheiten der Organisation zusammengesetzt ist), die über die Einzelheiten des jeweiligen Kaufvorgangs entscheidet, bezeichnet man als **Buying Center**. Dies können Personen von verschiedenen Hierarchieebenen und aus den unterschiedlichen Bereichen der Organisation sein, z. B. aus der Produktion, dem Einkauf, der Entwicklung, dem Finanzwesen etc. Die Zusammensetzung des Buying Centers ist vom jeweiligen Kauf abhängig.

Zwischen den Beteiligten des Buying Centers bestehen formale (hierarchische und fachliche Stellung) und informale Beziehungen. Diese können u. a. anhand der Kommunikationsstrukturen beschrieben werden.

Konzeptionell können die Beteiligten am Buying Center nach Rollen differenziert werden[12] (vgl. Abb. 22):

- **Beeinflusser** (Influencer): Organisationsmitglieder, die die Kaufentscheidung direkt oder indirekt beeinflussen können, indem sie sich an der Erstellung der Spezifikationen und an der Beschaffung von Informationen zu alternativen Lösungen beteiligen. Häufig sind dies Technik-Fachleute, externe Berater oder auch Controller.

- **Nutzer** (User): Jene Personen, die später mit dem zu kaufenden Gut arbeiten müssen. Sie haben oft eine Schlüsselstellung im Beschaffungsprozess, da sie Erfahrungsträger im Hinblick auf die Qualität des Produktes sind. Sie geben zudem häufig Anstoß zur Beschaffung und entscheiden auch oft über den Erfolg einer Beschaffungsaktion.

- **Einkäufer** (Buyer): Organisationsmitglieder, die aufgrund ihrer formalen Autorität Lieferanten auswählen und Kauf- und Lieferbedingungen aushandeln. Sie haben insbesondere Einfluss auf die Lieferantenauswahl.

- **Entscheider** (Decider): Organisationsmitglieder, die aufgrund ihrer Machtposition letztlich die Auftragsvergabe bestimmen. Bei Großinvestitionen ist dies vielfach ein Mitglied der Unternehmensleitung.

- **Informationsselektierer** (Gatekeeper): Sie steuern den Informationsfluss im und in das Buying Center. Assistenten von Entscheidungsträgern üben durch ihre Entscheidungsvorbereitung so z. B. einen indirekten Einfluss auf die Entscheidung aus („Das braucht der Chef nicht zu wissen.").

---

12   Vgl. Webster/Wind 1972.

– **Initiator** (Initiator): Er erkennt, dass ein momentaner Zustand durch eine Investition verbessert werden kann und löst den Kaufprozess überhaupt erst aus.

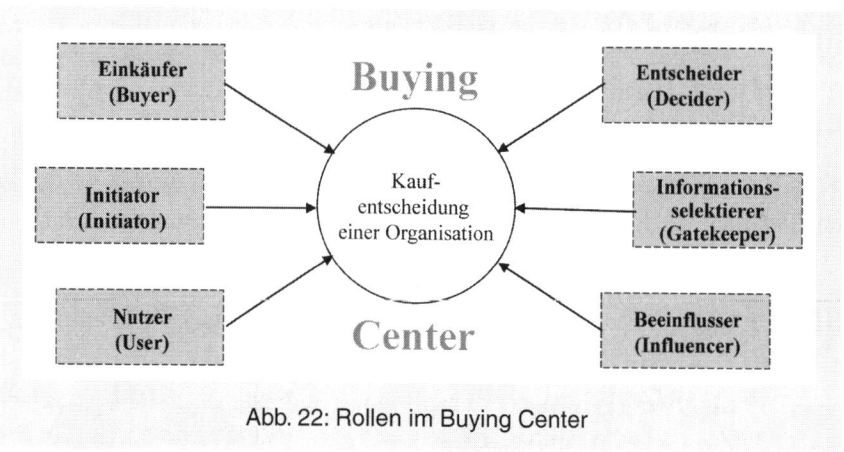

Abb. 22: Rollen im Buying Center

Personen können mehrere bzw. in den Phasen des Prozesses unterschiedliche Rollen inne haben. Auch können mehrere Personen die gleiche Rolle einnehmen. Die relativen Machtpositionen der Rollenträger entscheiden letztlich darüber, wie die Entscheidung ausfällt. Für den Anbieter ist es entscheidend, die inneren Strukturen des Buying Centers zu analysieren,[13] um entsprechend seiner Ziele Einfluss ausüben zu können.

Das Konzept der Buying Center wird vor allem durch Netzwerkansätze weiterentwickelt[14].

Buying Center- und Buygrid-Ansatz sind verbreitete und nützliche Zugänge zum Verständnis des Kaufverhaltens von Organisationen.

Im Kontext des organisationalen Kaufverhaltens sollte jedoch nicht unerwähnt bleiben, dass es letztlich stets Individuen sind, die – im Einflussfeld der Organisation – Entscheidungen treffen. Die eigenen Bedürfnisse, Unzulänglichkeiten, Einstellungen und Irrationalitäten dieser Personen sollten daher aus Marketingsicht nicht unbeachtet bleiben, da auch hier wichtige Ansatzpunkte für Maßnahmen bestehen.

---

13   Dazu kann der Zugang aus Abschnitt 2.4 hilfreich sein.
14   Vgl. Bristor/Ryan 1987.

Literaturhinweise

Eine Einführung in die wesentlichen Aspekte des individuellen Kaufverhaltens geben:

Esch, F.-R./Herrmann, A./Sattler, H.: *Marketing – Eine managementorientierte Einführung*, München 2011, S. 39–88.

Informationsverarbeitung und heuristische Urteilsbildung bei Konsumenten wird aktuell und komprimiert dargestellt bei:

Redler, J.: *Management von Markenallianzen*, Berlin 2003, S. 72 ff.

Ausführlich dargestellt wird das Thema Käuferverhalten, inklusive der Aspekte des organisationalen Kaufverhaltens, bei:

Foscht, T./Swoboda, B.: *Käuferverhalten*, Wiesbaden 2011.

Eine sehr gute und dennoch knappe Übersicht über die wesentlichen Elemente zum Konsumentenverhalten erhält man bei:

Trommsdorff, V./Teichert, T.: *Konsumentenverhalten*, Stuttgart 2011.

Für psychologische Hintergründe empfehlen sich die Bücher von:

Aronson, E./Wilson, T./Akert, R.: *Sozialpsychologie*, München 2008 sowie

Gerrig, R. J./Zimbardo, P. G.: *Psychologie*, München 2008.

4   Marketing-Management

4.1   Wesen und Prozess des Marketing-Managements

Gegenstand des **Marketing-Managements** ist der Gesamtprozess von der Ziel-entwicklung, der Strategieableitung, der Maßnahmendefinition und -umsetzung bis zur Zielerreichungskontrolle im Marketing-Kontext.

Es kann auch bezeichnet werden als die aktive Gestaltung des Marktgeschehens zur Realisierung angestrebter Ziele auf definierten Märkten. Wesentlich ist das systematische Vorgehen. In Abb. 23 wird ein solcher Prozess dargestellt. Dieser ist im Kern analog dem klassischen Management-Prozess strukturiert.

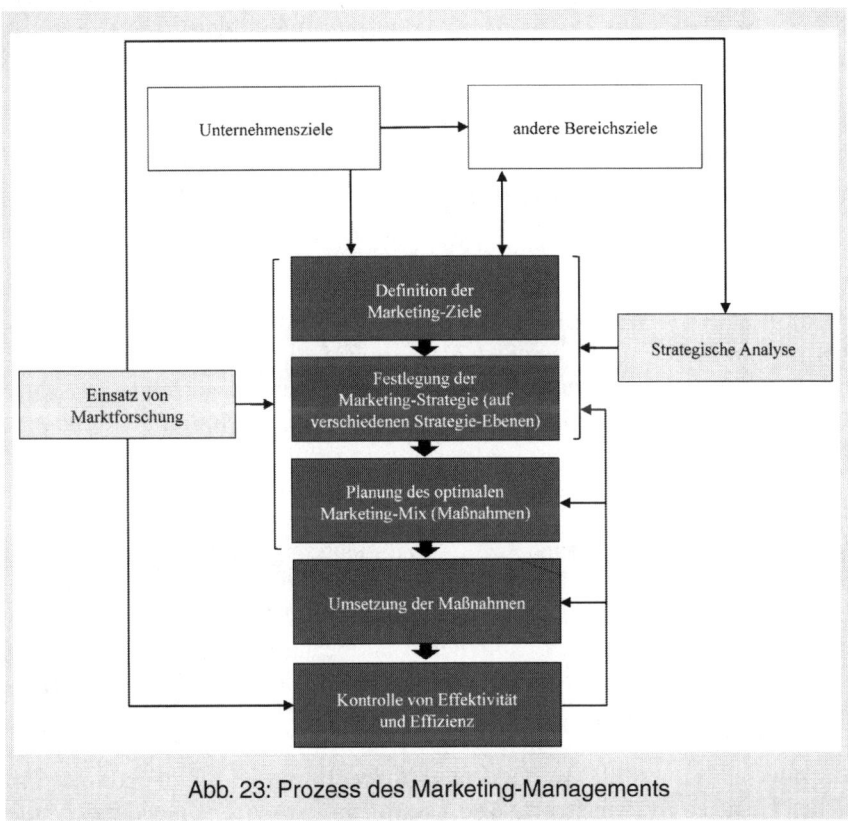

Abb. 23: Prozess des Marketing-Managements

Kontext des Marketing-Managements sind die Ziele des Unternehmens. Sie bilden den Rahmen für die Entwicklung der **Marketing-Ziele**, denn die Marketing-Ziele müssen den Unternehmenszielen gleichgerichtet sein. Zudem be-

steht eine Interaktion der Marketing-Ziele mit den Zielen anderer Funktional-
bereiche. Um festgelegte Marketing-Ziele zu realisieren, werden anschließend
Marketing-Strategien formuliert, um mittels bestimmter Grundsatzentscheidungen eine Grobrichtung des Marketinghandelns festzulegen. Marketingstrategische Entscheidungen erfolgen dabei auf mehreren Strategieebenen. Für
den dadurch aufgespannten Korridor für das Handeln sind dann in sich stimmige, zieladäquate **Maßnahmenprogramme** (der sogenannte Marketing-Mix)
zu formulieren. Die einzelnen Maßnahmen werden anschließend **umgesetzt**
und schließlich auf ihre Effektivität und Effizienz überprüft (**Marketing-
Kontrolle**).

In mehreren Phasen des Marketing-Managements werden **strategische Analysen** (insb. das rationale Durchdringen des gegenwärtigen und künftig zu er-
wartenden Markt- und Unternehmensgeschehens) und **Marktforschungsin-
puts** (vgl. Abschnitt 5) systematisch genutzt.

> **Marketing-Management ist ein systematischer Prozess aus Ana-
> lyse, Zieldefinition, Strategieformulierung, Maßnahmenentwick-
> lung, Umsetzung und Kontrolle zur aktiven Gestaltung des Markt-
> geschehens.**

Das systematische Vorgehen nach den Phasen des Marketing-Managements
wird oft auch als **Marketingplanung** bezeichnet, an dessen Ende ein **Marketingplan** steht (vgl. Abschnitt 4.3). Eine professionelle Marketingplanung
bietet a) ganzheitlich orientierte Handlungsanweisungen im Sinne konkreter
Fahrpläne, und b) dennoch hinreichend Balance zwischen Stabilität und Anpassung der Vorgaben.

Das Marketing-Management steht in enger Wechselwirkung mit der Gesamtun-
ternehmensplanung (vgl. auch Abb. 24), ist sogar oft gar nicht abtrennbar. Dies
ist leicht nachvollziehbar, denn Marketing als Unternehmensführungskonzept
impliziert eine marktorientierte Unternehmensplanung. Zudem weisen viele
strategische Analysen einen expliziten Marktbezug auf. Unter funktionalem
Blickwinkel sind Marketingziele Bereichsziele, die sich in das Zielsystem eines
Unternehmens einordnen.

Hinzuweisen ist auf neuere Forschungskonzeptionen und -erkenntnisse v. a.
in den Gebieten **Systemtheorie und Komplexitätstheorie**, die weitreichende
und radikale Implikationen für das Konzept der Marketing-Managements haben können. Neue strategische Denkrichtungen führen dazu, dass starke Ver-
schiebungen weg von der oben vorgestellten Konzeption diskutiert werden.
Danach könnte die konventionelle und oben dargelegte Vorstellung von Mar-

keting-Manager und Marketing-Organisation als unrealistisch oder gar als ökonomisch gar nicht wünschenswert betrachtet werden[15].

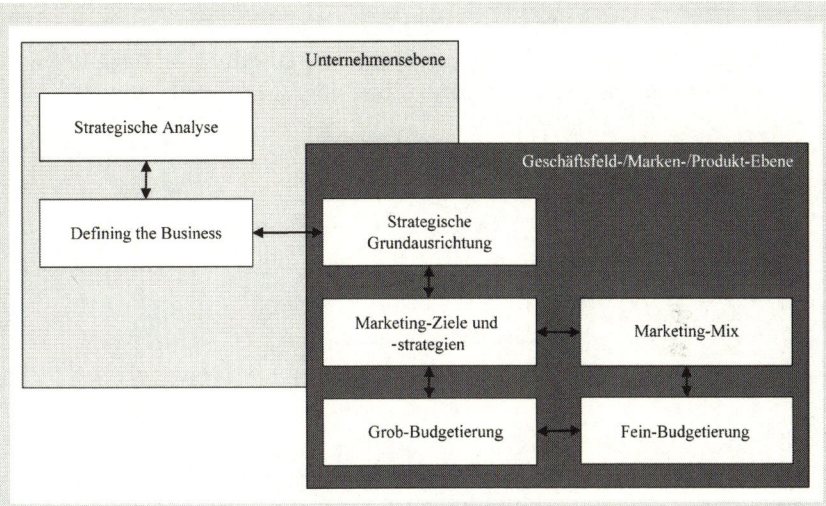

Abb. 24: Zusammenhang zwischen Marketingplanung und Unternehmensplanung (in Anlehnung an Meffert 1994, S. 28; Meffert et. al. 2011, S. 262 ff.; Bauer 1995)

4.2   Betrachtungsebenen

Die Marketingplanung findet auf den drei Betrachtungsebenen Marketing-Ziele, Marketing-Strategien und Marketing-Maßnahmen statt (vgl. Abb. 25).

– **Marketing-Ziele** drücken die angestrebten Zustände des Unternehmens aus. Ist diese Wunschsituation bekannt, sind in der Regel verschiedene Wege möglich, um diese Situation zu erreichen. Siehe dazu vertiefend Abschnitt 6.

– **Marketing-Strategien** verkörpern diese Wege. Es sind Grundsatzentscheidungen für eine Grobrichtung des Marketinghandelns, die ihrerseits wiederum durch den Marketing-Mix zu präzisieren sind. Die Festlegung auf bestimmte Marketing-Strategien erfolgt tendenziell mit einer längerfristigen Ausrichtung und bedeutet oft die Zurückweisung anderer Strategien. Siehe dazu vertiefend Abschnitt 7.

---

15   Für eine weitergehende Betrachtung vgl. u. a. die Ausführungen zu Trends in der strategischen Führung bei Grant/Nippa 2006, S. 643 ff. sowie speziell Anderson 1999.

– Auf der Instrumentenebene wird der **Marketing-Mix** definiert. Als
Maßnahmenprogramm umfasst er die Ausgestaltung der marketing-
politischen Aktivitäten. Dabei muss er der Strategie folgen und zur Erreichung der Marketingziele beitragen. Hier geht es also um die konkreten, operativen Vehikel, um Märkte zu gestalten. Maßnahmen und
Instrumente sind leicht anpassbar und vielfältig kombinierbar[16].

Abb. 25: Ebenen der Marketing-Planung
(Quelle: in Anlehnung an Becker, 2009, S. 4)

Beispiel: Ein Hersteller von Joghurt möchte seinen Marktanteil im Markt
der probiotischen Joghurts im kommenden Geschäftsjahr um 1,5 % steigern
(Marketingziel). Um dieses Ziel zu erreichen, plant er, Konkurrenzanbieter
aufzukaufen oder vom Markt zu verdrängen (Marketing-Strategie). Umsetzen möchte er die Verdrängung durch die Einführung neuer Produktlinien,
offensive Preisaktionen und den Ausbau der Distributionswege (Marketing-
Mix).

4.3   Exkurs: Marketing-Mix

Unter den Begriff Marketing-Mix wird **die konkrete und aufeinander abge-
stimmte Kombination des Instrumenteneinsatzes** verstanden, die genutzt
wird, um Ziele und Strategien des Marketings umzusetzen und Märkte zu be-

---

16   Vgl. dazu vertiefend Abschnitte 8 bis 12.

einflussen. Für die Vielzahl der existierenden Marketinginstrumente sind **diverse Systematisierungsansätze** entwickelt worden. In der deutschsprachigen marketingwissenschaftlichen Literatur dominiert ein **4-er-System** der Marketingbereiche, das sich an das 4-P-System von McCarthy (1960) anlehnt (Product, Price, Place, Promotion). Es umfasst die:

- Marken- und Produktpolitik
- Preispolitik (inkl. Konditionen)
- Distributionspolitik
- Kommunikationspolitik

Die Bereiche werden oft auch als Teilmixes (z. B. der Kommunikationsmix) bezeichnet. Sie werden, dieser 4er-Struktur folgend, vertiefend in den Abschnitten 8 bis 11 vorgestellt.

Beispiele für weitere Systematisierungsansätze
Je nach Betrachtungs- bzw. Anwendungsschwerpunkt sind andere Systematisierungen der Instrumente zweckmäßig. Entsprechend existieren zahlreiche alternative Gliederungsvorschläge. Beispielsweise wurde der 4-P-Ansatz für Dienstleistungsunternehmen zum **7-P-Ansatz** erweitert (vgl. Booms/Bitner, 1981). Eingefügt werden hier – wegen der besonderen Bedeutung für diese Branche – noch Personnel (Personal), Physical Facilities (Gebäude und Räume) sowie Process Management (Prozesse). Becker (2009) hingegen wählt eine 3er-Systematik und grenzt die Instrumentalbereiche Angebotspolitik, Distributionspolitik und Kommunikationspolitik voneinander ab. Speziell für den Einzelhandel differenziert Schröder (2002) die Instrumentenfelder Standort, Sortiment, Preis, Verkaufsraum und Warenplatzierung, Kommunikation innerhalb der Einkaufstätte, Kommunikation außerhalb der Einkaufstätte, Kundendienst und Handelsmarken. Im Kontext des Electronic-Commerce ist als Gliederungsraster die 2P+2C+3S-Formel zu erwähnen. Sie verweist auf die Instrumentalbereiche Personalization, Privacy, Customer Service, Community, Site, Security, Sales Promotion (vgl. Otlacan, 2005).

Mit dem Marketing-Mix werden Marketingpläne in Maßnahmen umgesetzt. Er umfasst die konkrete und in sich stimmige Kombination gewählter Ausgestaltungen von Marketing-Instrumenten. Die zur Verfügung stehenden Instrumente werden klassischerweise in vier Instrumentalbereiche gruppiert, jedoch sind andere Systematiken möglich.

4.4   Marketing-Konzeption und Marketing-Plan

Die konsistente Gesamtformulierung aus Marketing-Zielen, Marketing-Strategien und Marketing-Instrumenteneinsatz wird als **Marketingkonzeption** bezeichnet. Sie dient zur Koordinierung aller markt- und kundenrelevanten Aktivitäten im gesamten Unternehmen über alle hierarchischen Stufen hinweg.
Voraussetzung für diese Koordinationswirkung ist allerdings, dass sie von der
Unternehmensleitung als verbindlich definiert und von den Mitarbeitern akzep-
tiert wird. Neben der Anforderung der **Geschlossenheit** (sie muss in sich konsistent bzw. stimmig sein) sollte eine Marketingkonzeption insb. auch die Anforderung der **Robustheit** (sie muss unempfindlich gegenüber Änderungen in
der Umweltkonstellation sein) erfüllen. Zur Prüfung einer Konzeption haben
sich neun typische Adäquanz-Checks etabliert:

- Zieladäquanz: Übereinstimmung mit Markt- und Unternehmenszielen
- Mitteladäquanz: Berücksichtigung der finanziellen und sachlichen Mit-
  tel des Unternehmens
- Unternehmensadäquanz: Vereinbarkeit mit Stärken und Schwächen
- Raumadäquanz: Verträglichkeit mit den vorgesehenen Absatzgebieten
- Kundenadäquanz: Übereinstimmung mit Erwartungen der Zielgruppen
- Produkt-/Programmadäquanz: Berücksichtigung des spezifischen Leis-
  tungsprogramms
- Absatzmitteleradäquanz: Berücksichtigung der Vorstellungen der Ab-
  satzmittler
- Konkurrenzadäquanz: Eignung im Hinblick auf Durchsetzung gegen-
  über Wettbewerbern
- Zeitadäquanz: Berücksichtigung der zeitlichen Entsprechung zum Ein-
  satzzeitpunkt

Am Ende der Marketingplanung steht der **Marketing-Plan**. Er ist das festge-
schriebene Konzentrat der Marketingkonzeption. Wesentlich werden in ihm (jeweils knapp) die aktuelle Marketingsituation dargestellt, interne Stärken und
Schwächen betrachtet, unternehmensexterne Chancen und Risiken zusammengestellt, Marketing-Ziele dargelegt, der marketingstrategische Ansatz ausge-
führt, Maßnahmenprogramme beschrieben, Kontrollparameter definiert und
veranschlagte Budgets dargestellt. Abb. 26 gibt einen Überblick über den sche-
matischen Aufbau eines Marketing-Plans.

Summary	Kurzfassung des Plans als Überblick
Marketing-Situation	Aktuelle Bestandsaufnahme zur Situation im Markt, den Marktgrößen, zum Wettbewerb, zum Produktportfolio
SWOT-Analyse	Identifikation von Stärken, Schwächen, Chancen und Risiken
Marketing-Ziele	Darlegung der Marketingziele und Einordnung in die Unternehmensziele
Marketing-Strategie	Darstellung des strategischen Ansatzes, um die Marketing-Ziele zu erreichen
Marketing-Maßnahmen	Beschreibung der Maßnahmenprogramme (Marketing-Mix) mit Angaben zu Verantwortlichkeiten, Timing, Kosten
Kontroll-maßnahmen	Darstellung der Kontrollparameter und ihrer Anwendung
Budget und Wirkung	Beschreibung der Bestandteile des Budgets sowie Prognose der zu erwartenden Effekte auf Marktanteil und Finanzgrößen (ggf. mehrperiodig)

Abb. 26: Bestandteile des Marketing-Plans
(Quelle: in Anlehnung an Kotler et al., 2011, S. 184)

Literaturhinweise

Einführungen in Begriffe und Phasen des Marketing-Management-Prozesses finden sich in allen gängigen Lehrbüchern. Stellvertretend seien genannt:

Meffert, H./Burmann, C./Kirchgeorg, M.: *Marketing – Grundlagen marktorientierter Unternehmensführung*, Wiesbaden 2011.

Nieschlag, R./Dichtl, E./Hörschgen, H.: *Marketing*, Berlin 2002.

Pepels, W.: *Marketing*, München 2004.

Scharf, A./Schubert, B./Hehn, P: *Marketing – Einführung in Theorie und Praxis*, Stuttgart 2009.

5 Marketing-Information: Marktforschung

Grundlage für das Marketing-Management sind entscheidungsrelevante Informationen über die Marktsituation und das Verhalten und wahrscheinliche Reaktionen der Marktteilnehmer. Diese werden durch die Marktforschung bereitgestellt.

5.1 Arten und Prozess der Marktforschung

Marktforschung dient der Informationsbeschaffung im Unternehmen, um eine empirische Basis für betriebswirtschaftliche Zielsetzungen, Planungen und Kontrollen bereitzustellen. Sie kann als systematische Gewinnung, Analyse, Aufbereitung und Interpretation von Daten über die Absatz- und Beschaffungsmärkte definiert werden. Nach den grundlegenden Forschungsannahmen werden quantitative und qualitative Marktforschung unterschieden:

- **Quantitative Marktforschung** stützt sich auf das Paradigma des Empirismus. Dieser geht davon aus, dass eine Welt existiert, die „gemessen" werden kann und muss. Folglich werden numerische und messbare Determinanten eines Untersuchungsgegenstandes verwendet, unter Einsatz von Stichproben und statistisch erklärender und prüfender Methoden.

- **Qualitative Marktforschung** ist im interpretativen Paradigma verankert und geht somit davon aus, dass die Welt durch soziale Konstruktion und Kommunikation entsteht. Sie arbeitet vorwiegend mit verbalem Material, das interpretiert wird. Dabei werden Kriterien, Kategorien und Zusammenhänge, meist am Einzelfall, generiert. Datenerhebung und Datenauswertung können hier kaum getrennt werden.

Marktforschung ist die systematische Gewinnung, Analyse und Aufbereitung von Daten über Absatz- und Beschaffungsmärkte. Dabei unterscheiden sich qualitative und quantitative Marktforschung grundlegend.

Bei den folgenden Betrachtungen steht der quantitative Ansatz im Zentrum.

Studienarten

Eine weitere Unterscheidung kann danach vorgenommen werden, ob mit primären oder sekundären Daten gearbeitet wird. **Primärforschung** bedeutet, dass Daten eigens für den Untersuchungszweck erhoben werden. Beispielsweise werden Probanden zum Geschmack einer neuen Schokoladensorte befragt. Bei der **Sekundärforschung** (Desk Research) werden bereits vorhandene Daten verarbeitet. Zum Beispiel werden Studienergebnisse, Statistiken, Daten von Verbänden und Organisationen, Trendberichte etc. ausgewertet. Quellen für sekundäre Daten können interner oder externer Natur sein. **Unternehmensintern** liegt oft eine Vielzahl verwertbarer Daten vor, z. B. im Rechnungswesen (Kostenstrukturen, Deckungsbeiträge), im Vertrieb (Kunden-Database, Absatzzahlen, Kundenreaktionen), in Einkauf oder Produktion, etc. Externe Quellen beziehen sich auf die amtliche Statistik, Daten von Verbänden, Ministerien und Organisationen, publizierte Daten von Marktforschungsinstituten oder wissenschaftlicher Studien, Datenbanken, Fachpublikationen etc.

Vorteil der Sekundärmarktforschung ist vor allen, dass sie schnell und kostengünstig Ergebnisse liefern kann. Problematisch ist jedoch, dass die verfügbaren Daten selten spezifisch genug für die interessierende Fragestellung sind, sie oft zu alt oder nicht vergleichbar sind.

Nicht selten bildet Sekundärforschung den Einstieg in die Primärforschung, auch zu explorativen Zwecken (vgl. unten).

Marktforschungsstudien können grob untergliedert drei wesentliche Zwecke verfolgen, die sich in der grundlegenden Studienanlage widerspiegeln (vgl. Abb. 27). Zum einen können Studien dienen, um sich ein Themenfeld zu erschließen, grundlegende Faktoren und Zusammenhänge zu identifizieren oder zu strukturieren. Diese Art von Untersuchungen nennt man **explorative Studien**. Geht es hingegen darum, Markttatbestände zu beschreiben und Zusammenhänge zwischen bestimmten Variablen zu konkretisieren, handelt es sich um **deskriptive Studien**. Von **kausalen Studien** spricht man, wenn man Ursache-Wirkungs-Zusammenhänge nachweisen möchte. Kausale und deskriptive Studien fasst man auch zu konklusiven Studien zusammen.

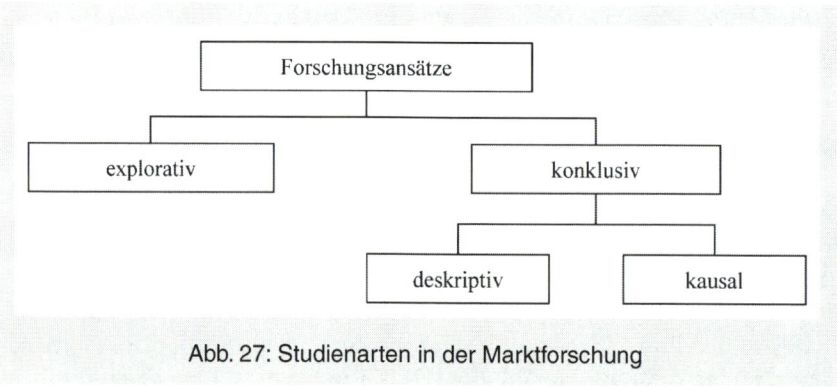

Abb. 27: Studienarten in der Marktforschung

Je nachdem, ob die relevanten Daten nur zu einem oder zu mehreren Zeitpunkten erhoben werden, unterscheidet man zwischen einem Längsschnitt und einem Querschnitt. Bei **Querschnittstudien** beziehen sich die Daten auf lediglich einen Zeitpunkt. Ein Beispiel dafür wäre die prozentuale Verteilung der Präferenz für Biermarken bei deutschen Biertrinkern im Jahr 2012. Bei **Längsschnittstudien** werden dieselben Erhebungen zu mehreren Zeitpunkten durchgeführt, um die Ergebnisse der einzelnen Erhebungswellen zu vergleichen. Ein Beispiel ist die jährliche Erfassung des Bekanntheitsgrads einer Marke. Ein Sonderfall der Längsschnittstudie das **Panel**. Bei diesem wird die gleiche Messung zu wiederholten Zeitpunkten an derselben Stichprobe durchgeführt. Dadurch werden sowohl Aussagen über das Verhalten der gesamten Stichprobe im Zeitablauf als auch Aussagen zu Veränderungen innerhalb der Stichprobe möglich. Die Panelforschung ist ein bedeutender Geschäftsbereich professioneller Marktforschungsinstitute. Neben zahlreichen Spezialpanels unterscheidet man Handelspanels (Objekte sind Händler) oder Verbraucherpanels (Objekte sind Konsumenten oder Haushalte)[17].

Marktforschung kann sich auf primäre oder sekundäre Daten stützen. Explorative Studien erlauben Einblicke in ein neues Themenfeld und strukturieren dieses. Deskriptive Studien beschreiben Markttatbestände und Zusammenhänge zwischen interessierenden Größen. Kausale Studien liefern Ursache-Wirkung-Zusammenhänge.

Eigen- vs. Fremdforschung

Marktforschungsaufgaben können entweder in eigener Regie durch das Unternehmen selbst durchgeführt werden (sogenannte **Eigenforschung**), oder sie werden als Auftrag an Marktforschungsinstitute vergeben (sogenannte **Fremdforschung**). Es existieren zahlreiche Dienstleister, die national oder international und mit unterschiedlichem Spezialisierungsgrad agieren. Bei komplexen Studien wird zudem meist eine Mehrzahl von spezialisierten Dienstleistern genutzt, die von einem Institut (im Sinne eines Generalunternehmers) koordiniert werden. Bei der Gruppe der größten Marktforschungsinstitute in Deutschland sind GfK, TNS Infratest, AC Nielsen, Psyma sowie GIM zu nennen. Hinsichtlich der Auswahl eines geeigneten Anbieters sind u. a. auf Leistungsspektrum, Zuverlässigkeit, Erfahrung, Kosten, Kapazitäten und Methodenkompetenz zu achten. Zu erwähnen ist, dass auch bei der Fremdforschung die grundlegende inhaltliche Steuerung und kritische Begleitung nach wie vor eine Kernaufgabe des auftraggebenden Unternehmens darstellt und nicht outgesourct werden kann! Vor- und Nachteile der Eigenforschung werden in Abb. 28 dargestellt.

---

17   Vgl. dazu auch Abschnitt 5.4.

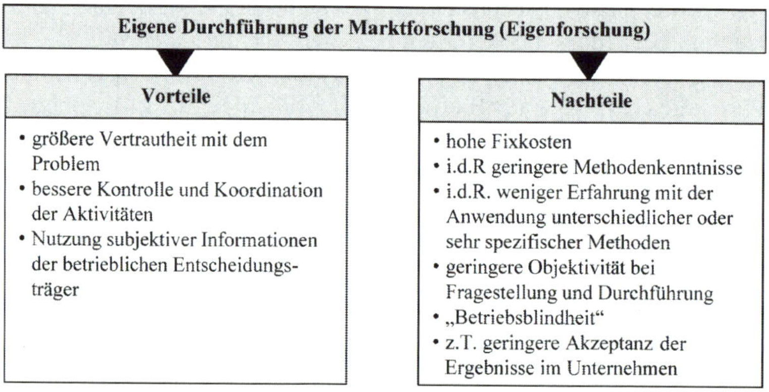

Eigene Durchführung der Marktforschung (Eigenforschung)	
Vorteile	**Nachteile**
• größere Vertrautheit mit dem Problem • bessere Kontrolle und Koordination der Aktivitäten • Nutzung subjektiver Informationen der betrieblichen Entscheidungsträger	• hohe Fixkosten • i.d.R geringere Methodenkenntnisse • i.d.R. weniger Erfahrung mit der Anwendung unterschiedlicher oder sehr spezifischer Methoden • geringere Objektivität bei Fragestellung und Durchführung • „Betriebsblindheit" • z.T. geringere Akzeptanz der Ergebnisse im Unternehmen

Abb. 28: Vor- und Nachteile der Eigenforschung

Fremdforschung bedeutet, die Marktforschung mittels externer Dienstleister durchzuführen. Dies ist insbesondere dann vorteilhaft, wenn es um methodisch fordernde und umfangreiche Forschungsthemen geht.

Prozess der Marktforschung

Ausgangspunkt jeder Marktforschungsaktivität stellt die gewissenhafte **Formulierung der eigentlichen Fragestellung** dar. Diese muss hinreichend detailliert erfolgen und sollte auf keinen Fall global und schwammig gehalten sein. Oftmals muss dazu zunächst der eigentliche Informationsbedarf eruiert werden, um diesen dann in ein Marktforschungsproblem zu überführen. Komplexe Forschungsprobleme müssen dabei in Teilprobleme und entsprechende Fragestellungen zerlegt werden. Elementar ist die Identifizierung der interessierenden Variablen. Bei kausalen Studien formuliert man die Fragestellung in Form von Hypothesen.

Beispiel: Ein Anbieter von Naturkosmetik hat eine neue Duftrichtung bei Haarshampoos entwickelt. Die Fragestellung besteht darin, ob der neue Duft den Kunden gefällt und die Kunden dieses Shampoo kaufen würden. Als Variablen wurden „Gefallenswirkung des Duftes", „Akzeptanz des Produktes" und „Kaufintention des Produktes" definiert.

Im nächsten Schritt erfolgt die Festlegung des **Forschungsdesigns**. Dies umfasst mehrere Teilaufgaben, um einen konkreten Erhebungsplan zu erhalten. Zunächst ist eine geeignete Studienart festzulegen. Sodann ist die Erhebungsmethode zu entscheiden. Zusätzlich müssen die Variablen durch konkrete Erhebungsinstrumente und Messvorschriften operationalisiert werden. Die Operationalisierung legt fest, wie ein theoretisches Konstrukt[18] mit Hilfe von Indikatoren gemessen werden soll (z. B. das Konstrukt „Zufriedenheit" durch bestimmte Zustimmungsfragen auf einer Skala von 1 bis 5), sie erfordert also präzise Anweisungen für Ermittlungsverfahren und Erkenntnisschritte. Außerdem sind die Untersuchungsobjekte und die Stichprobengewinnung festzulegen. Zu klären sind weiterhin Zeit-, Kosten- und Durchführungsfragen.

Am Beispiel: Die Fragestellung soll durch eine qualitative, deskriptive Querschnittuntersuchung beantwortet werden. Als Erhebungsform wird eine Befragung von 120 typischen Kunden gewählt. Die Variablen werden in Fragen und Skalen in einem Fragebogen überführt (operationalisiert). Die Befragung erfolgt innerhalb von zwei Wochen als persönliches Interview über ein externes Institut. Dabei werden die Teilnehmer in einem standardisierten Raum nach festgelegtem Vorgehen dem Duft des Shampoos ausgesetzt.

Anschließend geht es um die **Datenerhebung**. Damit ist die eigentliche systematische Beschaffung der später auszuwertenden interessierenden Informationen gemeint. Dies erfolgt i. d. R. anhand einer Stichprobe. Die Erhebung kann durch Befragung oder durch Beobachtung geschehen. Oft wird dieser Prozessschritt auch als „Feldphase" bezeichnet. Dazu gehören auch die Organisation der vorgesehenen Aktivitäten (insb. qualifiziertes Personal zu gewinnen und zu schulen) und deren kritische Begleitung und Überwachung. Auf die Datenerhebungsmethoden wird weiter unten in einem gesonderten Abschnitt eigegangen.

Am Beispiel: Es werden die Interviewer geschult und Testerhebungen durchgeführt. Dann erfolgt die Befragung der 120 Teilnehmer nach dem eingeübten Vorgehen. Dabei entstehen die Rohdaten durch die Werte aus den Skalen der Fragebögen. Die Erhebung läuft über einen Zeitraum von zwei Wochen. In zufälligen Intervallen wird die Durchführung der Befragung darauf kontrolliert, ob sie sorgfältig und nach den entwickelten Vorschriften abläuft.

Sind die Daten erhoben, schließt sich die **Auswertung** an. Die Auswertung erfolgt heute nahezu ausnahmslos mittels spezieller Softwarepakete wie beispielsweise SPSS oder PSPP. Daher müssen Rohdaten oft zunächst in Dateien bzw. elektronische Daten überführt werden. Ist dies geschehen, werden die Rohdatendaten – nach Logik- und Konsistenzprüfungen – für weitergehende Analy-

---

[18] Vgl. Fn. 4.

sen aufbereitet. Dann kann die eigentliche Auswertung durchgeführt werden. Es wird dabei verprüft, welche Aussagen die Befunde hinsichtlich der formulierten Fragestellungen zulassen. Wurden Hypothesen formuliert, so wird geprüft, ob die empirische Datenlage diesen entspricht. Die dafür genutzten Verfahren werden als Überblick weiter unten gesondert vorgestellt.

Am Beispiel: Die in den 120 Fragebögen enthaltenen Antworten werden in eine Datentabelle von SPSS erfasst und um nicht konsistente Fälle bereinigt. Anschließende werden Mittelwerte und Streuung zu den Antworten der einzelnen Fragen (die ja die Operationalisierungen der Untersuchungsvariablen darstellen) bestimmt und im Hinblick auf die zu untersuchenden Variablen „Gefallenswirkung des Duftes", „Akzeptanz des Produktes" und „Kaufintention des Produktes" verdichtet. Es werden sodann die (statistischen) Parameter bzw. Ausprägungen für die Variablen in sachlicher Weise dargestellt und somit wiedergegeben, wie „Gefallenswirkung", „Akzeptanz" und „Kaufintention" des neuen Shampoos bei dieser Stichprobe ausgeprägt sind.

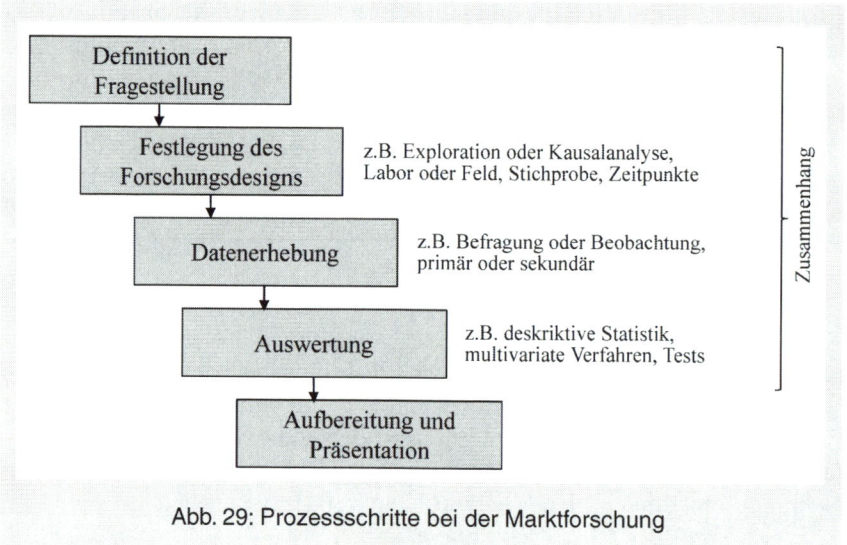

Abb. 29: Prozessschritte bei der Marktforschung

Es schließt sich die **Aufbereitung und Präsentation** der Befunde an. Die Resultate werden im Hinblick auf die Fragstellungen interpretiert und für die Entscheidungsträger angemessen und nachvollziehbar dargestellt. Oftmals werden dabei eine knappe verbale „Management Summary", eine kondensierte visuell umgesetzte „Management Presentation" sowie ein detaillierter Ergebnisbericht angefertigt (in diesem erfolgt die Dokumentation der methodisch einwandfreien Vorgehensweise und die Diskussion der Grenzen der konkreten Untersuchung).

Am Beispiel: Die Ausprägungen der Variablen „Gefallenswirkung", „Akzeptanz" und „Kaufintention" werden als überdurchschnittlich interpretiert. Daher wird die Einführung des Produktes empfohlen. Die Vorgehensweise in allen Phasen dieser Studie und die Befunde werden detailliert in einem Ergebnisbericht festgehalten. Zudem wird eine kurze Präsentation mit den „Key Facts and Findings" vor dem Produktmanagement als Auftraggeber der Untersuchung durchgeführt.

Abb. 29 fasst die Schritte des Marktforschungsprozesses zusammen.

5.2 Methoden der Datengewinnung

Zur Erhebung der originären Daten stehen grundsätzlich nur zwei Wege zu Verfügung: Befragung und Beobachtung.

Befragung
Die Befragung ist die verbreiteteste Form der Datenerhebung. Es handelt sich um eine Datenerhebungsmethode, bei der eine Auskunftsperson zu Äußerungen bezüglich vom Marktforscher definierter Inhalte aufgefordert wird. Sie erfordert die aktive Mitwirkung des Befragten. Verschiedene Formen sind möglich:

– **Mündliche Befragungen**: Sie erfolgen durch direkte Kommunikation zwischen Befrager und Befragtem und werden meist strukturiert durchgeführt. Sie können persönlich oder telefonisch erfolgen. Vorteile sind vor allem: Leichte Überprüfbarkeit der Identität der Befragten, Möglichkeit zum Nachfragen und für Interviewerbeobachtungen, höhere Auskunftbereitschaft der Befragten und höhere Antwortquoten, Möglichkeit zum Einsatz von Hilfsmitteln (z. B. die Vorlage von Prototypen oder Listen) sowie tendenziell ein größerer Fragenumfang. Wesentliche Nachteile: Verzerrungen, insb. durch den Interviewereinfluss sowie bei persönlicher Durchführung relativ hohe Kosten

– **Schriftliche Befragungen**: Bei einer schriftlichen Befragung erhalten die zu befragenden einen Fragebogen, der innerhalb einer bestimmten Zeit von ihnen zu beantworten ist. Die Kommunikation erfolgt also nur mittels Fragebogen. Dieser kann als Printmedium per Post, als Online-Bogen per Mail-Anhang oder auch direkt als Online-Site (Zugang personalisiert per Link, oder anonym per Einladung mittels Layer oder Pop-Up) ausgeprägt sein. Entsprechend unterscheidet man Offline- und Online-Befragungen. Vorteile von schriftlichen Befragungen sind vor allem, dass sie vergleichsweise preiswert sind und ein Interviewereinfluss ausgeschlossen werden kann. Probleme ergeben sich jedoch häufig aus den sehr geringen Antwortquoten und der (insb. bei Online-Befragungen) verzerrten Repräsentanz. Weitere Nachteile bestehen in der nicht möglichen Überprüfung der Identität der Antwortenden, möglichen Missverständnissen aufgrund der Fragenformulierung sowie dem Nichteinhalten der vorgesehenen Fragenreihenfolge durch den Befragten.

Hinsichtlich der Frageformulierung kann zwischen direkten und indirekten sowie offenen und geschlossenen Fragen unterschieden werden. Bei **direkten Fragen** durchschauen die Befragten die Zielsetzung der gestellten Frage, da ein Sachverhalt offen angesprochen wird („Welches Auto fahren Sie?"). Bei **indirekten Fragen** werden die interessierenden Sachverhalte über psychotaktische „Umwege" ermittelt, der interessierende Sachverhalt wird nicht direkt genannt (Bei der direkten Frage „Lesen Sie regelmäßig Zeitung?" könnten viele Personen, obwohl Sie keine Zeitung lesen, mit „ja" antworten, weil sie vor dem Interviewer als „gebildet" erscheinen wollen. Daher könnten man indirekt fragen: „Studien zeigen ja, dass die Auflagen von Tageszeitungen zurückgehen, weil die Online-Nutzung steigt. Könnten Sie mir sagen, wie Sie sich über das aktuelle Geschehen informieren?", um somit auf die Zeitungsnutzung zu schließen). Diese Techniken sind bei heiklen Sachverhalten, bei denen mit Verweigerungen oder unwahren Aussagen zu rechnen ist, vorteilhaft. Einsetzbar sind außerdem projektive Verfahren.[19]

Offene Fragen verlangen vom befragten, seine Antwort selbst zu formulieren. Bei **geschlossenen Fragen** hingegen werden Antwortkategorien vorgegeben.[20]

Beobachtung
Bei der **Beobachtung** werden Informationen über den Probanden oder Situationen passiv aufgenommen. Man versteht darunter die systematische Erfassung wahrnehmbarer Sachverhalte durch Beobachter oder technische Hilfsmittel wie z. B. Zähler am Eingang eines Ladens zur Erfassung der Anzahl der Kundenbesuche (apparative Beobachtung).

---

19   Unter projektiven Verfahren versteht man eine Vielfalt von qualitativen Erhebungsmethoden, die mit der Interpretation darüber arbeiten, wie ein Individuum auf bestimmtes Stimulusmaterial reagiert oder sich mit diesem auseinandersetzt. Die Idee ist es, dadurch grundlegende Persönlichkeitsstrukturen oder Motive zu erkennen oder zu verstehen (klassische Beispiele für derartige Verfahren: TAT oder Rorschach-Test).

20   Die Fragegenformulierung und die Definition der Fragenreihenfolge erfordern Fachkenntnis und Erfahrung, methodische Anforderungen sind einzuhalten. Die Funktionalität und messtheoretische Güte von Fragen und Messinstrumenten müssen in Vorstudien überprüft werden.

Eine Beobachtung kann als **offene Beobachtung** erfolgen. Hier kennt die zu beobachtende Person die Beobachtungssituation und in der Regel auch das das Ziel der Beobachtung. Daher kann es oft dazu kommen, dass sich die zu beobachtende Person anders verhält (Beobachtungseffekt). Hingegen wird bei einer **verdeckten Beobachtung** versucht, die Beobachtungssituation nicht offenzulegen. Hiervon erhofft man sich, dass sich die Beobachteten „natürlich" verhalten, weil ihr nicht bewusst ist, dass sie beobachtet wird.

Vorteile der Beobachtung liegen darin, dass man bei der Erhebung nicht auf die Auskunftbereitschaft und die Ausdrucksfähigkeit der Probanden angewiesen ist. Bei manchen Fragestellungen (z. B. Aspekte, die mit Emotionen zusammenhängen), ist zur validen Erfassung der Konstrukte ein Beobachtungspart unverzichtbar (z. B. Analyse der Mimik oder apparative Erfassung von Herzrate oder Hautwiderstand). Mitunter ist es zudem erforderlich, unreflektiertes Verhalten zu erfassen, was vorrangig durch verdeckte Beobachtung möglich ist. Zudem können bei einer Beobachtung Umwelteinflüsse leicht mit erfasst werden. Nachteile: Bestimmte Sachverhalte können nicht beobachtet werden (z. B. Einstellungen), ggf. wirkende Beobachtungseffekte, Möglichkeit der Fehlinterpretation von beobachteten Verhaltensweisen durch Beobachter und Auswerter, hohe Kosten und hohe Zeitintensität.

> **Befragung und Beobachtung sind die zwei grundlegenden Arten der Datenerhebung.**

5.3   Spezielle Aspekte des Forschungsdesigns

Auf einige Aspekte des Untersuchungsdesigns sei hier noch eingegangen.

Studienart und Versuchsanordnung: Ausgangspunkt für die Anlage des Untersuchungsdesigns ist die Klärung der Studienart (vgl. Punkt „Arten und Prozess der Marktforschung"). Die Art der Studie beeinflusst das Messniveau der interessierenden Eigenschaftsausprägungen (Nominal-, Ordinal oder Kardinalskala; hier sei auf die einschlägige Statistik-Grundlagenliteratur verwiesen), die eigentliche Versuchsanordnung (inkl. Datenerhebungsverfahren) sowie auf die Art der notwendigen oder angestrebten Auswertung (vgl. unten). Die Versuchsanordnung legt somit fest, welche Indikatoren wann, wie oft, wo und wie an welchen Objekten erfasst werden sollen. Dafür müssen die interessierenden Variablen (die sich dann in gemessenen Indikatoren ausdrücken sollen) benannt worden sein.

Variablen und Operationalisierung: Größte Sorgfalt sollte auf die Messung der gewählten Variablen gelegt werden. Um Variablen messen zu können, müssen sie, wie oben angesprochen, in messbare Indikatoren überführt und damit operationalisiert werden. Dies erfolgt meist, indem einer Variablen mehrere Indikatoren (auch „Items" genannt) zugeordnet werden. Zusätzlich für Benennung der Indikatoren ist auch für jeden eine konkrete Messvorschrift erforderlich.

Beispiel: Die Variable „Einstellung zur Marke X" soll anhand der drei Fragen „Wie finden Sie die Marke X", „Wie ist die Qualität der Marke X" und „Würden Sie die Marke X weiterempfehlen" gemessen werden (Indikatoren). Jeder Indikator wird auf einer Skala von 1–5 erfasst, deren Endpunkte jeweils verbal mit den extrem positiven bzw. extrem negativen Ausprägungen bezeichnet sind.

Bei Beobachtungen durch Personen als Beobachter arbeitet man oft mit der Bildung von Kategorien. Dabei wird außerdem genau festgelegt, wann ein Tatbestand einer Kategorie zuzuordnen ist. Findet die Beobachtung apparativ statt (z. B. Erfassung von gekauften Artikeln mittels Scannerkassen und Kundenkarten), so resultieren oft schon daraus bestimmte Operationalisierungen (hier Anzahlen und Kombinationen von Artikeln).

Stichproben
Die Entscheidung, anhand welcher Objekte eine Marktforschungsstudie durchgeführt werden soll, ist ein weiterer wichtiger Design-Parameter. Zunächst ist zu klären, auf welche **Grundgesamtheit** sich die Fragestellungen beziehen. Als Grundgesamtheit bezeichnet man die Gesamtheit aller Elemente, über die Informationen beschafft werden sollen. Betrachtet man in den Studien tatsächlich jedes der Elemente der Grundgesamtheit, handelt es sich um eine **Vollerhebung**. Meist werden jedoch **Teilerhebungen** realisiert. Das bedeutet, dass nur eine Auswahl von Objekten aus der Grundgesamtheit für die Studie herangezogen wird. Diese Auswahl bezeichnet man als **Stichprobe**. Soll von der Stichprobe auf die Grundgesamtheit geschlossen werden (also Befunde verallgemeinert werden), dann ist die sogenannte **Repräsentativität** zu fordern. Das heisst, dass in der Stichprobe hinsichtlich des interessierenden Merkmals gleiche Strukturmerkmale wie in der Grundgesamtheit vorliegen müssen (z. B. Altersstruktur, Geschlechterverteilung, räumliche Verteilung, etc.).

Nutzt man eine Stichprobe als Abbild der Grundgesamtheit, so ist über das **Auswahlprinzip** zu entscheiden (Stichprobenziehung). Dieses kann nach bewusster Auswahl oder nach dem Zufallsprinzip geschehen. Besonders das **Quotenverfahren** ist als Prinzip der bewussten Auswahl bedeutend, um durch bestimmte Vorgaben über die Zusammensetzung der Stichprobe Repräsentanz zu erreichen. Bei der **Zufallsauswahl** spielen die einfache oder mehrstufige

Zufallsauswahl sowie die geschichtete Auswahl und Klumpenauswahlverfahren[21] eine Rolle.

Versuchsanordnung, Variablenarten, deren Operationalisierung sowie die Auswahl der Untersuchungsobjekte hängen eng zusammen.

5.4 Besondere Versuchsanordnungen: Experiment und Panel

Experiment und Panel sind zwei für die Marktforschung besonders wichtige Versuchsanordnungen[22]. Das **Experiment** ist eine Versuchsanordnung, bei der der Zusammenhang zwischen zwei Variablen dadurch geprüft wird, dass eine einzelne unabhängige (erklärende) Variable systematisch verändert wird und gleichzeitig die Veränderungen bei einer abhängigen (erklärten) Variable erfasst wird. Dabei müssen alle anderen Variablen und Einflussgrößen, die ebenso auf die abhängige Variable wirken können, **konstant** gehalten werden. Dadurch können **kausale** (Ursache-Wirkungs-)Zusammenhänge zwischen unabhängiger und abhängiger Variable nachgewiesen werden.

Möchte man beispielsweise überprüfen, ob die Platzierung einer Wodka-Sorte im Regal eines Supermarktes Auswirkungen auf die verkaufte Menge hat, so kann man ein experimentelles Design wählen. Die Platzierung bildet dabei die unabhängige, die Verkaufsmenge die abhängige Variable. Um den Effekt zu prüfen, muss nun die Platzierung der Wodka-Sorte im Regal systematisch variiert werden, wobei alle anderen Faktoren (Störgrößen) konstant gehalten („kontrolliert") werden müssen (z. B. die Kundenfrequenz, die Kundentypen, der Preis, Werbemaßnahmen, die Anzahl der Flaschen im Regal, die Beleuchtung, Platzierung und Preise der Wettbewerbssorten, etc.). Ändert sich die Verkaufszahl gemeinsam mit der Platzierung, so ist von einem Einfluss der Platzierung auf die Verkaufsmenge auszugehen.

Je nach Untersuchungsbedingung werden **Labor- und Feldexperiment** unterschieden. Bei Laborexperimenten findet die Untersuchung unter künstlichen, vom Forscher gestalteten Bedingungen statt (die Kontrolle von Störgrößen ist

---

21 Bei der geschichteten Auswahl wird eine effiziente Stichprobenziehung realisiert, indem die Grundgesamtheit in sich ausschließende Schichten zerlegt wird, aus denen dann jeweils eine einfache Zufallsauswahl vorgenommen wird. Beim Klumpenverfahren teilt man die Grundgesamtheit in sich gegenseitig ausschließende Gruppen („Klumpen") und zieht dann eine zufällige Auswahl von Klumpen. Dabei werden alle Elemente innerhalb der gezogenen Klumpen vollständig erfasst.

22 Es handelt sich dabei nicht um eigene Erhebungsmethoden!

hier besonders einfach), während Feldexperimente in der natürlichen Umgebung der Testpersonen durchgeführt werden (durch die realistische Bedingungen können hier die Ergebnisse gut auf übliche Situationen übertragen werden, jedoch sind Störgrößen hier oft kaum vollständig kontrollierbar – im obigen Beispiel ist u. a. die Werbeaktivität der Wettbewerber nur schwer konstant zu halten).

Das Experiment ist eine besondere Versuchsanordnung zur Prüfung kausaler Zusammenhänge.

Das **Panel** ist eine Versuchsanordnung, bei der die gleiche Erhebung zu wiederholten Zeitpunkten an den identischen Objekten erfolgt. Damit werden dynamische Effekte erfassbar und Aussagen über das Verhalten der gesamten Stichprobe im Zeitablauf als auch Aussagen zu Veränderungen innerhalb der Stichprobe möglich. Im Wesentlichen werden **Handelspanels** (Objekte sind Händler) und **Verbraucherpanels** (Objekte sind Konsumenten oder Haushalte) differenziert. Daneben existieren zahlreichen Spezialpanels. Bedeutsam sind auch sogenannte **Scannerpanels**, bei denen Daten mittels Scanner (meist direkt am Verkaufsort) erfasst werden. Panels sind eine umfangreich genutzt Informationsquelle für Marketingentscheidungen. Sie weisen jedoch einige schwerwiegende Probleme auf:

- Unvollständige Marktabdeckung: Die im Panel gebildete Stichprobe repräsentiert oft nicht alle Haushalte bzw. Handelsbetriebe.
- Paneleffekt: Durch die Panelteilnahme kann es dazu kommen, dass sich die Objekte anders verhalten, als sie es normalerweise getan hätten. Auch kann es sein, dass sie aus Prestigegründen andere oder mehr Käufe angegeben als sie getätigt haben (Overreporting) oder Käufe nicht angeben (Underreporting).
- Panelsterblichkeit: Oft fallen bereits nach kurzer Zeit viele der Teilnehmer eines laufenden Panels aus (z. B. durch Umzug oder Motivationsverluste). Damit stehen immer weniger durchgängig berichtende Teilnehmer zur Verfügung, wodurch Prognosen erschwert werden. Es kann versucht werden, die entstandenen Lücken durch strukturell gesteuertes Auffüllen zu schließen.

Panels sind spezielle Längsschnittstudien, die einen identischen Sachverhalt auf identische Weise wiederholt an den identischen Objekten erheben.

5.5   Gütekriterien

Zur Beurteilung der Güte quantitativer Marktforschungsdaten und -instrumente werden regelmäßig drei Kriterien der Klassischen Testtheorie herangezogen:

- **Objektivität**: Damit ist die Unabhängigkeit der Ergebnisse vom Durch-führenden gemeint. Die Daten müssen frei von subjektiven Einflüssen durch Erheber oder Auswerter sein. Dies bedeutet, dass Personen, die den gleichen Sachverhalt unabhängig voneinander messen, zum iden-tischen Ergebnis kommen müssen.

- **Reliabilität**: Dies meint die Zuverlässigkeit und formale Genauigkeit der Messung. Es geht also darum, dass keine Zufallsfehler auftreten. Bei der Reliabilität wird insbesondere betrachtet, inwieweit eine wiederholte Messung eines Merkmals bei der gleichen Person zu dem gleichen Er-gebnis kommt.

- **Validität**: Die Validität meint die Gültigkeit einer Messung, also die Freiheit von systematischen Fehlern. Sie fragt danach, ob ein Messinstru-ment tatsächlich das misst, was es messen soll.

Objektivität, Reliabilität und Validität sind zentrale Gütemaße in der quantitativen Marktforschung.

5.6   Auswertung

Zur Auswertung der erhobenen Daten steht eine Vielzahl von statistischen Ver-fahren zur Verfügung.[23] Sie können danach eingeteilt werden, ob es um die Überprüfung angenommener Zusammenhänge geht (strukturprüfende Verfah-ren), oder ob die Aufdeckung von Mustern und Zusammenhängen im Zentrum steht (strukturentdeckende Verfahren).

Strukturprüfende Verfahren (Dependenzanalyen)
Beispiel für eine strukturprüfende Fragestellung: Für einen Versandhändler soll überprüft werden, ob ein Zusammenhang zwischen dem Alter seiner Kunden und ihrem Beschwerdeverhalten besteht.

- **Korrelationsanalyse**: Erklärt den (linearen) Zusammenhang zwischen zwei metrischen Variablen, betrachtet also, in welchem Maße die Än-derung einer Variablen mit einer Veränderung bei der anderen Variablen einher geht. Erklärt jedoch nicht die Richtung dieses Zusammenhangs und macht somit keine Aussage zur Kausalität. Kennwert ist der Korre-lationskoeffizient r, der zwischen –1 (stark negativer Zusammenhang) und +1 (stark positiver Zusammenhang) liegen kann.

- **Regressionsanalyse**: Beschreibt den gerichteten Zusammenhang zwi-schen zwei metrisch skalierten Variablen. Bildlich ausgedrückt, wird durch eine empirisch erhobene Punktewolke eine Gerade oder eine

---

23   Es werden hier nur einige wesentliche knapp charakterisiert.

Kurve hindurch gelegt. Anhand der Gerade/Kurve (mit den sie charak-
terisierenden Parametern) wird die Kausalität beschrieben. Mittels Regressionsanalyse kann geprüft werden, ob (unabhängige) Variablen einen Einfluss auf die abhängigen Variablen haben. Dabei kann auch die
Stärke des Zusammenhangs bestimmt werden.

– **Varianzanalyse**: Auch die Varianzanalyse prüft kausale Zusammenhänge. Das Rechenverfahren untersucht, ob zwischen Gruppen signi-
  fikante[24] Unterschiede hinsichtlich der anhängigen Variablen bestehen.
  Es ist daher typisch für die Analyse von Experimenten. Die nominalen
  unabhängigen Variablen stellen dabei die experimentellen Bedingungen
  dar, die die Gruppen für den Vergleich einteilen. Allerdings testet dieses
  Verfahren lediglich auf das Vorliegen eines Zusammenhangs, macht
  jedoch zunächst keine Aussage über die Stärke des Zusammenhangs.

Strukturentdeckende Verfahren (Interdependenzanalysen)
Beispiel für eine Fragestellung, die ein strukturentdeckendes Verfahren erfordert: Es soll herausgefunden werden, ob es unter den Beschwerdekunden eines
Versandhändlers typische „Gruppen" gibt, die sich in bestimmten Merkmalen
ähnlich sind.

– **Clusteranalyse**: Die Clusteranalyse ist eine Methode der Datenreduk-
  tion. Sie bildet Gruppen von Objekten (Cluster), die dadurch charakterisiert sind, dass die Objektunterschiede innerhalb der Cluster möglichst
  klein, zwischen den Clustern jedoch möglichst groß sind. Eine typische
  Anwendung im Marketing sind Segmentierung und Typologisierung.
  Die Clusteranalyse gruppiert also Objekte (Personen).

– **Multidimensionale Skalierung (MDS)**: Eine MDS bildet Ähnlichkeiten
  bzw. Unähnlichkeiten zwischen Objekten (die als ganzheitliche Ähnlich-
  keitsurteile erhoben werden müssen) in einem mehrdimensionalen, aber
  möglichst gering dimensionierten Raum ab. Die visualisierte, geome-
  trische Positionierung im Raum soll dabei die Ähnlichkeit wiedergeben.
  Die gefundenen Achsen dieses Raumes drücken dann die zugrunde lie-
  genden Wahrnehmungsdimensionen aus. So können Eigenschaften bzw.
  Dimensionen gefunden werden, anhand der sich Strukturen bilden lassen (die relevanten Merkmale für die Ähnlichkeitsbildung sind hier ja
  zunächst unbekannt). Beispiel im Marketing: Ermittlung des Wahrneh-
  mungsraums und der zugehörigen Urteilsdimensionen zur Beurteilung
  der Servicequalität von Banken.

---

24   „Signifikant" bedeutet, dass das Ergebnis auf einem definierten Sicherheitsniveau (Signi-
     fikanzniveau) nicht durch Zufallswirkungen erklärt werden kann. Vgl. hierzu die ein-
     schlägige Statistikliteratur.

- **Faktorenanalyse**: Sie verdichtet größere Mengen von (metrisch skalierten) Variablen auf eine kleinere Zahl untereinander unabhängiger Größen (sogenannte Faktoren). Dadurch können auch hinter mehreren, zusammenhängenden Variablen liegende sogenannte „latente" Variablen gefunden (extrahiert) werden. Gerade bei großen Datenmengen erweist sich die Anwendung der Faktorenanalyse als hilfreich, da man mit wenigen extrahierten Faktoren häufig sehr viel besser umgehen (und diese auch besser interpretieren kann) kann als mit vielen untereinander korrelierten Daten. Im Unterschied zur Clusteranalyse (die Objekte gruppiert), gruppiert die Faktorenanalyse also Variablen.

Auswertungsmethoden können in strukturprüfende und strukturentdeckende Verfahren eingeteilt werden. Faktorenanalyse, Clusteranalyse und MDS sind strukturentdeckende Verfahren, während Varianzanalyse, Korrelations- und Regressionsanalyse typische strukturprüfende Verfahren darstellen.

Literaturhinweise

Eine prägnante und schnörkellose Darlegung der Grundzusammenhänge und Begriffe der Marktforschung findet sich bei:

Koch, J.: *Marktforschung: Grundlagen und praktische Anwendungen*, München 2009.

Umfänglich ist die Darstellung der Marktforschung bei:

Fantapié Altobelli, C.: *Marktforschung. Methoden-Anwendungen-Praxisbeispiele*, Stuttgart 2001, sowie bei

Berekoven, L.; Eckert, W.; Ellenroeder, P.: *Marktforschung: Methodische Grundlagen und praktische Anwendung*, Wiesbaden 2006.

Als exzellente Darstellung der methodischen Fragen sei empfohlen:

Bortz, J.; Döring, N.: *Forschungsmethoden und Evaluation – für Human- und Sozialwissenschaftler*, Berlin 2006.

Zur hier nicht dargestellten qualitativen Marktforschung siehe als Einführung:

Kepper, G.: *Methoden der qualitativen Marktforschung*, in: Herrmann, A.; Homburg, C.; Klarmann, M. (Hrsg.): Handbuch Marktforschung, Wiesbaden 2007, S. 175–211.

6 Marketing-Ziele

Ziele sind angestrebte Soll-Zustände. Zu den wichtigsten Funktionen von Zielen zählen die Informationsfunktion, die Koordinationsfunktion, die Rechtfertigungsfunktion, die Motivationsfunktion sowie ihre Funktion für die Ergebnisüberprüfung. **Marketing-Ziele** drücken die angestrebten Zustände des Unternehmens bezüglich der Marktaufgabe aus.

Damit sie ihre Funktion erfüllen können, müssen Marketing-Ziele **operational formuliert** sein. Die bedeutet eine Konkretisierung in Bezug auf

- **Inhalt**: Was genau soll erreicht werden?
- **Ausmaß**: Wie viel soll genau erreicht werden?
- **Zeitbezug**: Wann soll das Ziel erreicht sein?
- **Bereich**: Für welches Segmente oder Produktbereiche soll das Ziel gelten?

So ist die Vorgabe „Deutliche Steigerung der Bekanntheit" kein operationables Ziel, denn es ist mindestens hinsichtlich Zeitbezug und Ausmaß nicht konkretisiert. Hingegen ist das Ziel „Steigerung des wertmäßigen Marktanteils von 10 auf 13 Prozent innerhalb der nächsten zwei Jahre im Marktsegment Energy-Drinks" operationabel formuliert.

Marketing-Ziele sind in der Regel **eingebettet in ein Zielsystem des Unternehmens**. Dieses besteht aus Zielen unterschiedlicher Reichweite und unterschiedlicher Abstraktionsgrade, die auf mehreren Ebenen hierarchisch miteinander verbunden sind (vgl. dazu auch Abb. 24). Es wird oftmals als eine **Zielpyramide** dargestellt (vgl. Abb. 30). Die wesentlichen Ebenen sind:

- Allgemeine Werte: Sie formulieren Unternehmensgrundsätze und stellen Bezüge zur gesamtwirtschaftlichen Aufgabe eines Unternehmens her, zum Beispiel beim Thema Nachhaltigkeit oder kulturellen oder bildungspolitischen Aufgaben.
- Unternehmenszweck: Beschreibt die Kernaufgaben des Unternehmens und hat einen Bezug zum Geschäftsmodell. Er wird meist anhand der Mission und Vision konkretisiert. Beispielsweise formuliert IKEA auf seiner Website: „Es ist unsere Vision, den vielen Menschen einen besseren Alltag zu schaffen. Unsere Geschäftsidee unterstützt diese Vision, indem wir ein breites Sortiment formschöner und funktionsgerechter Einrichtungsgegenstände zu Preisen anbieten, die so günstig sind, dass möglichst viele Menschen sie sich leisten können." (http://www.ikea.com/ms/de_DE/about_ikea/the_ikea_way/our_business_idea/index.html, Abruf am 06.05.2012).

- Unternehmensziele: Hierzu gehören insb. die Formalziele des Unternehmens (Gewinn und Liquidität, Wirtschaftlichkeit) ebenso wie die Sachziele (z. B. Art, Menge, Zeitpunkt der zu erbringenden Güter oder Dienstleistungen).

- Bereichsziele: Auf der Ebene der Bereichsziele werden die Beiträge der leistungswirtschaftlichen Funktionen zur Erreichung der Unternehmensziele formuliert. Es existieren also diverse Bereichsziele (u. a. Marketing, Produktion, Beschaffung, Personal), die alle im Hinblick auf die Unternehmensziele zu synchronisieren sind. Bei marktgetriebenen Unternehmen kommt den Marketing-Zielen eine dominierende Stellung zu.

- Aktionsziele: Hier werden zusätzlich weiter konkretisierte Ziele bezüglich abgegrenzter Einheiten wie Geschäftsfelder, Kundengruppen oder Produktbereiche festgelegt.

- Instrumentalziele: Auf der Ebene der Instrumente werden die Beiträge einzelner Aktivitäten zur Erreichung der Bereichsziele als Instrumentalziele definiert. Beispielsweise werden hier konkrete Ziele für die Werbung, die Verkaufsförderung, die Preispolitik oder Absatzwege festgehalten.

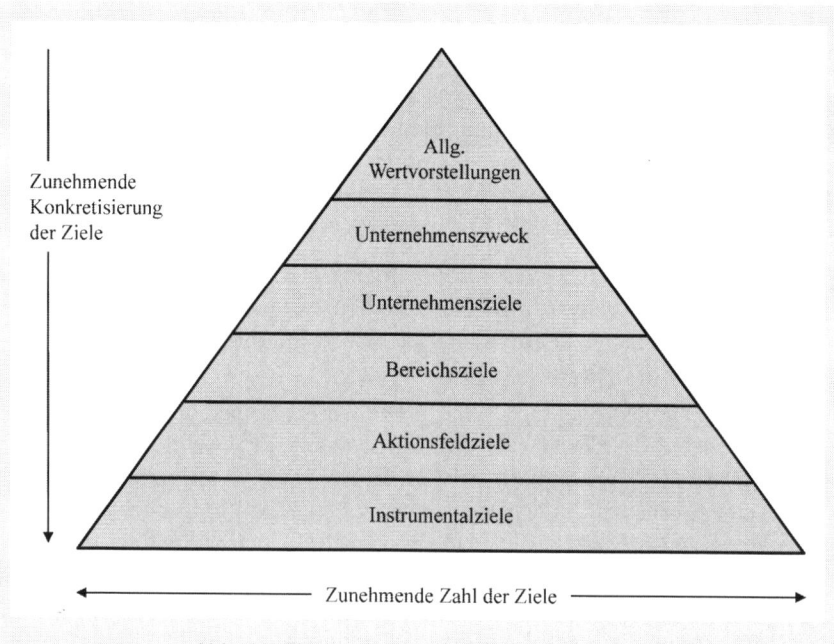

Abb. 30: Zielpyramide eines Unternehmens
(Quelle: in Anlehnung an Becker, 2009, S. 28)

Die Vielzahl der möglichen Ziele auf den verschiedenen Ebenen muss durch den Unternehmensplanungsprozess in einem in sich abgestimmten, konsistenten System münden. Dabei konkretisieren sich die Zieldefinitionen stärker, je weiter unten die betrachtete Ebene in der Zielpyramide verortet ist. Gleichzeitig nimmt die Zahl der Teilziele stark zu.

Aus der Gesamtunternehmens-Perspektive sind Marketing-Ziele also oft im Sinne von Bereichszielen zu verstehen.

Hinsichtlich der Formulierung von Marketing-Zielen bzw. eines entsprechenden Zielsystems werden **vorökonomische und ökonomische Zielgrößen** unterschieden. Zu den vorökonomischen Zielen gehören psychologische Konstrukte wie Bekanntheit, Image, Kaufintention, Zufriedenheit, Vertrauen, Weiterempfehlungsabsichten, etc. Als ökonomische Ziele hingehen bezeichnet man direkt beobachtbare wirtschaftliche Effekte wie Umsatz, Marktanteil, Deckungsbeiträge, Marketingkosten, Gewinn, etc.

Die vorökonomischen Größen beeinflussen die ökonomischen Zielgrößen (vgl. Abb. 31). Der Wirkungseffekt ist jedoch in der Regel stark zeitversetzt (timelag). Die ökonomischen Größen werden zudem nicht ausschließlich von den selbst beeinflussbaren oder marketingbezogenen Größen bestimmt. So kann beispielweise der Umsatz einerseits stark durch eigene Verkaufsförderungsmaßnahmen beeinflusst werden, zugleich nehmen aber auch Preismaßnahmen oder Produktneueinführungen der Wettbewerber wesentlichen Einfluss auf ihn. Im Rahmen eines professionellen Marketing-Managements sollte man sich daher auch stark auf die vorökonomischen Ziele ausrichten, um eine möglichst gute Steuerbarkeit und insbesondere die Zurechenbarkeit der Marketingaktivitäten zu sichern.

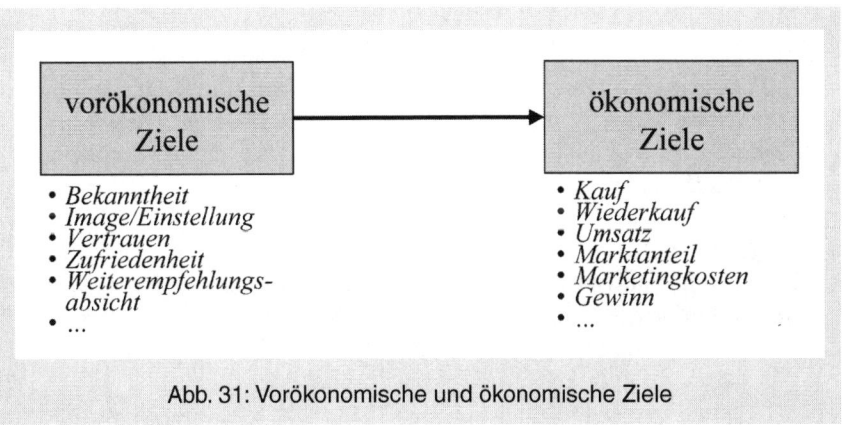

Abb. 31: Vorökonomische und ökonomische Ziele

Homburg und Krohmer (2009, S. 116 f.) gliedern Marketingziele in drei Ziel-kategorien, zwischen denen Erreichung auch hier eine kausale Abfolge unter-stellt wird:

- **Potenzialbezogene Marketingziele**: Sie beziehen sich auf Größen, die dem Verhalten der Käufer vorgelagert sind. Sie entsprechen im Wesent-lichen den o. g. vorökonomischen Größen und schaffen Potenziale.
- **Markterfolgsbezogene Marketingziele**: Diese bilden das tatsächliche Verhalten von Kunden ab, realisieren somit Potenziale. Beispiele sind Absatzmenge, Marktanteil, Kundenzahl oder Kauffrequenz.
- **Wirtschaftliche Marketingziele**: Sie gehen auf gängige ökonomische Erfolgsgrößen zurück und sind somit auch mit der Gewinn- und Ver-lustrechnung des Unternehmens verknüpfbar. Dies sind z. B. Umsatz, Gewinn, Marketingkosten oder Deckungsbeitrag. Sie können aus den oben angesprochenen Gründen jedoch kaum losgelöst von potenzial-bzw. markterfolgsbezogenen Marketingzielen formuliert werden.

Sowohl innerhalb des Zielsystems im Marketing als auch zwischen Zielen un-terschiedlicher Bereiche des Unternehmens kann es zu **Zielkonflikten** kom-men. Um diese zu lösen, sind zwei Ansätze bedeutsam.

1. Eine Ziel-Rangordnung durch Festlegung von Zielprioritäten erstellen: Stehen Ziele in konkurrierender Beziehung (würde also die Realisierung eines Zieles die Erreichung eines anderen Zieles negativ beeinflussen), so müssen Entscheidungen dazu getroffen werden, welche Ziele eine höhere Priorität haben. Beispiel: Kosteneinsparungen in der Öffentlichkeitsar-beit sollen gegenüber der Steigerung des Vertrauens der Öffentlichkeit in das Unternehmen priorisiert werden. Dem Ziel der Kostensenkung würde in dieser Ausprägung also eine höhere Bedeutung zukommen als der Steigerung der Vertrauensparameter.

2. Nebenbedingungen formulieren und diese bewerten: Wenn gleich wichtige Ziele miteinander konkurrieren, sollten Prioritäten unter Nebenbedingungen formuliert werden. Beispiel: Die Werbekos-ten dürfen maximal soweit gesenkt werden, dass die passive Bekannt-heit nicht unter 65 Prozent absinkt.

Marketingziele sind in das Zielsystem des Unternehmens eingebun-den. Vorökonomische Zielgrößen haben eine besondere Bedeutung im Marketing.

Literaturhinweise

Gut nachvollziehbare Grundlagen-Darstellungen zu Marketing-Zielen sind zu finden bei:

Homburg, C./Krohmer, H.: *Grundlagen des Marketingmanagements: Einführung in Strategie, Instrumente, Umsetzung und Unternehmensführung*, Wiesbaden 2009.

Scharf, A./Schubert, B./Hehn, P.: *Marketing – Einführung in Theorie und Praxis*, Stuttgart 2009.

Umfassend wird das Thema behandelt bei:

Becker, J.: *Marketing-Konzeption: Grundlagen des ziel-strategischen und operativen Marketing-Managements*, München 2009.

7 Marketing-Strategien

Marketing-Strategien sind mittel- bis langfristig wirkende **Grundsatzentscheidungen darüber, welche Märkte in welcher Form zu bearbeiten sind**. Durch sie wird eine bestimmte Stoßrichtung für das Marketinghandeln festgelegt. Insofern stellen sie die Wege dar, über die die Marketing-Ziele erreicht werden sollen (vgl. dazu auch Abschnitt 4.2). Grundlage für die Ableitung einer geeigneten Marketing-Strategie müssen demgemäß die internen Unternehmens- und Marketingziele sein. Für die Entwicklung geeigneter Strategien auf Basis dieser Ziele müssen die **interne** und die **externe Situation** analysiert und deren zukünftige Entwicklung prognostiziert werden (vgl. Abb. 32). Das ermöglicht es dem Unternehmen, **rechtzeitig** strategische **Handlungsalternativen** zu identifizieren und strategische Entscheidungen zu treffen, um die Handlungsfähigkeit zu sichern. Der Idealfall ist es, wenn relevante Aktivitäten schneller erkannt werden als es der Wettbewerb tut, und relevante Aktivitäten zudem besser umgesetzt werden als durch den Wettbewerb.

Die Entscheidung für bestimmte Strategie-Alternativen impliziert regelmäßig die Zurückweisung anderer Strategien. Marketing-Strategien müssen schließlich durch eine geeignete Kombination von Marketing-Instrumenten konkretisiert und umgesetzt werden.

> **Marketing-Strategien geben die grobe Stoßrichtung an, mittels der die Marketing-Ziele erreicht werden sollen. Zur Strategieableitung sind die interne und die externe Situation zu analysieren. Strategien müssen ständig überprüft und ggf. angepasst werden.**

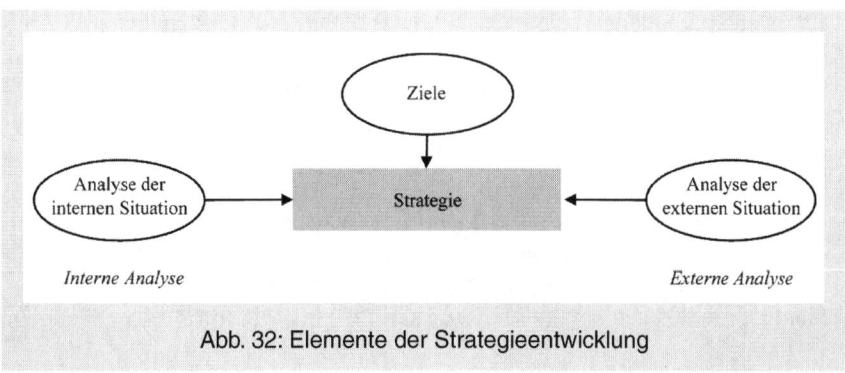

Abb. 32: Elemente der Strategieentwicklung

7.1   Analysen zur Bestimmung der internen Situation

Die interne Analyse beschäftigt sich mit den Bedingungen eines Unternehmens aus Innensicht. Durch sie erfolgt eine Bestandsaufnahme der Ausprägungen von **Ressourcen und Fähigkeiten** des Unternehmens als Ursachen für Stärken und Schwächen. Dabei empfiehlt es sich, neben der Ausprägung der einzelnen Ressourcen und Fähigkeiten auch deren strategische Bedeutung zu bewerten.

Ressourcen sind alle materiellen und immateriellen Güter, Vermögensgegenstände und Einsatzfaktoren, die ein Unternehmen besitzt. Typische materielle Ressourcen sind Maschinen, Standorte oder finanzielle Mittel, typische immaterielle Ressourcen sind Patente, das Know-How der Mitarbeiter, die Kultur oder das Image des Unternehmens. Fähigkeiten hingegen beschreiben, inwieweit ein Unternehmen in der Lage ist, seine Ressourcen auch zu nutzen. Sie drücken sich wesentlich in den Prozessen, Führungssystemen und Strukturen aus.

Als erste Anhaltspunkte für die interne Situation lassen sich zunächst **finanzielle Größen und ihre Werttreiber** (als quantitatives Abbild) heranziehen. Dabei werden finanzielle Lage und Ausstattung, Umsatz- und Kostenstruktur, Ergebnis, Kapitalrendite, Produktivitäten – auch im Zeitvergleich – betrachtet. Aus interner Sicht wesentlich ist außerdem die bestehende **Kundenstruktur** nach Umfang, Staffelung, Konzentration, Umsatz- und DB-Anteilen, Abhängigkeiten und zeitlichen Entwicklungen.

Die Kompetenzbasis kann gut anhand des **Geschäftssystems** oder der **Wertkettenbetrachtung**[25] analysiert werden. Auf der Basis der vereinfachten Darstellung der physisch und technologisch unterscheidbaren (Teil-)Aktivitäten, die ein Unternehmen ausübt, um seine Leistungen zu erbringen, werden Ressourcen und Fähigkeiten erfasst und bewertet. Zentrale Fragen sind hier: Welche Kernfunktionen und welche unterstützenden Prozesse spielen für die Leistungserbringung welche Rolle? Welche Ressourcen werden dabei wie eingesetzt? Welche Fähigkeiten werden dabei je genutzt (z. B. besonders effiziente Produktionsprozesse oder ein besonders ausgeprägtes Kundenverständnis)?

Gute Analysezugänge bestehen auch auf Grundlage von **Strategy Maps**. Diese führen die Ansätze der Geschäftsmodellbetrachtung weiter. Allerdings werden bei dieser Form der Analyse nicht mehr logische Abfolgen von internen Aktivitäten betrachtet, die eine besondere Marktleistung hervorbringen. Vielmehr

---

[25]   Die Betrachtung der Wertkette geht auf Porter (1985) zurück und stellt die Wertschöpfungsstufen als eine Folge von mit einander verbundenen Teiltätigkeiten dar. Dabei werden primäre und sekundäre (unterstützende) Aktivitäten unterschieden.

geht es hier um die Abbildung des wechselseitigen Beziehungsgeflechts dieser Aktivitäten mit Fokus auf die Entstehung eines besonderen Kundennutzens. Abb. 33 zeigt eine vereinfachte Map anhand des Beispiels Ikea.

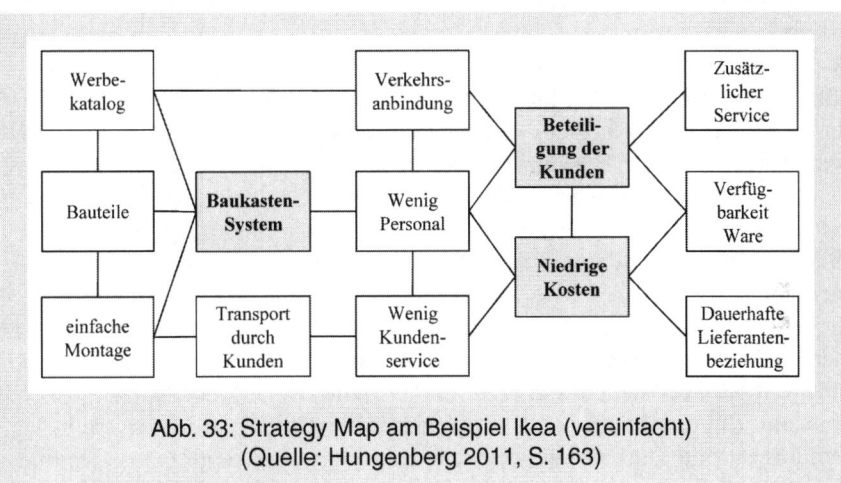

Abb. 33: Strategy Map am Beispiel Ikea (vereinfacht)
(Quelle: Hungenberg 2011, S. 163)

Die Ergebnisse der internen Analyse werden regelmäßig als **Profildarstellung** aufbereitet (vgl. Abb. 34), auch als relative Betrachtung im Vergleich zum Wettbewerb.

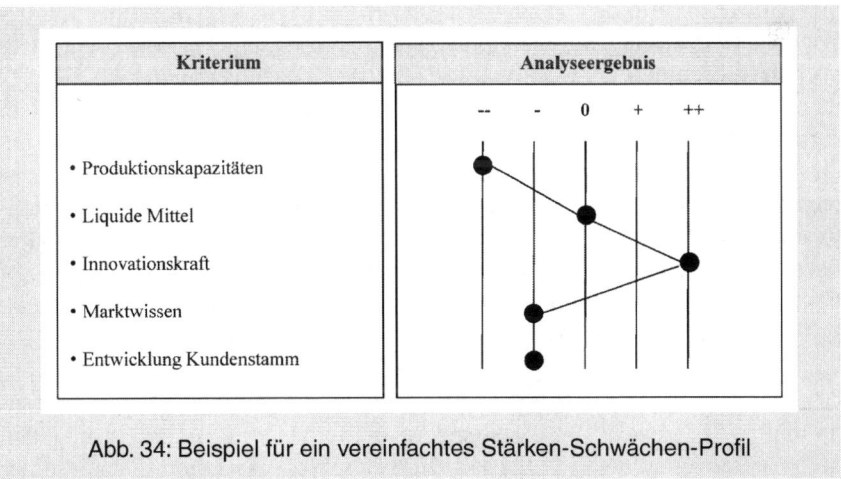

Abb. 34: Beispiel für ein vereinfachtes Stärken-Schwächen-Profil

Die interne Analyse befasst sich mit der Bewertung von Ressourcen und Fähigkeiten des Unternehmens, oft im Vergleich zum Wettbewerb.

7.2   Analysen zur Bestimmung der externen Situation

Bei der Analyse der externen Situation geht es darum, möglichst frühzeitig jene Entwicklungen im Markt und dessen Umfeld zu identifizieren, die das Unternehmen beeinflussen.

Das Hauptproblem dabei besteht in der großen **Komplexität**. Die Zahl der Faktoren, die den Erfolg der Marktaktivitäten eines Unternehmens beeinflussen, ist sehr groß. Oft beeinflussen sich die Faktoren auch wechselseitig. Diese Faktoren können Chancen im Wettbewerb eröffnen, weil sich beispielsweise neue Produktanwendungen eröffnen, anderseits können sie eine Bedrohung für die Wettbewerbsvorteile darstellen. Beispiel: Der Klimawandel als externer Einfluss kann ein Risiko für küstennahe Produktionsstandorte eines Unternehmens sein. Der Klimawandel eröffnet anderseits Chancen, um neue Geschäfte beispielsweise im Katastrophenschutz, bei Wassernutzungskonzepten oder mit stressresistenten Pflanzen für die landwirtschaftliche Nutzung zu entwickeln. Um die Komplexität zu reduzieren, wird die externe Umwelt in Makroumwelt und Branchenumwelt unterteilt, innerhalb derer einige Kernfaktoren zu untersuchen sind.

Analyse der Makroumwelt
Zur Makroumwelt gehören vor allem politische, ökonomische, rechtliche, ökologische, soziale und technologische Faktoren (vgl. auch Abschnitt 2.3), die zu betrachten sind. Aus den Anfangsbuchstaben der englischen Begriffe Political-Economical-Sociological-Technological-Environmental- Legal hat sich dafür auch das Akronym **PESTLE-Analyse** (ähnlich, jedoch verkürzter auch PEST- und STEP-Analyse) durchgesetzt. Die politischen, wirtschaftlichen, sozialen, rechtlichen und ökologischen Faktoren sind dabei daraufhin zu untersuchen, ob wichtige Einflüsse und Entwicklungen bestehen, die sich für das Unternehmen bedrohlich entwickeln können oder aus den sich Chancen für Marktaktivitäten ergeben können. Bewährt hat sich ein systematisches Abprüfen aller Faktoren anhand von Checklisten. Die Ökonomische Umwelt würde dabei z. B. Faktoren wie das Wirtschaftswachstum, das Zinsniveau, die Inflation, Arbeitslosenrate und Wechselkurse umfassen.

Generell wichtig zeigt sich hier die Analyse von Trends und möglichen Diskontinuitäten. **Trends** sind Beschreibungen von Veränderungen und Strömungen in allen Bereichen der Gesellschaft. Ihre Beschreibung und die Analyse der Rahmenbedingungen sollen Rückschlüsse auf zukünftige Entwicklungen ermöglichen. Es geht dabei also um einen zeitlich messbaren Verlauf einer Entwicklung in eine bestimmte Richtung. Dies kann quantitativ oder qualitative beschrieben werden. Im Marketingkontext sind insbesondere Veränderungen des Werte- und Verhaltensgefüges der Gesellschaft relevant. Durch neu entstehende und sich durchsetzende Auffassungen in Gesellschaft, Wirtschaft oder Technologie werden neue Bewegungen auslöst.

Da Trends und zusammenhängende Entwicklungen jedoch kaum logisch aus Vergangenheitsentwicklungen prognostizierbar sind, wird eine frühzeitige Analyse von sog. „**weak signals**" oder „schwachen Signalen" erforderlich (vgl. Abb. 35). Dem liegt die Annahme zugrunde, dass sich größere **Diskontinuitäten** (plötzliche und dringende Ereignisse, die das Unternehmen zum Handeln zwingen) durch bestimmte Signale (im Sinne von unscharf und schlecht strukturierten Informationen) andeuten. Damit verbunden ist die Annahme, dass prinzipiell kein vom Menschen ausgelöstes Ereignis unvorhergesehen eintritt, auch wenn der Einzelne selbst davon völlig überrascht wird. Die Herausforderung besteht darin, diese Signale möglichst frühzeitig – noch bevor sie offensichtlich werden und die allgemeine Wahrnehmungsschwelle überschreiten – aus einem Grundrauschen „herauszufiltern", ihre Tragfähigkeit zu beurteilen und mögliche Anpassungsoptionen zu entwerfen – um somit Entscheidungsspielräume zu wahren. Dies wird auch unter dem Begriff der strategischen Frühaufklärung diskutiert.[26] Beispiele für „weak signals": Tendenzen der Rechtsprechung, Stellungnahmen von Organisationen zu bestimmten Themen, plötzliche Häufung von gleichartigen Ereignissen.

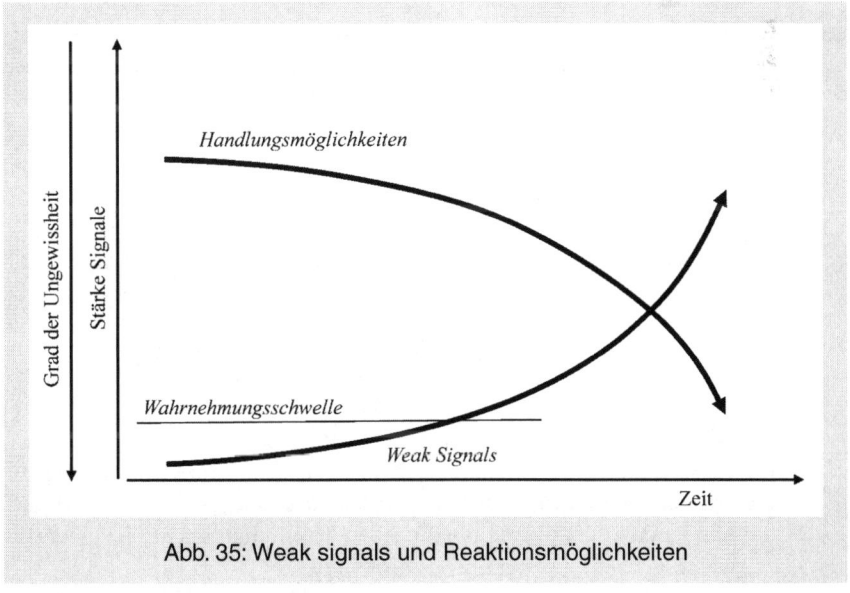

Abb. 35: Weak signals und Reaktionsmöglichkeiten

---

26   Zur Vertiefung vgl. Reich/Hillar 2006.

Es empfiehlt sich, bei Analysen des Umfeldes mit **Szenarien** zu arbeiten. Szenarien sind alternative Zukunftsbilder, die auf logischen Annahmen beruhen. Sie beschreiben das Unternehmen und seine Umwelt und arbeiten heraus, wodurch alternative, aber denkbare Zukunftssituationen charakterisiert sind. Eingeschlossen ist dabei stets auch die Darstellung, wie der Weg von der Gegenwart zu den Zukunftssituationen aussieht. Einflussfaktoren, ihre Abhängigkeiten, und mögliche Störereignisse werden dabei explizit berücksichtigt. Bei der Entwicklung von Szenarien geht es nicht um die Vorhersage der Zukunft, sondern um das **Herausarbeiten von alternativen Entwicklungen** von Umwelten und ihren Effekten auf das Unternehmen[27].

Grundlage für alle Analysen in externer Richtung ist zunächst die **Abgrenzung des relevanten Marktes**.

Analyse der Branchendynamik
Die Analyse der Branchenumwelt kann anhand des **Branchenstrukturmodells nach Porter** erfolgen. Nach diesem Ansatz existieren fünf wesentliche Triebkräfte (Antrieb durch Bedrohungen) für den Wettbewerb in einer Branche (vgl. Abb. 36):

- **Potenzielle Konkurrenten**: Sie sind ein Einfluss, da der Markteintritt neuer Rivalen regelmäßig bedeutet, dass sich Kapazitäten der Branche erhöhen und eine Tendenz zur Preissenkung eintritt. Die Profitabilität und Attraktivität der Branche wird verändert. In diesem Zusammenhang spielen **Markteintrittsbarrieren** eine Rolle. Einflüsse auf Eintritte neuer Konkurrenten nehmen u. a. der Kapitalbedarf, Zugang zu Vertriebswegen oder das Ausmaß der Produktdifferenzierung der Branche.

- **Abnehmer**: Die Marktmacht der Abnehmer äußert sich darin, niedrigere Preise oder ein besseres Leistungsniveau durchzusetzen. Dies beeinflusst wiederum die Profitabilität. Der Einfluss kann z. B. anhand des Grades der Produktdifferenzierung, ggf. anfallender Umstellungskosten, der Abnehmerkonzentration, des Informationsgrades und des Abnahmevolumens hergeleitet werden.

- **Lieferanten**: Lieferanten erhalten Macht, indem sie höhere Preise durchsetzen, die negativ auf das Ergebnisniveau der Branche wirken, oder indem sie die Qualitäten verschlechtern. Die Beschreibungsdimensionen/Einflussfaktoren sind denen der Abnehmer ähnlich. Herauszustellen sind hierbei vor allem Umsatzanteil und Spezialisierungsgrad. Negativ auf die Marktmacht von Lieferanten wirken Möglichkeiten der Rückwärtsintegration durch die Branchenunternehmen.

---

27   Zur Vertiefung sei verwiesen auf Hungenberg 2011, S. 181 ff.

- **Ersatzprodukte**: Natürlich wirken auch Ersatzprodukte auf den Wettbewerb in der Branche. Gemeint sind Produkte aus anderen Branchen oder Sektoren, die die bisherigen Branchenleistungen ersetzen können. Auf diese könnten Kunden im Zweifel ausweichen. Entscheidend sind hier die Wahrnehmung der Leistungen als mögliche Substitute, das Preis-Leistungsverhältnis sowie Wechselkosten – jeweils aus Kundensicht.

- **Ausmaß der Rivalität**: Die Wettbewerbsintensität aus den vorhergehenden Faktoren bestimmt u. a. über die Rivalität der Branchenunternehmen. Relevant ist zudem das gewählte Wettbewerbsprinzip (z. B. Preiswettbewerb) der Branche. Einflüsse auf den Grad der Rivalität nehmen auch Branchenwachstum, Marktaustrittsbarrieren und Anzahl der Wettbewerber.

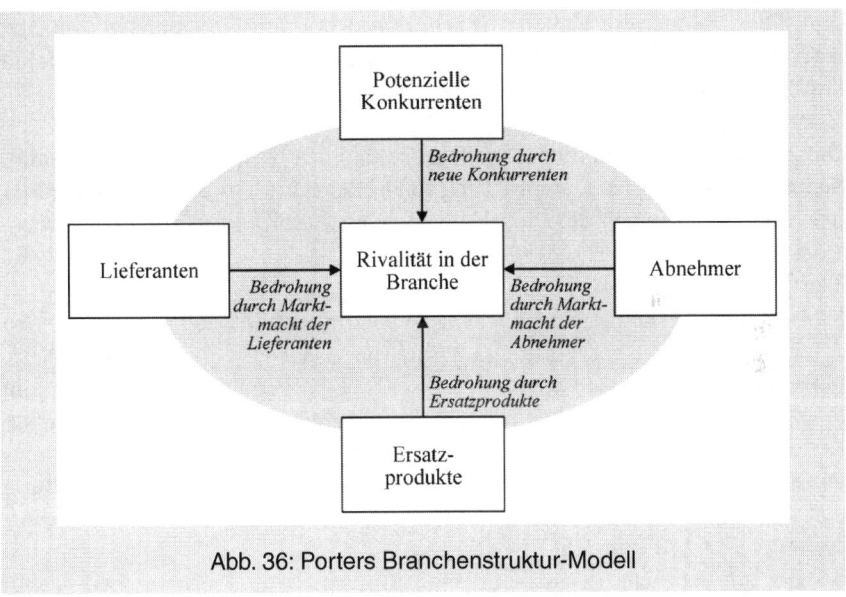

Abb. 36: Porters Branchenstruktur-Modell

Das Modell bietet eine gute gedankliche Navigation für die Strukturierung einer Analyse der Branchenumwelt, die Beschreibung von Einflüssen sowie eine vertiefende Ausgestaltung einzelner Branchenkräfte. Speziell für erste Analysephasen ist es daher ein sehr interessanter Zugang. Es ist jedoch zu beachten, dass dieses Modell im Grunde auf Oligopolmärkte mit klar vornehmbaren Marktabgrenzungen abzielt. Für sehr dynamische Märkt sind die Anwendungsmöglichkeiten eingeschränkt. Weitere Restriktionen sind die Fokussierung auf den direkten Wettbewerb sowie die Überbetonung „strukturierter" Merkmale des Marktes, also oberflächlicher und eindimensionaler Wirkungsbeziehungen nur eines Marktes zwischen den Marktteilnehmern.

Markt- und Konsumentenanalyse

Neben der Betrachtung der Branchensituation als Ganzes ist zudem eine genaue Analyse des Marktumfeldes hinsichtlich der beinhalteten Konsumenten erforderlich. Diese Konsumenten sind potenzielle Kunden des Unternehmens.

Ziel einer solchen Analyse der Kundenseite ist es, aktuelle und zukünftige **Bedürfnisse und Besonderheiten des Kaufverhaltens** der relevanten potenziellen Kunden zu ermitteln. Dazu muss die Gesamtheit der möglichen Kunden in **Segmente** zerlegt werden, um sie dann treffsicher zu charakterisieren und ihre Bedeutung bzw. Attraktivität einzuschätzen. Für die Bewertung der Attraktivität haben insbesondere die Segmentgröße (Marktvolumen, Marktpotenzial), Umsatzpotenzial und Zahlungsbereitschaften eine Bedeutung. Bezüglich bestehender Kunden kann eine **ABC-Analyse** von Kunden relevant sein. Diese ordnet die Kunden nach ihrem Anteil am Unternehmensumsatz. Aber auch qualitative Aspekte wie strategische Bedeutung oder Innovationskraft haben Relevanz.

Die Ermittlung der konkreten Bedürfnisse und des Nachfrageverhaltens eines Segments erfordert die Durchführung fundierter **Kunden- und Marktstudien** bzw. die Auswertung vorliegende Untersuchungen zu Kunden- und Zielgruppen.

Wettbewerberanalyse

Konstitutiver Bestandteil einer Analyse der externen Situation ist weiterhin die Analyse der Wettbewerber. Im ersten Schritt sind dazu die **relevanten Wettbewerber** überhaupt zu **identifizieren**. Wettbewerber sind grundsätzlich alle (auch potenziellen) Unternehmen, die Leistungen anbieten, die die gleichen Kundenbedürfnisse bedienen, auf die auch die Leistung des eigenen Unternehmens abzielt (Substitutionsbeziehung aus Kundensicht). Neben der Ermittlung und systematischen Zusammenstellung der Wettbewerber kann eine Gruppenbildung[28] sinnvoll sein.

An die Identifikation schließt sich eine **Detailanalyse der Wettbewerber** an. Dazu muss zunächst die aktuelle Situation der Wettbewerber detailgenau analysiert werden. Üblicherweise werden dabei insbesondere die Wettbewerber mit den größten Marktanteilen herangezogen. Allerdings darf die besondere Wachstumsdynamik kleinerer Unternehmen nicht außer Acht gelassen werden. Wichtige Betrachtungspunkte einer Detailanalyse sind: Marktkennwerte, Markterfolg, Produktportfolio, finanzielle Situation, Investitions- und Entwicklungsprojekte, vermutete Ziele und Strategien, Wertschöpfungskette, Instru-

---

28   Zu strategischen Gruppen vgl. Porter 1980, S. 126 ff.

menteneinsatz, Erfolgsfaktoren, Allianzen und Netzwerke, Kultur und besondere Fähigkeiten. Dabei empfiehlt es sich, auch typische Verhaltensmuster des Wettbewerbers im Markt aufzuzeigen. Zudem sollte auch eine Prognose der zukünftigen Strategie und Entwicklung vorgenommen werden.

Benchmarking
Benchmarking kann als ein besonderer Ansatz der Wettbewerberanalyse aufgefasst werden. Darunter versteht man einen systematischen und kontinuierlichen Prozess, der Unterschiede zwischen dem eigenen Unternehmen und anderen Unternehmen tiefer analysiert. Das originäre Ziel dieses Prinzips liegt eigentlich darin, Lösungen zu identifizieren, die auf besten Methoden oder Verfahren basieren und dadurch Bestleistungen hervorbringen. Im Kontext der externen Analyse wird genutzt, dass man mittels Benchmarking wesentliche Unterschiede aber auch besondere Kompetenzen im Umfeld herausfiltern kann. Dazu wird zunächst ein erreichbares Leistungsniveau bestimmt und als „Benchmark" festgesetzt. Anschließend wird analysiert, wie andere Unternehmen dieses Leistungsniveau erreicht haben oder erreichen. Beim Benchmarking sind ausdrücklich auch Vergleiche mit branchenfremden Objekten möglich, sofern diese in den betrachteten Aktivitäten verwandte Anforderungen zu erbringen haben. Auch ein internes Benchmarking, z. B. zwischen verschiedenen Organisationseinheiten, ist möglich.

Alles in allem ermöglicht die umfassende Analyse der externen Situation, jene Faktoren herauszuarbeiten, die auf Erfolg und weitere Entwicklung des Unternehmens Einfluss nehmen und somit für die Strategieableitung relevant sind. Mit Bezug auf das eigene Unternehmen werden die Ergebnisse meist als **Chancen und Risiken** formuliert.

> **Die externe Analyse befasst sich mit der Identifikation von Faktoren des Umfelds, aus denen sich Chancen und Risiken für das Unternehmen eröffnen.**

Zusammenführung mit der internen Analyse
Weit verbreitet in der Strategieentwicklung ist die Zusammenführung der internen und externen Analyse im Rahmen der **SWOT-Analyse**. Diese teilt die verschiedenen internen und externen Einflüsse auf das Unternehmen zunächst in die vier Kategorien „Strengths", „Weaknesses" (je intern), „Opportunities" und „Threats" (je extern) ein. Anschließend werden aus den Kombinationen strategische Ansatzpunkte identifiziert (vgl. Abb. 37):

- Welche Stärken treffen auf Chancen, welche eher auf Risiken? Welche Optionen ergeben sich daraus, welche Entscheidungen sind notwendig?

Besitzt das Unternehmen Stärken, um Chancen zu nutzen, um Risiken zu bewältigen?

– Welche Schwächen treffen auf Risiken, welche auf Chancen? Welche Optionen ergeben sich daraus, welche Entscheidungen sind notwendig? Werden aufgrund von Schwächen Chancen verpasst und welche Risiken ergeben sich aus den Schwächen?

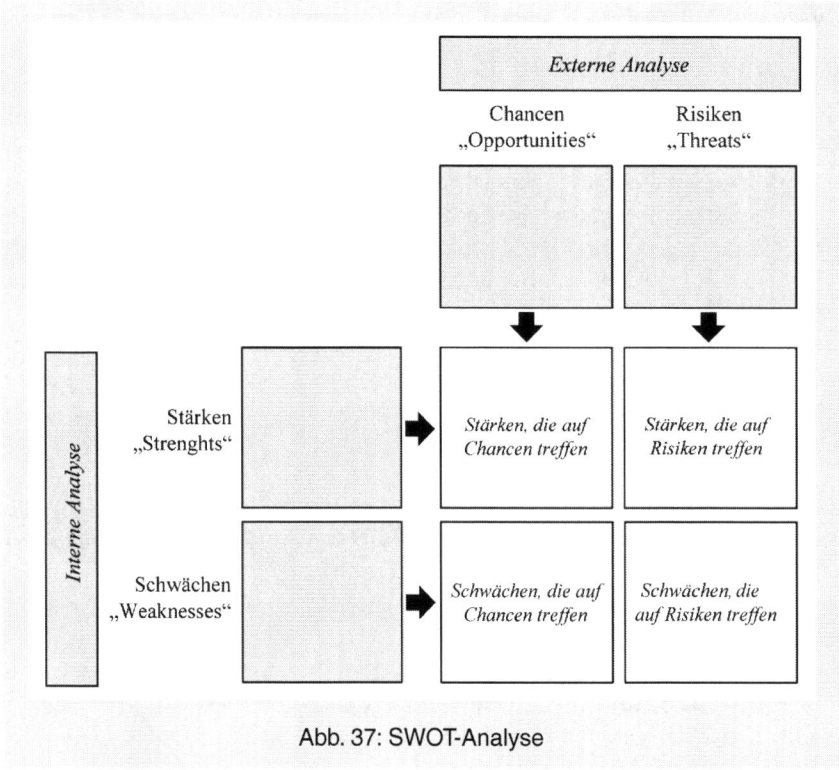

Abb. 37: SWOT-Analyse

Die zusätzliche Klassifikation von Faktoren in Stärken und Schwächen sowie Chancen und Risiken erweisen sich in der Anwendung häufig als sehr problematisch. Oft kann z. B. ein und der gleiche Aspekte sowohl Chance als auch Risiko für ein Unternehmen darstellen.[29] Wegen der sich damit ergebenen oft

---

29   „Ist die Öffnung der irakischen Ölquellen und -industrie eine Bedrohung oder eine Chance für US-amerikanische Ölkonzerne wie Exxon Mobil oder Chevron Texaco? Irak bietet Chancen für profitable Investments. Zur gleichen Zeit bedeutet die Möglichkeit, dass der Irak sein Ölexporte massiv erhöht, eine Bedrohung für Unternehmen, die an hohen Ölpreisen auf dem Weltmarkt interessiert sind." (Grant/Nippa 2006, S. 35)

willkürlichen oder zufälligen Klassifikationen wird die SWOT-Analyse entsprechend häufig kritisiert. Allerdings verdeutlicht die Gegenüberstellung der internen Faktoren mit den Umweltentwicklungen, welche Faktoren prinzipiell relevant sind, und ob sie geeignet sind, Chancen oder Risiken zu bewältigen. Sehr gut kann das anschauliche Vorgehen bei der Einordnung von Aspekten in die SWOT-Analyse für unternehmensinterne, partizipative Gruppenprozesse genutzt werden.

Für die Verbindung von externer mit interner Dimension bei der Analyse sind weiterhin verschiedene **Portfoliomethoden**[30] bedeutsam, z. B. als bekanntestes das Marktanteils-Marktwachstumsportfolio der Boston-Consulting-Group, das auf Produkte, Standorte oder Technologien angewendet wird.

7.3   Ebenen und Grundtypen von Marketing-Strategien

Bei Strategieentscheidungen im Marketing lassen sich verschiedene Dimensionen und Ebenen unterscheiden. Die Marketing-Strategie kann demnach anhand der Ausprägungen auf diesen charakterisiert werden (vgl. auch „Strategie-Chip" nach Becker, 2009).

7.3.1   Wettbewerbsbezogene Strategien

Wettbewerbsbezogene Marketingstrategien befassen sich damit, wie ein Unternehmen versucht, sich auf dem Absatzmarkt Wettbewerbsvorteile zu verschaffen und zu sichern. Insbesondere beinhalten sie Grundentscheidungen über Abgrenzungsmöglichkeiten zum Wettbewerb und zum Verhalten gegenüber dem Wettbewerb.

Es werden nach Meffert et al. (2011) vier wichtige Verhaltensweisen unterschieden:

- **Konfliktstrategie**: Bei dieser Ausprägung wird ein aggressives Verhalten gegenüber dem Wettbewerb verfolgt. Mit Hilfe herausfordernder Werbung, direkten Vergleichen oder Niedrigpreisen wird versucht, Marktanteile zu gewinnen.
- **Kooperationsstrategie**: Diese Strategie zielt auf Zusammenarbeit mit Wettbewerbern ab, um gemeinsam den Anforderungen des Marktes entgegentreten zu können, Synergieeffekte zu nutzen oder einem Wettbewerbskonflikt vorzubeugen. Beispielsweise können strategische

---

30   Zur Grundidee des Portfolios vgl. Hungenberg 2011, S. 457 ff.

Allianzen eingegangen oder gemeinsame Entwicklungs- oder Vertriebs-
projekte verfolgt werden.

– **Ausweichstrategie**: Durch besonders innovative, schwer zu imitierende
 Leistungen und den Aufbau von Markteintrittsbarrieren soll bei dieser
 Strategievariante dem Wettbewerbsdruck ausgewichen werden. Eine
 Ausweichstrategie kann auch in der Konzentration auf Marktnischen
 bestehen.

– **Anpassungsstrategie**: Bei dieser Strategie wird defensiv vorgegangen
 und das eigene Verhalten auf das der Wettbewerber synchronisiert. Es
 kommt in vielen Fällen zu Nachahmungseffekten („Me-too-Strategie").

Meist erfordert die Definition der wettbewerbsgerichteten Strategie Entscheidungen darüber, ob das Unternehmen die **Rolle des Marktführers**, des
Marktfolgers oder **Nischenanbieters** einnehmen möchte (vgl. auch Abschnitt
7.3.3).

**Wettbewerbsbezogene Strategien bestimmen über grundsätzliche
Abgrenzungs- und Verhaltensweisen gegenüber dem Wettbewerb.**

7.3.2   Kundenbezogene Strategien

In Richtung Abnehmer kann man sich, Becker (2009) folgend, entlang der vier
Strategiedimensionen Marktfeld, Marktparzellierung, Marktareal und Marktstimulierung bewegen.

7.3.2.1 Marktfeldstrategien

Bei den Marktfeldstrategien geht es um die Stoßrichtung bezüglich der Produkt-
Markt-Kombinationen. Für die dafür zur Verfügung stehenden grundsätzlichen
Optionen kann man auf eine Einteilung von Ansoff (1966) zurückgreifen. Nach
dieser wird zum einen unterschieden, ob man einen (aus Unternehmenssicht)
bestehenden oder einen neuen Markt bedient, zum anderen, ob dieses mit (aus
Unternehmenssicht) bestehenden oder mit neuen Produkten erfolgt. Somit resultieren die in Abb. 38 dargestellten Optionen.

Bei der **Marktdurchdringungsstrategie** werden vorhandene Produkte genutzt, um gegenwärtig bestehende Absatzmärkte besser auszuschöpfen als
bislang geschehen. Wesentliche Hebel dafür sind die Erschließung bisheriger
Nicht-Verwender (z. B. durch Sampling-Aktionen), die Gewinnung von Kunden des Wettbewerbs (z. B. durch Preissenkungen) sowie die Steigerung der
Nutzungsintensität die den bisher bestehenden Kunden (z. B. durch Vergröße-
rung von Verkaufseinheiten).

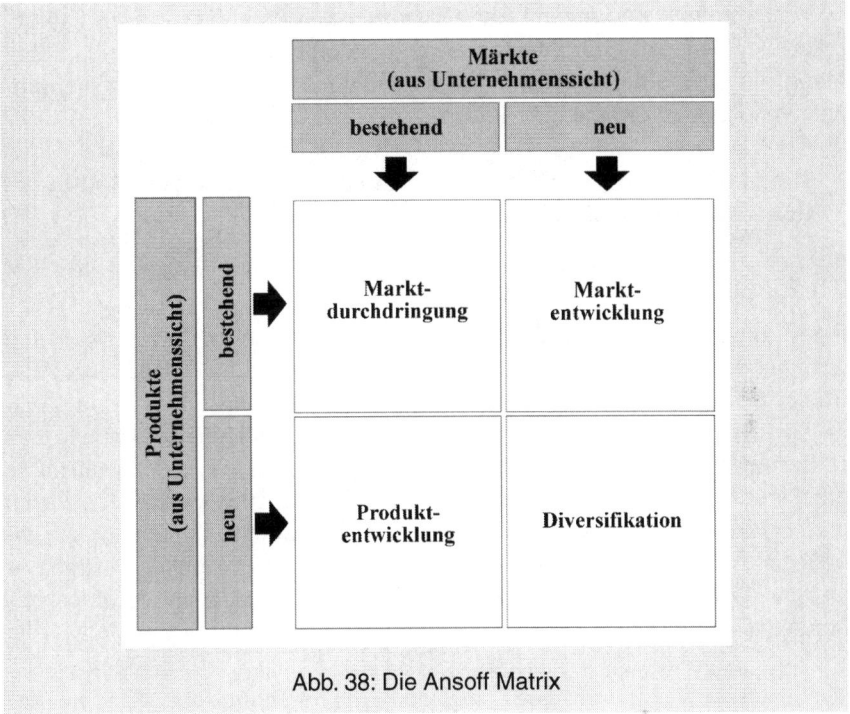

Abb. 38: Die Ansoff Matrix

Von einer **Marktentwicklungsstrategie** („market stretching") spricht man, wenn mit (aus Unternehmenssicht) bestehenden Produkten, räumlich, sachlich oder personell neue Märkte für zusätzliche Erträge erschlossen werden. Entsprechend spricht man von „new regions", „new uses" und „new users". Beispiele: Kosmetika für männliche Jugendliche („new users") oder Angebot hessischer Apfelweinprodukte in Australien („new regions").

Die **Produktentwicklungsstrategie** setzt darauf, in (aus Unternehmenssicht) bereits bearbeiteten Märkten neue Produkte (Innovationen) einzuführen, um somit Absatz und Ertrag auszubauen. Dies kann a) über echte Innovationen, mit denen ein wirklich neuer Nutzen verbunden ist, b) mit Quasi-Innovationen, die einen veränderten Nutzen offerieren oder c) mittels Mee-too-Produkten, die prinzipiell den gleichen Nutzen wie im Markt bestehende Produkte bieten, geschehen.

Die Strategie der **Diversifikation** besteht in der Betätigung in einem für das Unternehmen neuen Markt mit (aus Unternehmenssicht) neuen Produkten. Die Diversifikation kann vertikal (auf vor- oder nachgelagerten Wertschöpfungsstufen), horizontal (Ausweitung um Produkte der gleichen Wertschöpfungsstufe)

oder lateral (kein Zusammenhang zum bisherigen Produktprogramm) aufge-
prägt sein. Beispiel: Ein Zeitschriftenverlag begibt sich in einen für ihn neuen
Markt mit für ihn neuen Leistungen, indem er ein Online-Portal zur Vermittlung von Reisedienstleitungen aufbaut.

**Die Marktfeldstrategie bestimmt den Grundsatzpfad für die Pro-
dukt-Markt-Kombination.**

7.3.2.2 Marktparzellierungsstrategien

Ein Markt kann nach gleichem Muster als ein einheitliches Ganzes bearbeitet
werden oder in Teile zerlegt werden, um diese Teile komplett oder aber Aus-
wahlen aus ihnen (spezifisch) zu bearbeiten. Die Weichenstellungen zum Ausmaß der Differenzierung eines Marktes in Teilmärkte sind Inhalt der **Marktparzellierungsstrategien**. Hintergrund ist die Situation, dass Kundenbedürfnisse
oftmals mehr oder weniger unterschiedliche Ausprägungen haben. Unternehmen
müssen deswegen für sich klären, ob sie ihre Marketing-Maßnahmen gleichmäßig auf alle Kunden anwenden, oder ob sie spezielle Kundengruppen mit
ähnlichen Bedürfnissen mit spezifischen Maßnahmen bedienen. Marktparzellierung ist insofern mit der Zielgruppenbildung verknüpft.

Man unterscheidet auf dieser Strategieebene hauptsächlich die Massenmarktstrategie (**undifferenziertes Marketing**) und die Marksegmentierungsstrategie
mit parzieller (**konzentriertes Marketing**) oder totaler Marktabdeckung (**differenziertes Marketing**). Abb. 39 gibt dieses im Überblick wieder.

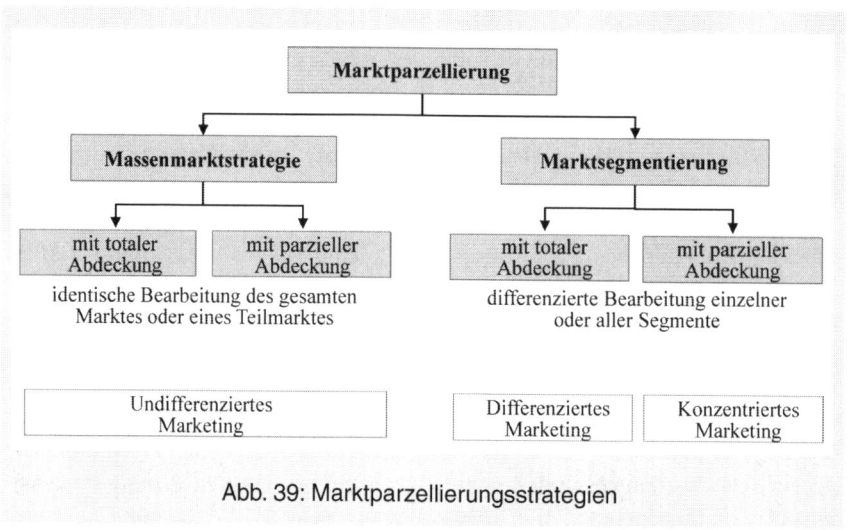

Abb. 39: Marktparzellierungsstrategien

Bei einer **Massenmarktstrategie** wird der gesamte Markt oder ein Teilmarkt mit identischen Maßnahmen bearbeitet. Die Ausrichtung der Maßnahmen muss sich daher an jenen Bedürfnissen ausrichten, die für möglichst alle potenziellen Kunden zutreffen. Daher bezeichnet man diese Option auch als undifferenziertes Marketing. Mit einem Standardprodukt und -pricing sowie möglichst einheitlicher Kommunikation und breiter Distribution wird angestrebt, die größtmögliche Zahl von Käufern im Gesamtmarkt anzusprechen („Schrotflinten-Marketing"). Vorteile sind die vielfältigen Kosteneinsparungspotenziale aufgrund von Größeneffekten bei Kommunikation, Lagerhaltung, Produktion und Transport. Der marketing-organistorische Aufwand ist tendenziell gering. Erhebliche Nachteile liegen darin, dass Käuferbedürfnisse wenig speziell und meist nur unvollständig befriedigt werden können. Die Möglichkeiten zur gezielten Marktsteuerung sind gering, und Preisspielräume sind in der Regel niedrig. Beispiele für diese Strategie finden sich typischerweise bei niedrigpreisigen Konsum- und Gebrauchsgütern, z. B. bei Snickers oder Persil.

Die Strategie der **Marktsegmentierung** geht einen anderen Weg. Hier wird der Markt in klar abgegrenzte, homogene Untergruppen von Kunden eingeteilt, von denen jede als Zielmarkt angesehen werden kann, der mit einem bestimmten Marketing-Mix erreicht wird. An jede Gruppe wird die Anforderung gestellt, dass sich die Personen innerhalb der Gruppe möglichst ähnlich sind, sich die Personen zwischen den Gruppen jedoch möglichst unähnlich verhalten. Das Ziel besteht in einer gezielteren, spezifischen Ansprache der Gruppen und damit in einer besseren Ausschöpfung dieser Gruppen. Bei der Strategie der Marktsegmentierung ist zudem zu entscheiden, ob das Unternehmen alle Gruppen spezifisch bedienen möchte (**Segmentierung mit totaler Marktabdeckung** = differenziertes Marketing) oder ob es sich auf die Ansprache ausgewählter Segmente beschränken möchte (**Segmentierung mit parzieller Marktabdeckung** = konzentriertes Marketing), während die anderen Untergruppen bewusst vernachlässigt werden.

Ein Beispiel für das konzentrierte Vorgehen ist der Mode-Versender Madeleine. Diese Marke hat sich aus dem stark fragmentierten Damenmode-Markt auf ein versandaffines elitär-hochpreisiges, qualitäts- und statusbewusstes Lifestyle-Segment beschränkt, das mit sehr spezifischen Marketing-Maßnahmen intensiv bearbeitet wird. Als Beispiel für ein differenziertes Marketing kann der Hersteller von Fahrradkomponenten Shimano dienen. Dieser strebt eine totale Marktabdeckung des Zubehörgeschäftes mit einer wohlüberlegten Segmentierungsstrategie an. Schaltungen und Bremsanlagen werden für alle Marktsegmente angeboten – vom Hochleistungssportler bis zum Gelegenheitsradler – und entsprechend spezifisch bepreist, distribuiert und kommuniziert.

Zur Zerlegung eines Marktes in homogene Segmente existieren drei große Gruppen von **Segmentierungskriterien**:

- **Sozio-demografische Kriterien** stützen sich z. B. auf Merkmale wie Alter, Familienstand, Einkommen, Bildungsniveau, Regionen oder Beruf, die oft sehr einfach festzustellen sind, jedoch nicht immer eine hinreichend gute Vorhersage für das Kaufverhalten liefern.
- **Psychografische Kriterien** fußen auf Variablen zur Persönlichkeit bzw. zum Lebensstil der Käufer sowie auf Aspekte der Wahrnehmung oder Einstellung und Nutzerwartungen bezüglich bestimmter Leistungen und Produkte. Sie haben Vorteile bei der eindeutigen und kaufverhaltensbezogenen Identifikation von Segmenten.
- **Merkmale des beobachtbaren Kaufverhaltens** sind Segmentierungskriterien, die bereits Ergebnisse eines konkreten Kaufverhaltens darstellen. Typische sind Preisverhalten, Einkaufstättenwahl, Mediennutzungsverhalten, Produktwahl, Markentreue oder Kaufvolumen. Sie sind mit geringem Aufwand messbar und haben eine gute Aussagefähigkeit für den segmentspezifischen Einsatz der Marketinginstrumente.

Nicht jede Segmentierungslösung ist aus Marketingsicht sinnvoll. Mögliche Marktsegmente sollten zumindest folgende Anforderungen erfüllen: **Relevanz** (Existenz von nachfragerelevanten Unterschieden und Eignung für den Einsatz des Marketing- Instrumentariums), **Abgrenzbarkeit** (klare Unterscheidbarkeit anhand messbarer Kriterien), **zeitliche Stabilität** (längerfristiges Bestehen der Segmente), **Erreichbarkeit** (Möglichkeit zur gezielten Ansprache mittels der Marketing-Instrumente) sowie **Tragfähigkeit** (wirtschaftlich sinnvolle Mindestgröße). Grundsätzlich ist die Bearbeitung eines Segments nur dann sinnvoll, wenn die zusätzlichen Erlöse aus der Bearbeitung des Segments größer sind als Kosten, die durch die Bearbeitung entstehen. Unterstellt man Gewinnmaximierung, so steigt der Bruttogewinn ohne Marketingkosten mit zunehmender Segmentanzahl degressiv an (eine immer spezifischere Bearbeitung ist möglich, allerdings fallen die zusätzlichen Segmente im Vergleich zu bestehenden immer kleiner aus und auch Kannibalisierungseffekte nehmen zu). Die Marketingkosten steigen mit zunehmender Segmentanzahl jedoch progressiv an (die immer spezifischere Bearbeitung bedeutet immer höhere Kosten). Es lässt sich also ein **Optimum für den Segmentierungsgrad** ermitteln, bei dem der Bruttogrenzgewinn und die Grenzkosten gleichhoch ausfallen (= Maximum der Nettogewinnkurve). In der Praxis besteht immer wieder die Gefahr, dass Märkte in zu viele Teilmärkte zerlegt werden (sog. „oversegmentation").

Vorteile der Marktsegmentierungsstrategie bestehen in der sehr viel besseren Möglichkeit zu einer spezifischen Befriedigung individueller Käuferbedürfnisse. Dadurch ergeben sich i. d. R auch verbesserte Preisspielräume und die Gefahr eines Preiswettbewerbs ist geringer. Zudem sind die Teilmärkte bei dieser Strategie vergleichsweise gut steuerbar und Wettbewerber besser identifizierbar. Andererseits erhöht sich die Komplexität der Marketingaufgabe deutlich. Zudem entfallen Größeneffekte durch die Notwendigkeit segmentspezifischer Lösungen, weshalb sich die relativen Kosten erhöhen.

Massenmarkt- und Segmentierungsstrategie implizieren ein unterschiedliches Vorgehen bei der **Definition der Zielgruppen** für das Marketing (vgl. Abb. 40).

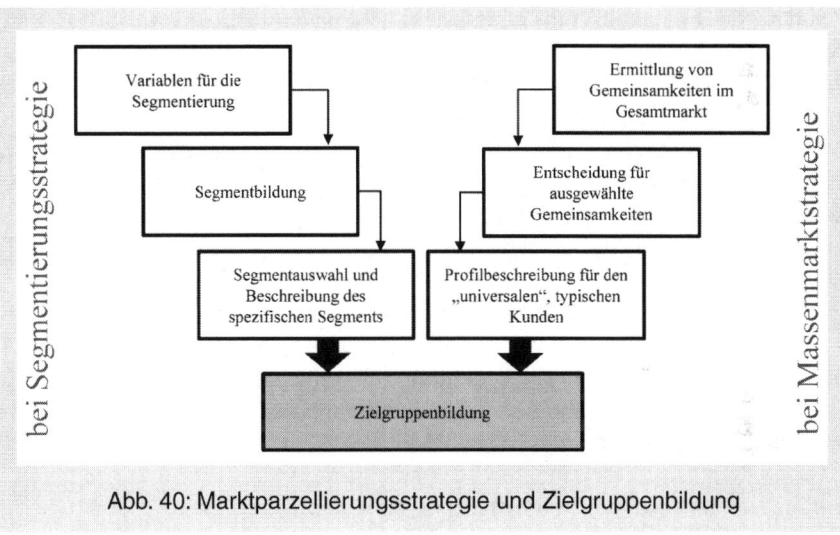

Abb. 40: Marktparzellierungsstrategie und Zielgruppenbildung

Bei der Massenmarktstrategie müssen zunächst die Gemeinsamkeiten und typischen Eigenschaften oder Erwartungen, die auf alle Kunden im Gesamtmarkt zutreffen, ermittelt werden. Aus diesen müssen dann jene Aspekte ausgewählt werden, die für das eigene Marketing-Vorgehen im Zentrum stehen sollen. Zur Zielgruppendefinition und Beschreibung wird folglich ein Profil erstellt, das typische Eigenschaften des „universalen" Durchschnittskunden im Gesamtmarkt wiedergibt. Anders bei der Marktsegmentierungsstrategie: Nachdem entschieden wurde, anhand welcher Variablen eine Gruppenbildung erfolgen soll, wird die eigentliche Segmentierung durchgeführt. Aus den gefundenen Segmenten wird das Segment gewählt, das bearbeitet werden soll. Für dieses wird dann eine möglichst spezifische Beschreibung der beinhalteten Kunden mit ihren Erwartungen, Einstellungen, Orientierungen etc. erstellt. Wird eine Segmentierung mit totaler Abdeckung verfolgt, müssen entsprechend mehrere Beschreibungen erfolgen.

Mit Entscheidungen über die Marktparzellierungsstrategie definiert sich der grundlegende Typus einer Marktzerlegung in Teilmärkte und deren einheitliche oder differenzierte Marktbearbeitung.

7.3.2.3 Marktarealstrategien

Mit der Marktarealstrategie legt ein Unternehmen fest, in welchem räumlichen Absatzraum es tätig sein möchte. Bei **lokalen Strategien** beschränkt sich der räumliche Absatzmarkt auf bestimmte Regionen oder umgrenzte Einzugsgebiete des Unternehmens. Zählt hingegen das gesamte Landesgebiet zum Absatzraum, handelt es sich um eine **nationale Strategie**. Wird über die Grenzen des eigenen Landes hinweg agiert, spricht man von einer **internationalen Strategie**. Werden gar alle wichtigen Länder der Erde als räumlicher Markt genutzt, so liegt eine **globale Strategie** vor. Übernationale Strategien bieten sich an, wenn der Inlandsmarkt gesättigt oder durch extremen Preiswettbewerb nicht mehr ertragreich ist. Vorteilhaft können auch Größeneffekte wirken, die die Produktionskosten relativ senken oder vorhandene Kapazitäten besser auslasten. Auch ist die Verringerung der Abhängigkeiten von den Entwicklungen einzelner nationaler Märkte bedeutsam.

Bei vielen Unternehmen ist eine Entwicklung zu beobachten, die mit einer lokalen Strategie beginnt und sich über mehrere Jahre hinweg stufenweise bis zu einer internationalen Strategie verändert. Sehr augenscheinlich ist eine solche Entwicklung von einem lokalen Anbieter hin zu einem global agierenden Unternehmen anhand der Restaurantkette McDonald's nachzuvollziehen[31]. Bei der Entscheidung zur Internationalisierung sind insbesondere die jeweilige Marktattraktivität und die Markteintrittsbarrieren genau zu bewerten.

Marktarealstrategien legen den räumlichen Absatzraum fest.

7.3.2.4 Marktstimulierungsstrategien

Die Art und Weise des Vorgehens bei der Beeinflussung im Markt fasst man unter dem Begriff der Marktstimulierung zusammen. Unterschieden werden im Wesentlichen die

- **Präferenzstrategie**: Diese Strategiealternative setzt auf Qualitätswettbewerb und die Generierung von Zusatznutzenkomponenten. Zusatznutzen (insb. emotionale) können u. a. durch das Design, einen herausragenden Service, Markenimages, eine spezielle Erlebniskommunikation, etc. geboten werden. Die nicht-preislichen Marketing-Instrumente wer-

---

[31]   Vgl. dazu auch Schneider 2007.

den darauf ausgerichtet, den von Kunden wahrnehmbaren Nutzen zu maximieren. Die Herausstellung von Kundenvorteilen in Bezug auf Qualität, Image, etc. ist oft sogar mit einer überdurchschnittlichen Preisstellung verbunden. Ein Beispiel dafür stellt die Marke Hapag-Llyod Kreuzfahrten dar. Diese arbeitet mit einer dominanten werblichen Inszenierung der „großen Momente", profiliert sich über das Schiff „MS Europa – die schönste Yacht der Welt", bietet einen Reise-Concierge-Service, betont den exklusiven Kundenkreis, etc. Das Instrument Preis ist nicht dominant, die Preislage ist oberhalb der der Wettbewerber.

- **Preis-Mengen-Strategie**: Bei dieser Strategie steht die Ausrichtung auf einen niedrigen Preis bei Befriedigung von Mindestqualitätsstandards im Zentrum. Sonstige präferenzbildende Maßnahmen unterbleiben weitgehend. In der Regel ist diese Strategie mit einem Massenmarktgeschäft, also einer hohen Absatzmenge verbunden. Ein Beispiel für die Preis-Mengen-Strategie ist die Marke Aida Kreuzfahren. Bei dieser Marke spielen die Preissetzung, die unter der von Wettbewerbern liegt, und spezielle Angebote eine führende Rolle bei der Markeninszenierung. Zugleich werden im Bereich der Schiffe und Serviceleistungen Mindeststandards erfüllt. Die Aida-Zielgruppe ist breit angelegt.

Die Preis-Mengen-Strategie darf nicht mit der Strategie der Kostenführerschaft nach Porter (2008) gleichgestellt werden[32] (vgl. auch Abschnitt 7.3.1). Zwar sollten Unternehmen, die eine Preis-Mengen-Strategie verfolgen, auch die Kostenführerschaft anstreben. Allerdings können auch Unternehmen, die eine Präferenzstrategie verfolgen, Kostenführer sein (oder andersherum gesprochen können Unternehmen, die Kostenführer sind, durchaus eine Präferenzstrategie verfolgen). Die Marktstimulierung bezieht sich also auf das Bild, das beim (potenziellen) Kunden entstehen soll, während sich Porters Ansätze zur Kostenführerschaft und Differenzierung schwerpunktmäßig mit der unternehmensinternen Situation beschäftigen.

Um zu bewerten, welche der Strategiealternative von einem Unternehmen verfolgt wird, ist jeweils das Gesamtbild zu betrachten, also die Gesamtheit der Maßnahmen und die Art der Selbstinszenierung. So muss bei Media-Markt

---

[32]   Porter (1980, 2008) unterscheidet im Bereich der Wettbewerbsstrategie aus unternehmensinterner Sicht zwischen Kostenführerschaft (Wettbewerbsvorteil durch niedrigere Kosten), Differenzierung (Wettbewerbsvorteil durch von Kunden wahrgenommene Unterschiede und Leistungsvorteile) und Fokussierung (Wettbewerbsvorteil durch strategische Konzentration auf bestimmte Kundengruppen oder Regionen). Als eine Verbindung der Perspektiven der Marktstimulierungsstrategie und der Wettbewerbsstrategie kann der Outpacing-Ansatz von Gilbert/Strebel (1987) gesehen werden.

aufgrund der aggressiven Herausstellung von Preisen in der Kommunikation und der insgesamt plakativen und „lauten" Inszenierung der Marke eine Preis-Mengen-Strategie unterstellt werden, obwohl beim eigentlichen Instrument Preis nicht immer eine Preissetzung zu beobachten ist, die unterhalb des Wettbewerbs liegt.

Die Marktstimulierungsstrategie legt fest, welche Rolle dem Preisargument bei der Inszenierung von Marktleistungen und der Marktbeeinflussung zukommt.

7.3.3   Zeitbezogene Strategien

Strategisch bedeutsam ist weiterhin der Zeitpunkt des Markteintritts eines Unternehmens im Vergleich zum Wettbewerb. Porter (2008) folgend kann man zwischen drei Typen unterscheiden:

- **Pionierstrategie**: Der Pionier ist der Erste auf dem relevanten Markt („First-to-Market"). Damit verfügt er über viele Chancen (insb. die, Standards zu schaffen und preispolitische Spielräume zu nutzen), trägt aber auch hohe Risiken durch eine mögliche Nichtakzeptanz des Produktes bei den Nachfragern und hohe Markterschließungskosten.
- **Früher-Folger-Strategie**: Hier wird ein Markteintrittszeitpunkt gewählt, der kurz nach dem des Pioniers liegt. Vorteile liegen darin, dass man die Marktakzeptanz tendenziell kennt und aus den Erfahrungen des Pioniers lernen kann. Jedoch ist mit durch den Pionier geschaffenen Markteintrittsbarrieren zu rechnen.
- **Später-Folger-Strategie**: Als später Folger tritt man dann in den Markt ein, wenn der Erfolg des Pioniers anhand des beschleunigten Marktwachstums deutlich zu erkennen ist. Vorteilhaft sind die Sicherheit über die Marktentwicklung und die Möglichkeit, bestehende Angebote zu kopieren. Nachteilig sind die nur noch geringe Gestaltbarkeit des Marktes, verminderte Chancen zum Imageaufbau und die Tendenz zum Preiswettbewerb.

Die grundsätzliche Stoßrichtung bezüglich des Zeitpunkts des Markteintritts ist Gegenstand der zeitbezogenen („Timing"-)Strategie.

Literaturhinweise

Ein anschaulicher Überblick über Aspekte der Marketing-Strategie ist nachzulesen bei:

Scharf, A./Schubert, B./Hehn, P.: *Marketing – Einführung in Theorie und Praxis*, Stuttgart 2009.

Umfassend behandelt Becker das Thema:

Becker, J.: *Marketing-Konzeption: Grundlagen des ziel-strategischen und operativen Marketing-Managements*, München 2009.

8 Marketing-Maßnahmen: Marke und Produkt

8.1 Grundlagen der Produktpolitik

Um Bedürfnisse von Kunden bedienen zu können, müssen alle Leistungen des Unternehmens streng an den Kunden ausgerichtet werden. Den wesentlichen Kern dazu stellen die angebotenen Produkte und Dienstleistungen dar. Zugehörige Fragen und Gestaltungsinstrumente sind Inhalt der Produktpolitik (**Produkt-Mix**). Wichtige Gestaltungsbereiche dieses zum Teil auch als **Produktmanagement** bezeichneten Maßnahmenbereichs liegen in bestehenden Produkten und Sortimenten, neuen Produkten/Innovationen, produktbegleitenden Dienstleistungen sowie der Führung von Marken.

Das Produkt[33] stellt ein Mittel zur Nutzengewinnung für den Kunden dar. Um von den Kunden präferiert zu werden, wird gefordert, dass die Nutzenstiftung eines Produktes möglichst exakt den Nutzenerwartungen der Kunden entspricht. Insofern wird auch vom Prinzip der strikten **Nutzen- und Lösungsorientierung** in der Produktpolitik gesprochen.

Dabei geht es nicht darum, unbedingt eine nutzenmaximale Lösung zu gestalten. Jedoch soll der Nutzen im Vergleich zu Wettbewerb höher ausfallen. Maßstab dafür sind nicht die objektiven Eigenschaften der Leistung, sondern die **subjektive Nutzenwahrnehmung** des Kunden ist entscheidend (vgl. auch Abschnitt 3.3.2).

Die Nutzenerwartungen der Kunden können sich auf verschiedene Dimensionen eines Produktes beziehen. Das **Kernprodukt** bezieht sich auf die eigentliche, maßgebliche Funktionalität des Produktes, um einen **Grundnutzen** zu erfüllen. Beispielsweise wäre das Kernprodukt bei einer Bahnreise der Transport innerhalb einer bestimmten Zeit zu einem bestimmten Termin – und der Grundnutzen, fristgerecht von A nach B zu kommen. Das **erweiterte Produkt** mit seinen Zusatzeigenschaften trägt zur Generierung eines **Zusatznutzens** bei. Mit Blick auf die Bahnreise könnten frei nutzbare WLAN-Netze, Bewirtung am Platz und Ruhezonen Zusatzeigenschaften darstellen, die für einen Zusatznutzen wie z. B. bequemes, entspanntes Reisen oder Arbeitsmöglichkeit während der Reise sorgen. Der Zusatznutzen kann grundsätzlich eine funktionale (z. B. weitere technische Features oder besondere Dienstleistungen, „**Value Added Services**"), eine emotionale (z. B. Freude an einem Design) oder eine soziale

---

[33] Mit Produkt sind nachfolgend alle absatzwirtschaftlichen Leistungen eines Unternehmens gemeint, also insbesondere Sachgüter und Dienstleistungen. Der Begriff kann aber auch Städte, Personen, Ideen etc. umfassen.

(z. B. soziale Aufwertung durch öffentliche Nutzung einer bestimmten Marke) Dimension haben (vgl. Abb. 41). Der gesamte Produktnutzen ergibt sich dann aus der Gesamtheit aller Nutzenkomponenten des Produkts.

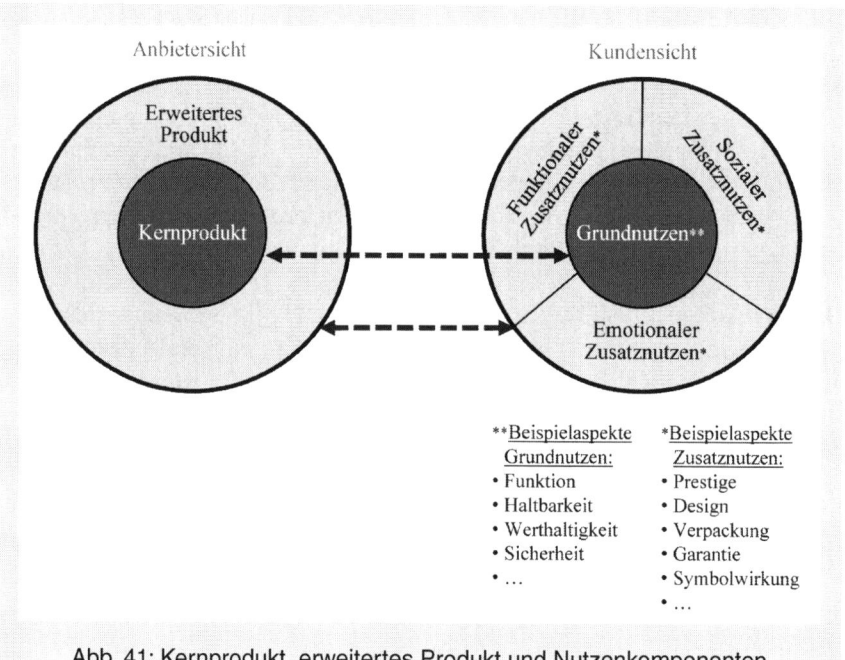

Abb. 41: Kernprodukt, erweitertes Produkt und Nutzenkomponenten

In der Regel bieten Unternehmen mehr als ein Produkt an. Die Gesamtheit der angebotenen Produkte wird als **Produktprogramm** oder **Sortiment** bezeichnet. Unter der **Sortimentsbreite** versteht man die Anzahl der unterschiedlichen Arten von Produkten. Oft spricht man hier auch von der Anzahl der **Produktlinien** oder **Categories**, also Gruppen von verbundenen Produkten, die sich ähnlich sind (Beispiel: Eine Drogerie führt u. a. die Categories Waschmittel, Haushaltsreiniger, Zahnpflegeprodukte, Deodorants, etc.). Die **Sortimentstiefe** gibt an, wie viele konkrete Produkte oder Produktvarianten in einer Category vorhanden sind (Beispiel: Eine Drogerie bietet innerhalb der Category Deodorants 24 Produkte an). Die Sortimentstiefe drückt als aus, welche Auswahlmöglichkeit ein Kunde innerhalb einer Produktlinie hat.

Das Phasenkonzept des Produktmanagements geht davon aus, dass ein Produkt typischerweise einen Lebenszyklus von der Einführung bis zur Elimination durchläuft – ähnlich einem Lebewesen. In den meisten Darstellungen werden dabei eine Einführungs-, Wachstums-, Reife-, Sättigungs- und Dege-

nerationsphase unterschieden, die sich jeweils durch Absatzmengen und Rentabilitätsgrößen charakterisieren lassen. Auf das Konzept des **Produktlebenszyklus'** wird in Abschnitt 12.1 genauer eingegangen.

Produktmaßnahmen beziehen sich auf die marktbezogene Gestaltung neuer oder bestehender Produkte und Dienstleistungen.

8.2   Entscheidungsbereiche der Produktpolitik

Wesentliche Fragen der Produktpolitik beziehen sich auf das Management bestehender Produkte und Produktprogramme. Damit sind die Ausgestaltung der Produkteigenschaften und Services (Produktgestaltung) sowie die Festlegung eines Sortiments (Programmgestaltung) angesprochen.

Produktgestaltung
Die Produktgestaltung bezieht sich auf die Maßnahmen zur Festlegung bzw. Anpassung von Produkteigenschaften. Die Ansatzpunkte dafür gehen über rein technische Aspekte hinaus und können in einen engeren und einen weiteren Gestaltungsbereich unterteilt werden (vgl. Abb. 42). Gestaltet wird letztlich das **Gesamtprodukt** als Nutzenbündel auf den Ebenen Kernprodukt und erweitertes Produkt. Als zu gestaltende Faktoren kommen grundsätzlich alle in Betracht, die die Nutzenerwartung der angestrebten Kunden befriedigen oder beeinflussen sollen. Ziel ist die Schaffung von Produktpräferenz[34].

- **Gestaltung der Funktion**: Die Produktfunktion bezieht sich auf die Grund- und Hauptleistungen des Produktes, also die Gestaltung des Produktkerns. Dazu gehören zum einen physische Eigenschaften (z. B. Größe, Materialien), zum anderen aber auch wesentlich die Erbringung der vom Kunden erwartete Lösung (z. B. kostengünstiger Transport von A nach B, Wertbeständigkeit, Komfort bei einem PKW).

- **Gestaltung der Qualität**: Qualitätsentscheidungen beziehen sich auf das Qualitätsniveau. Damit ist der Grad gemeint, zu dem das Produkt in der subjektiven Wahrnehmung des Kunden seine Funktion erfüllt. Es stellt zum Beispiel einen Qualitätsunterschied dar, ob ein Mindestmaß der Anforderung erbracht wird (z. B. Sättigung bei einem Mensa-Angebot) oder die Ausprägungen weit über subjektive Mindestmaßstäbe hin-

---

34   Produktpräferenz stellt ein subjektives Urteil des Konsumenten dar und ist von den Konsumentenerwartungen und den subjektiven Konsumentenurteilen zu Vergleichsprodukten abhängig.

ausgehen (z. B. neben Sättigung auch Frische und Geschmack bei einem Mensa-Angebot).

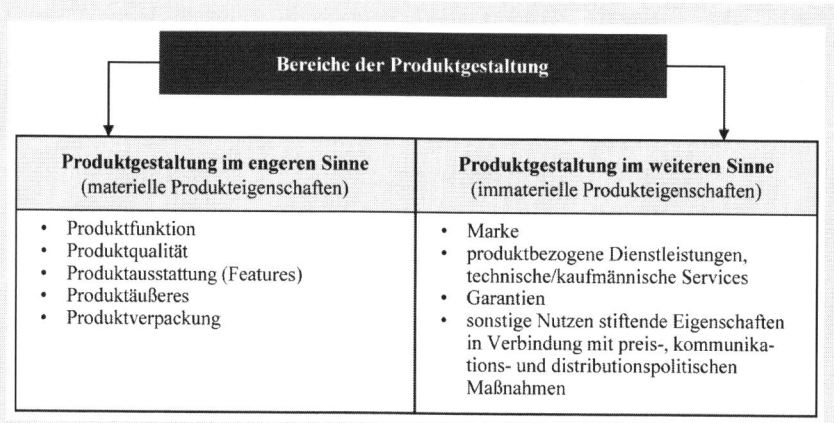

Abb. 42: Bereiche der Produktgestaltung am Beispiel Sachgüter
(Quelle: In Anlehnung an Scharf et al. 2009, S. 241)

– **Gestaltung der Features**: Bei identischen Funktionen und Qualitäten spielt oft die Produktausstattung eine entscheidende Rolle. Diese meint Eigenschaften, die das eigene Angebot von anderen abgrenzen und einen Zusatznutzen stiften. Um spezifischen Bedürfnissen von Kunden gerecht zu werden, werden oftmals unterschiedliche Lösungen mit verschiedenen Ausstattungskonfigurationen angeboten. Beispiel: Private Krankenversicherungen, die in allen Tarifen eine Grundversorgung sicherstellen, aber mit diversen weiteren Teilleistungen zu einem optimalen Ausstattungspaket für den Kunden konfiguriert werden können

– **Gestaltung des Äußeren**: Die Gestaltung des Äußeren bezieht sich auf Formen (z. B. Möbel, Smartphones), Farben (z. B. Tankstellen, Armbanduhren), die visuelle Sprache (z. B. PKW) und das Design als Ganzes. Dieser Gestaltungsbereich hat enge Bezüge zu immateriellen Gestaltungsaspekten im Sinne von Zusatznutzen und Markensymbolik. Unter dem Blickwinkel der Funktionalität gibt es Überschneidungen zu den Parametern Funktion und Qualität. Eine besondere Herausforderung für die Gestaltung besteht oft darin, abstrakte Produktmerkmale über Designmerkmale zu transportieren.

– **Gestaltung der Verpackung**: Die Verpackung ist die Umhüllung eines Packgutes. Die Packung wiederum umfasst sowohl Packgut als auch Verpackung. Gerade bei nicht formfesten Produkten und im Konsumgüterbereich ist die Verpackung ein zentraler Gestaltungsbereich für die

Produktpolitik, da sie die eigentliche Schnittstelle zur Konsumentenwahrnehmung darstellt. Die Verpackung erfüllt Grundfunktionen und Kommunikationsfunktionen:

- Zu den Grundfunktionen gehören Schutz und Konservierung, Transport- und Lagerfähigkeit, Identifizierung und Mengenabgrenzung.
- Zu den Kommunikationsfunktionen gehören insb. Information, Markierung und die Erfüllung werbebezogener Beeinflussungsaufgaben. Zu Gestaltung des Zusatznutzens kann die Anmutungsqualität und die Symbolik der Verpackung eine zentrale Rolle einnehmen (z. B. bei Parfümflakons). Es bestehen also enge Bezüge zu Kommunikations- und Markenpolitik. Da bei vielen Produkten abstrakte, nicht direkt wahrnehmbare Produktmerkmale eine beachtliche Bedeutung haben, besteht die Herausforderung, diese über sprachliche und/oder bildliche Umsetzungen auf der Verpackung erfassbar zu machen (z. B. Mineraliengehalt bei Mineralwasser).
- **Gestaltung von Services und Garantien**: Nicht selten ist ein Service erwarteter Bestandteil eines Produktes (z. B. Beratung bei Bankprodukten). Services können aber auch Zusatzleistungen darstellen, um die Produktpräferenz entscheidend zu beeinflussen (z. B. umfangreiche Umtauschmöglichkeiten oder attraktive Zahlungskonditionen im Versandhandel). Konstitutive **Merkmale von Services** sind u. a. die Intangibilität (Ergebnis ist nicht physisch greifbar), die Untrennbarkeit von Erstellung und Absatz, die Integration des externen Faktors (der Kunde bringt einen externen Faktor – meist sich selbst – in den Erstellungsprozess ein; mit dem externen Faktor passiert etwas, z. B. lernt er etwas bei der Dienstleistung „Schulung") und die hohe Individualisierbarkeit. Bei Sachgüteranbietern haben Services eher eine umhüllende Rolle für das Sachprodukt, während sie bei Dienstleistern die Kernleistung darstellen.

Zu markenbezogenen Aspekten sei auf Abschnitt 8.5 verwiesen. Zudem sei abschließend nochmals darauf hingewiesen, dass alle Ausgestaltungen der Produktgestaltung in engem Bezug zu den anderen Marketinginstrumenten stehen.

Programmgestaltung
In der Regel führt ein Unternehmen mehr als nur ein Produkt, also meist ein Produktprogramm oder Sortiment. Hinsichtlich des Sortiments müssen grundsätzliche Entscheidungen zur **Breite** und **Tiefe** getroffen werden (vgl. oben).

Zudem ist über neue Produkte (**Innovation**, vgl. Abschnitt 8.3) sowie die Aufgabe von Produkte zu entscheiden. Letzteres wird als **Produktelimination** bezeichnet und bedeutet, dass ein geführtes Produkt vom Markt genommen wird.

Dadurch wird das Sortiment reduziert. Dabei sind potenzialbezogene (z. B. Bekanntheit), markterfolgsbezogene (z. B. Marktanteil) und wirtschaftliche (z. B. Deckungsbeitrag) Aspekte zur Entscheidungsfindung herangezogen werden. Eliminationen können insb. die Komplexitätskosten senken. Es sind andererseits zwingend Verbundbeziehungen mit dem bestehenden Programm zu berücksichtigen.

Veränderungen des Sortiments können wesentlich durch drei Formen erfolgen:

- **Produktvariation**: Ein bereits geführtes Produkt wird verändert fortgeführt, ohne dass ein neues Produkt entsteht. Dies kann im Rahmen der Produktpflege, also einer kontinuierlichen Verbesserung des Produktes am Markt, oder als Produktrelaunch erfolgen. Bei letzterem wird das Produkt umfassend verändert und aktiv als „Neuauflage" im Markt kommuniziert, wobei damit oft auch Veränderungen bei anderen Marketinginstrumenten einher gehen. Übergänge zur Innovation sind fließend.

- **Produktdifferenzierung**: Ein geführtes Produkt wird um eine Variante, also ein zusätzliches Produkt in abgeänderter Ausführung, ergänzt. Dies bedeutet in der Regel eine Zunahme der Programmtiefe.

- **Diversifikation**: Eine neues Produkt oder eine neue Produktlinie wird in einem Bereich eingeführt, in dem das Unternehmen bislang nicht tätig war. Dadurch nimmt die Programmbreite zu.

Einen sehr bedeutsamen Gestaltungsbereich stellt ferner die Bestimmung und Steuerung von sogenannten **Flagship-Products** dar (ähnlich auch „Eckartikel"). Bei solchen Produkten handelt es sich um Produkte mit starken „Ausstrahlungseffekten" auf die weiteren Produkte einer Category. Aus Sicht des Kunden stellt das Flagship-Product den typischen Repräsentanten dar, anhand dessen er bestimmte Rückschlüsse auf die weiteren Produkte zieht (z. B. hinsichtlich Preis oder Qualität)

Die Bereiche Neuproduktentwicklung und Marke sind Bestandteil einer gesonderten Betrachtung in den nachfolgenden Abschnitten.

Ansatzpunkte für die Produktpolitik ergeben sich aus dem Kernprodukt und dem erweiterten Produkt. Gestaltungsoptionen beziehen sich auf die Definition neuer Produkte und Sortimente, die Veränderung bestehender Produkte und Sortimente und die Eliminierung von Produkten oder Sortimenten. Gradmesser für den Erfolg ist stets der Kunde mit seiner subjektiven Wahrnehmung und seinen Erwartungen. Produkte und Services müssen daher nutzen- und lösungsbezogen betrachtet werden.

8.3   Innnovationspolitik

Produktinnovationen sind Produkte, die vom Kunden als neu wahrgenommen werden. Die Entwicklung und Einführung von Produktinnovationen ist Inhalt des Innovationsmanagements. Aus Perspektive des Unternehmens geht es um Neuprodukte. Neuprodukte müssen jedoch nicht immer Innovationen sein.

Für den Markterfolg von Innovationen sind die Kundenakzeptanz und der Grad der Bedürfnisrelevanz und -erfüllung entscheidend.

Man spricht von einer **echten Innovation**, wenn es sich um ein originäres Produkt mit völlig neuer Nutzenstiftung handelt. **Quasi-Innovationen** sind neuartige Produkte, die an bestehende Produkte anknüpfen, aber eine veränderte Nutzenstiftung aufweisen. Ein **„Me too"-Produkt** ist bereits bestehenden Produkten nachempfunden und hat eine entsprechend gleiche Nutzenstiftung.

Innovationen können vom Markt oder von der Technologie ausgelöst sein. Gehen Innovationen auf unerfüllte oder nicht optimal erfüllte Bedürfnisse zurück, liegen **marktinduzierte Innovationen** vor (Demand-Pull). Bei **technologieinduzierten Innovationen** hingegen liegen technologische Entwicklungen vor, die zur Innovation führen (Technology Push).

Der Weg zu einer Produktinnovation kann anhand eines idealtypischen Prozesses beschrieben werden (vgl. Abb. 43).

Ausgangspunkt ist die **Bestimmung des Zielmarktes** bzw. der Zielgruppe. Diese Festlegungen sind fundamental, um den weiteren Prozess in die richtige Richtung führen zu können und geeignete Suchfelder und Bewertungskriterien abzuleiten.

Es folgt eine Phase der **Ideenfindung und -bewertung**. Hierbei geht es zunächst darum, möglichst viele Ideen zu generieren, um anschließend über eine Bewertung einige weiter zu verfolgende herauszufiltern. Zu Ideengenerierung kann auf unternehmensinterne (Vertriebsmitarbeiter, Vorschlagswesen, Beschwerdestellen, etc.) und unternehmensexterne Inputs (Kundenanalysen, Lead-User-Analysen, Wettbewerbsbeobachtungen, Technologieentwicklungen, Experten und Berater, Trendstudien, etc.) zurückgegriffen werden. Eine wichtige Rolle spielen **Kreativitäts- und Assoziationstechniken**. Dies sind systematische Vorgehensweisen, um schöpferische Kräfte freizusetzen, gedanklich neue Verbindungen herzustellen oder gezielt vorherrschende Denkmuster zu überwinden. Bedeutsame Techniken sind das Gruppen-Brainstorming, die

6-3-5-Methode, die Synektik, der morphologische Kosten oder Analogiebildungen[35].

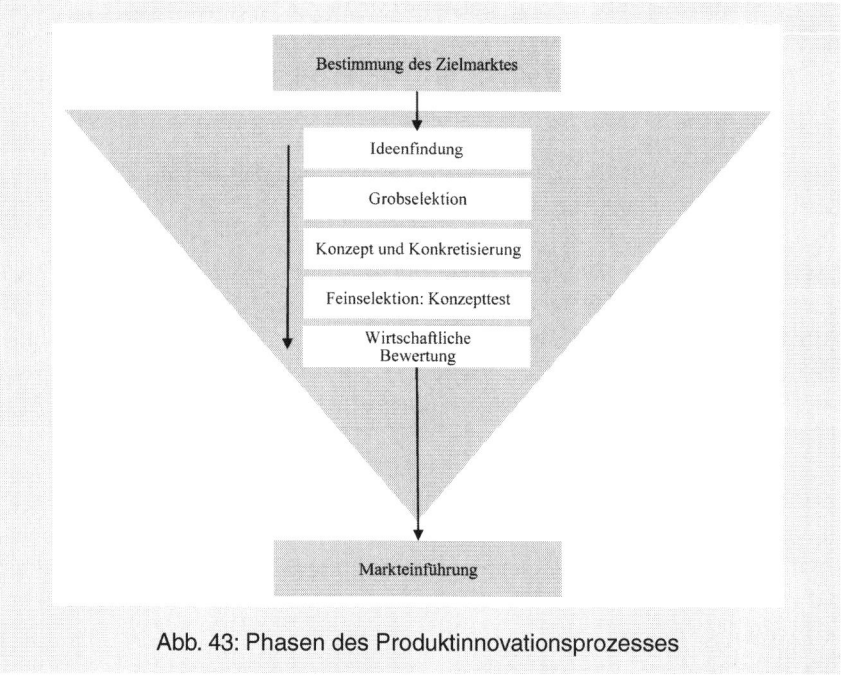

Abb. 43: Phasen des Produktinnovationsprozesses

Bei der **Bewertung und Auswahl** der weiter zu verfolgenden Ideen (Screening) wird meist mehrstufig vorgegangen. Anhand von Checklisten werden zunächst grundsätzlich unbrauchbare Ideen ausgesondert (**Grobselektion**), bspw. nach rechtlichen, Realisierbarkeits- oder Strategieanforderungen. Verbreitet sind hier auch Scoring-Modelle bzw. Nutzwertanalysen. Bei der sich anschließenden **Feinselektion** haben kundenseitige **Konzepttests** eine große Relevanz. Dazu ist erfahrungsgemäß schon eine sehr genaue Konzeptausarbeitung als Modell oder Funktionsmuster erforderlich. Durch spezielle Methoden der Marktforschung oder eine Kombination dieser Methoden sollen Anmutungs- und Verwendungsaspekte sowie die Ausprägungen wichtiger kaufentscheidungsrelevanter Größen ermittelt werden. Auch **Testmärkte und Testmarktsimulatoren** haben erhebliche Bedeutung[36]. Ziel ist die Beurteilung der voraussichtlichen Akzeptanz am Markt sowie die Prognose von Erst- und Wiederkaufraten. Jene

---

35   Zu einem Überblick und eine erste Einführung vgl. Scharf et al. 2009, S. 291. Zu Assoziations- und Kreativitätstechniken vgl. Petri 1995.

36   Zum Testmarkt und zum Testmarktsimulator vgl. Homburg/Krohmer, 2010, S. 169 f.

Innovationsalternativen, die in den Tests Ergebnisse zeigen, die auf eine Marktakzeptanz schließen lassen, werden anschließend nach **Wirtschaftlichkeitsaspekten** bewertet. Dabei kommen u. a. Ansätze der dynamischen Investitionsrechnung zum Einsatz.

Ausgewählte Innovationskonzepte, werden dann technisch realisiert und im Markt eingeführt. Für die **Markteinführung** dieser Neuprodukte sind Zeitpunkte, Reihenfolge von Adressaten und Regionen sowie relevante Marketingstrategien und -maßnahmen zu koordinieren. Die Durchsetzung der Neuerung im Markt lässt sich durch **Diffusionsprozesse** erfassen.

Bei weitem nicht alle Produktneueinführungen sind im Markt erfolgreich. Einschätzungen der **Floprate** bei Konsumgütern liegen beispielsweise zwischen 70 und 90 Prozent. Man kann davon ausgehen, dass im Segment der Güter des täglichen Bedarfs bereits nach einem Jahr zwei Drittel der Produkte wieder von Markt genommen sind.

Innovationen sind Produkte, die aus Kundensicht als neu wahrgenommen werden. Zur Entwicklung von Innovationen kann ein idealtypischer Innovationsprozess als Orientierung genutzt werden.

8.4   Grundlagen der Markenpolitik

Nach modernen Verständnis werden Marken wirkungsbezogen definiert. Danach sind Marken in der Psyche des Menschen verankerte Vorstellungsbilder, die eine Differenzierungs- und Identifizierungsfunktion übernehmen und das Verhalten prägen (vgl. Esch, 2010, S. 22; Meffert/Burmann, 1998, S. 81; ähnlich auch Keller 2003, S. 59 ff.). Sie werden als gelernte Wissensstrukturen, kognitive Schemata, verstanden. Das, was die Marke ausmacht, spiegelt sich in den mit der Marke verbundenen Assoziationen wider, die im Gedächtnis des Konsumenten auf unterschiedliche Art repräsentiert werden. Diese Assoziationen über einen Einfluss auf das Verhalten den Konsumenten aus. Daher ist die Gestaltung der Marken und damit der Markenassoziationen ein zentrales Instrument der Marktbeeinflussung.

Die mit einer Marke verbundenen Assoziationen werden auch als **Markenwissen** bezeichnet. Sie lassen sich durch Netzwerke darstellen und beschreiben (vgl. Abb. 44).

Das Markenkonzept muss sich nicht zwangsläufig auf Produkte beziehen. Vielmehr können auch Unternehmen, Persönlichkeiten, Einkaufstätten, Dienstleistungen oder TV-Formate eine Marke sein.

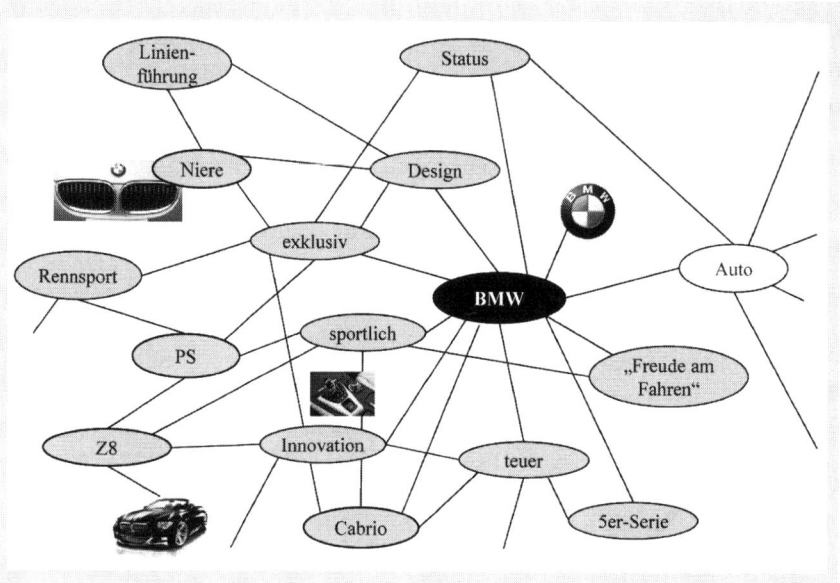

Abb. 44: Fiktives Beispiel zum Markenwissen zur Marke BMW
als Netzwerkdarstellung (Quelle: in Anlehnung an Redler, 2012)

Die zentralen Zielgrößen zum Aufbau einer starken Marke sind die **Bekanntheit** der Marke und ihr **Markenimage** (vgl. Abb. 45). Das Markenimage spiegelt das Markenwissen wider, enthält aber auch Bewertungen, Einstellungen
und Gefühle zur Marke. Die Bekanntheit ist eine notwendige Voraussetzung
zum Imageaufbau, denn nur zu Begriffen, die überhaupt erinnert werden (also
bekannt sind), können Inhalte erlernt werden.

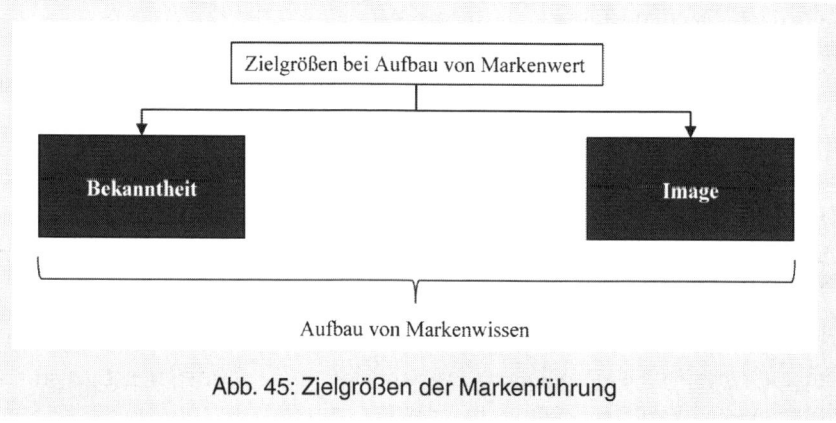

Abb. 45: Zielgrößen der Markenführung

Funktionen von Marken

Aus **Kundensicht** sind mit einer starken Marke bestimmte Vorteile verbunden. Sie geben Orientierungshilfe und erleichtern die Informationsaufnahme und -verarbeitung, geben Hinweise auf die Qualität und für die Preis-Leistungs-Beurteilung, können Erlebnisse auslösen oder die eigene Selbstinszenierung unterstützen.

Für die Eigentümer und **Führer einer Marke** bedeuten sie eine Möglichkeit, um sich vom Wettbewerb abzugrenzen, ein Preispremium aufzubauen sowie eine Markenpräferenz und -bindung zu erreichen. Zudem können Marken interessante Ansätze für Kapitalisierungen durch z. B. Markenallianzen oder Lizenzierungen bieten. Weiterhin sind sie als Plattform für neue Produkte bedeutsam (z. B. durch Markenerweiterungen). Erfolgreiche Marken wirken aus diesem Gründen positiv auf den Unternehmenswert.

Aus Sicht der **Absatzmittler** sind Marken attraktiv, um bspw. das Absatzrisiko zu verringern, eigene Beratungsleistungen zu reduzieren oder um von einer Übertragung der positiven Einstellung von der Marke auf den Absatzmittler zu profitieren.

Formen von Marken

Je nach Träger bzw. Eigentümer der Marke kann zwischen Hersteller- und Handelsmarken unterschieden werden. Während **Herstellermarken** vom Produzenten der Produkte oder Dienstleistungen geführt werden (Beispiel: Die Bio-Müsli-Marke „Rosengarten" des Herstellers Minderleinsmühle), sind **Handelsmarken** im Eigentum eines Händlers und werden von diesem gesteuert (Beispiele: Die Marke „Brigitte von Schönfels" des Händlers Frankonia oder die Marke „Saturn" der Metro Group). Durch die Vertikalisierungsentwicklungen verwischen die Grenzen zunehmend, weshalb man auch oft als weitere Kategorie von **vertikalen Marken** spricht (Beispiel: Die Marke „Zara" der Inditex-Gruppe, die Hersteller und Händler zugleich ist).

Nach der Bezugsebene und den Anspruchsgruppen der Markenführung unterscheidet man zwischen Unternehmensmarken (Corporate Brands), Employer Brands und Produktmarken. Während sich **Produktmarken** auf Kundengruppen ausrichten und dabei klar umrissene Marktaufgaben fokussieren, beziehen sich **Employer Brands** auf die Zielgruppen Mitarbeiter und Bewerber. **Unternehmensmarken** wiederum müssen sich an allen Anspruchsgruppen eines Unternehmens ausrichten (also Kunden, Geldgeber, Öffentlichkeit, Mitarbeiter, etc.) und eine entsprechende durchgängige Haltung einnehmen.

Marken sind gelernte Wissensstrukturen, die das Kundenverhalten in hohem Maße beeinflussen.

8.5   Ansatzpunkte der Markenpolitik

Festlegung einer Positionierung

Grundlage für die Führung einer Marke, die ja ein Muster von gelernten Assoziationen im Gedächtnis des Konsumenten darstellt, ist die Definition, wofür die Marke stehen soll. Anders ausgedrückt: Mit welchen Assoziationen, mit welchem Image der (potenzielle) Kunde die Marke verbinden soll. Diese Vorgaben zu definieren und zu gestalten bezeichnet man als **Positionierung** (vgl. Esch 1992). Die Positionierung ist also zunächst eine Zieldefinition, zugleich aber auch der Weg, um dieses Ziel zu erreichen. Die Positionierung soll dabei so gewählt werden, dass die eigene Marke von Wettbewerbsmarken abgegrenzt werden kann, man jedoch auch auf Stärken der eigenen Organisation aufsetzt und das angestrebte Image für den aktuellen bzw. potenziellen Kunden relevante und attraktive Aspekte aufweist. Ziel einer erfolgreichen Positionierung ist es, dass die Marke gegenüber Wettbewerbsmarken vorgezogen wird.

Die angestrebte Soll-Positionierung sollte ganzheitlich erfasst und auch in einen Extrakt bzw. Kern überführt werden. Dazu sind verschiedene Instrumente entwickelt worden (z. B. Markensteuerrad, Markendiamant von McKinsey, Identitätsansatz von Aaker, Kernwerte und Points- of Difference/Points-of-Parity von Keller, Markenprisma von Kapferer; vgl. dazu z. B. Esch, 2010, S. 93 ff.).

Die Positionierung beschreibt das Ziel-Image einer Marke.

Umsetzung der Positionierung

Ist eine Soll-Positionierung definiert, müssen die Marketingmaßnahmen auf integrierte Weise so ausgestaltet werden, dass das angestrebte Image von den Konsumenten gelernt werden kann. Dies benötigt Zeit und konstante, positionierungskonforme Botschaften. Als zentrale Anforderungen für die Umsetzung einer Positionierung nennt Esch (1992):

- Die Abstimmung der Umsetzung auf die Wahrnehmung der Konsumenten – die Botschaften müssen subjektiv wahrnehmbar sein.
- Die eigenständige Umsetzung in Maßnahmen – die Umsetzungslösungen und Botschaften dürfen nicht zu denen des Wettbewerbs austauschbar sein.
- Die Integration der Maßnahmen – alle Aktivitäten müssen gleichgerichtet, aufeinander abgestimmt und wiederholt erfolgen.

Um ein Markenimage aufzubauen, muss die Positionierung wahrnehmbar, integriert und eigenständig durch Marketingmaßnahmen umgesetzt werden.

Wahl der Markenstrategie und Gestaltung der Markenarchitektur
Weitere Entscheidungen betreffen die Beziehungsstrukturen zwischen geführten Marken. Führt ein Unternehmen lediglich eine einzelne Marke, so liegt der Fall einer **Monomarke** vor. Für Monomarken sind die folgenden Ausführungen irrelevant.

Verbreitet ist jedoch die Existenz mehrerer Marken in einem Unternehmen. Werden mehrere Marken gleichzeitig geführt, sind zwei Begrifflichkeiten zu unterscheiden:

– Eine **Multimarken-Strategie** liegt vor, wenn mehrere Marken geführt werden, die jedoch auf unterschiedliche Märkte ausgerichtet sind. Beispiel: Unilever führt u. a. die Marken Langnese Cremissimo (Speiseeis), Mazola (Speiseöl), Signal (Zahnpasta), Dove (Pflege) und Domestos (Reiniger) und bedient damit jeweils andere Märkte.

– Werden mehrere Marken organisatorisch getrennt geführt, die sich jedoch auf den identischen Markt ausrichten, handelt es sich um eine **Mehrmarken-Strategie**. Dazu wird ein Markt feiner segmentiert und spezifischer bedient, um ihn besser auszuschöpfen. Dies erfordert jedoch auch hohe Aufwendungen für die parallele Marktbearbeitung und setzt voraus, dass jede Marke eine eigenständige Positionierung verfolgen kann. Beispiel: Unilever führt im Margarinemarkt parallel die Marken Becel, Rama, Sanella und Lätta.

Bei der Führung mehrerer Marken stellen sich daneben Fragen nach der Verbindung der Marken untereinander.

1. Bei horizontaler Betrachtung einer Hierarchieebene:

– Eine Möglichkeit ist die **Einzelmarkenstratcgic.** Bci dicscr Option wird jede Leistung eines Unternehmens als eine eigene Marke geführt. Dadurch kann eine klare Profilierung für jede Marke erreicht werden, und Zielgruppe können sehr treffsicher angesprochen werden. Andererseits ergeben sich keine Synergien hinsichtlich der Zielgruppenbearbeitung, und jedes Produkt muss die gesamten Markenführungskosten (bei oft kurzen Lebenszyklen) für sich tragen. Die Komplexitätskosten steigen zudem. Kleine Segmente können dabei nicht wirtschaftlich bedient werden. Am Beispiel Procter&Gamble kann man sich diese Strategie verdeutlichen. Das Unternehmen führt für die jeweiligen Marktleistungen konsequent einzelne Marken wie Charmin, Pringles, Ariel, Gillette oder Meister Proper.

– Die **Gruppierungsstrategie** hingegen fasst Leistungen eines Unternehmens unter einer oder mehreren Marken zusammen. Die übergeordnete Marke stellt dann jeweils die **Dachmarke** zu den untergeordneten Marken dar. Im Extremfall sind alle Leistungen eines Unternehmens unter einer einzelnen Dachmarke angeordnet („klassische Dachmarkenstrategie"; Beispiel: Siemens). Existieren mehrere Gruppierungen, so spricht man von sog. **Familienmarken.** Als Beispiele können die Familienmarken Süße Mahlzeit, Vitalis, Onken oder Pizza Ristorante von Dr. Oetker dienen. Die Vorteile der Gruppierungsstrategie liegen in der Nutzung von Synergieeffekten. Zum einen partizipieren alle gruppierten Marken am produktgruppenspezifischen Markenimage. Zum anderen tragen mehrere Marken den erforderlichen Markenführungsaufwand gemeinsam. Dadurch wird auch die Bearbeitung kleinerer Segmente eher wirtschaftlich. Die Marken können zudem gegenseitig von Transfereffekten profitieren. Als wesentlicher Nachteil ist zu sehen, dass die Profilierung der Marken breiter, runder, ausfallen muss, weil sie unterschiedlichen Leistungen und Segmenten gerecht werden muss.

2. Bei vertikaler Betrachtung über mehrere Hierarchieebenen:

Neben der rein horizontalen, produktebenen-bezogenen Betrachtung (von Zuordnung von Leistungen zu Marken) spielen oft auch vertikale Aspekte eine Rolle. Insbesondere ist dabei relevant, inwieweit **Unternehmens- und Produktmarken durch Über- und Unterordnungsverhältnisse miteinander verbunden** werden. Herausforderung ist dabei, die richtige Balance zwischen den Beiträgen von Unternehmens- und Produktmarke zu finden. Es können unterschieden werden (vgl. Aaker/Joachimsthaler, 2000)

- House of Brands: Produktmarken werden als Einzelmarken geführt, die keine Verbindung untereinander und zur Unternehmensmarke haben. Beispiel: Whiskas (von Mars).
- Endorsed Brands: Die Produktmarken werden durch eine Dach- bzw. Unternehmensmarke gestützt. Beispiel: Courtyard by Marriott.
- Subbrands: Es besteht eine klare Verbindung zwischen Unternehmens- und Produktmarke, wobei die Unternehmensmarke entweder gleichberechtigt oder dominant ist. Beispiel: Apple Ipad.
- Branded House: Hier wird die Unternehmensmarke komplett oder leicht variiert auch als Produktmarke genutzt. Beispiel: General Electric (GE).

Abb. 46 verdeutlicht dieses Spektrum von enger bis zu faktisch nicht wahrnehmbarer Verbindung zwischen Unternehmens- und Produktmarke.

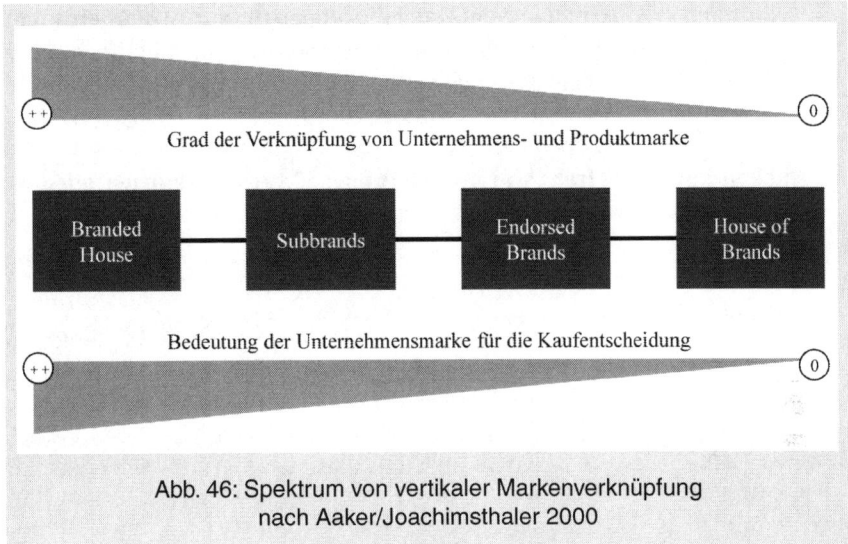

**Abb. 46: Spektrum von vertikaler Markenverknüpfung
nach Aaker/Joachimsthaler 2000**

Aus den Entscheidungen zur den horizontalen und vertikalen Beziehungen der geführten Marken resultiert eine **Markenarchitektur** für ein Unternehmen (vgl. Abb. 47). Diese muss insgesamt aktiv gestaltet werden.

Ein gewichtiges Entscheidungsfeld der Markenpolitik besteht in der Gestaltung der Markenbeziehungen untereinander.

Markenkapitalisierung durch Markendehnung und Markenkombinationen
Marken können von Unternehmen zum Wachstum genutzt werden. Auf drei besondere Möglichkeiten wird kurz eingegangen:

– Markendehnung: Im Fall einer Markendehnung wird eine bestehende Marke genutzt, um ein Produkt in der bisherigen Produktkategorie (**Produktlinienerweiterung**) oder einer neuen Produktkategorie (**Markenerweiterung**) einzuführen (vgl. Esch et al., 2005). Dadurch können Produkteinführungen risikoärmer und kostengünstiger gestaltet werden. Voraussetzung für den Erfolg ist vor allem eine gute Passung der neuen Produkte zur bestehenden Marke. Vermieden werden sollte eine Überdchnung der Marke.

– **Markenallianz**: Bei Markenallianzen werden Marken unterschiedlicher Eigentümer aus der gleichen Wirtschaftsstufe kombiniert genutzt, um eine neue Leistung im Markt einzuführen (vgl. Redler 2003, S. 14).

– **Markenlizenzierung**: Bei der Lizenzierung räumt der Markeninhaber einem anderen Unternehmen gegen Gebühr das Recht ein, die Marke für seine Produkte zu nutzen. Dadurch können für den Lizenzgeber und Markeninhaber Einzahlungsströme generiert werden. Allerdings sollte der Markeneigner sicherstellen, dass er weiterhin ausreichend Kontrolle über seine Marke besitzt (vgl. Binder 2005).

Marken können durch Markendehnungen, Markenallianzen oder Markenlizenzierung für das Unternehmenswachstum genutzt werden.

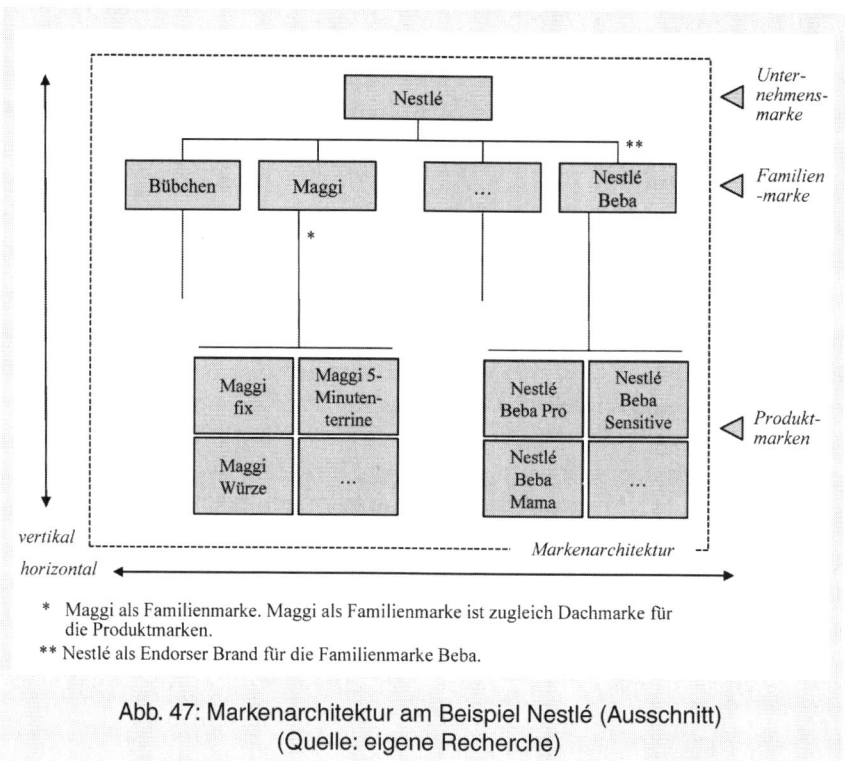

* Maggi als Familienmarke. Maggi als Familienmarke ist zugleich Dachmarke für die Produktmarken.

** Nestlé als Endorser Brand für die Familienmarke Beba.

Abb. 47: Markenarchitektur am Beispiel Nestlé (Ausschnitt)
(Quelle: eigene Recherche)

Literaturhinweise

Ein anschaulicher Überblick über Aspekte der Produkt- und Programmgestaltung ist nachzulesen bei:

Scharf, A./Schubert, B./Hehn, P.: *Marketing – Einführung in Theorie und Praxis*, Stuttgart 2009, S. 240–250.

Einblicke in das Management von Innovationen geben:

Homburg, C./Krohmer, H.: *Grundlagen des Marketingmanagements*, Wiesbaden 2009, S. 163–173.

Breite Grundlagen zum Thema Marke finden sich bei:

Esch, F.-R./Herrmann, A./Sattler, H.: *Marketing. Eine managementorientierte Einführung*, München 2008, S. 193–219.

9   Marketing-Maßnahmen: Distribution

9.1   Grundlagen der Distributionspolitik

Die Distributionspolitik beschäftigt sich mit der zielorientierten Gestaltung des Weges von Produkten oder Diensten vom Hersteller bis zum Nutzer/Verwerter. Es sind zwei wesentliche Bereiche beinhaltet (vgl. Abb. 48):

- Die **Gestaltung des Vertriebssystems** (akquisitorische Distribution). Dabei geht es um die Absatzwege, die Absatzorgane sowie die Verkaufspolitik. Die Gesamtkombination aus gewählten Distributionswegen und -organen bezeichnet man als **Vertriebssystem**. Auf Absatzwege und -organe wird in den Abschnitten 9.2 und 9.3, auf den Verkauf in 9.4 eingegangen.

- Die **physische Distribution** (Marketinglogistik)[37]. Die zugehörigen Entscheidungen beziehen sich v. a. auf die Transportwege, Transportmittel, Lager sowie Umschlagorte. Diese Logistik-Systeme beschäftigen sich mit der optimalen raum-zeitlichen Güterverteilung. Die wesentlichen Teilsysteme sind die Auftragsabwicklung, die Lagerhaltung und der Bereich Verpackung und Transport.

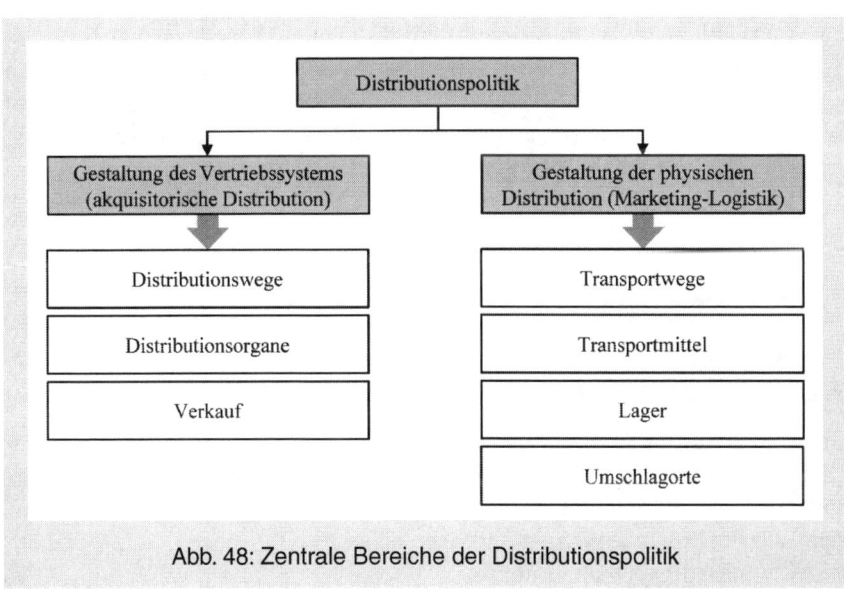

Abb. 48: Zentrale Bereiche der Distributionspolitik

---

[37]   Auf die Marketinglogistik wird nachfolgend nicht weiter eingegangen. Es sei verwiesen auf Pepels, 2004, S. 835 ff.

Der Einsatz distributionspolitischer Instrumente ist besonders gekennzeichnet durch zahlreiche **langfristig-strategische Wirkungen.** Getroffene Entscheidungen (z. B. Aufbau eines Filialnetzes) sind nur schwer bzw. unter hohen Kosten revidierbar. Zudem wirken distributionspolitische Entscheide oft in hohem Maße auf weitere Marketing-Entscheidungsbereiche. Zum Beispiel hat die Entscheidung eines Herstellers, seine Leistungen über den Handel zu vertreiben, große Auswirkung auf die Möglichkeiten der Preissetzung gegenüber dem Endverbraucher, weil die Endverbraucherpreise i. d. R. vom Handel festgesetzt werden. Vor dem Hintergrund, dass der Produkterfolg maßgeblich davon abhängt, ob und mit welcher Fläche ein Produkt im Regal des Händlers vertreten ist, wird auch oft von der zentralen **Engpassfunktion** der Distribution gesprochen.

Ziele der Distribution
Das Zielsystem der Distribution bezieht sich v. a. auf:

- **Ökonomische Ziele** wie Absatzmenge, Umsatz, Marktanteil, Distributionskosten, etc.

- **Handelsgerichtete Ziele** wie Lieferzeit, Lieferbereitschaft, Zuverlässigkeit oder Bestand.

- **Versorgungsorientierte Ziele** (Distributionsgrad) wie Kontaktwege, Erhältlichkeit, Verfügbarkeit der Produkte aus Kundensicht. Zur Operationalisierung des Distributionsgrades wird vor allem der **gewichtete Distributionsgrad** herangezogen. Er wird berechnet als (Umsatz der belieferten Verkaufsstellen mit dem Produkt A) / (Umsatz aller Verkaufsstellen, die die Warengruppe von A führen).

Die Distributionspolitik befasst sich mit der Sicherstellung der Verfügbarkeit von Leistungen beim Kunden. Dafür sind das Vertriebssystem und die Marketinglogistik zu gestalten.

9.2   Entscheidungen zu Distributionswegen

Unter **Distributionsweg** versteht man die Gesamtheit der an der Abwicklung von Distributionsaufgaben beteiligten Organe[38] und deren Beziehungen zueinander. Um ihn zu definieren, ist zu klären, welche Distributionsaufgaben auf dem Weg der Produkte bis zum Endverbraucher zu erfüllen sind – und wer diese Distributionsaufgaben übernimmt.

---

[38]   Zu den Organen vgl. den nachfolgenden Abschnitt.

Nach Anzahl und Art der eingeschalteten Distributionsorgane auf dem Weg einer Leistung hin zum Endkunden resultieren verschiedene Distributionswege.

Grob kann man zwei Grundformen unterscheiden (vgl. Abb. 49):

– **Direkte Distributionswege:** Hier übernehmen Hersteller die Gestaltung der Verkaufsprozesse in eigener Verantwortung bzw. unter eigener Kontrolle, ohne dass rechtlich und wirtschaftlich selbständige Handelsbetriebe (Absatzmittler, Intermediäre) eingeschaltet werden. Der Endkunde hat bei dieser Form immer Kontakt mit dem Hersteller oder einem ihm zugeordneten Organ.

– **Indirekte Distributionswege:** Hersteller übertragen hierbei einen Großteil der Distributionsaufgaben auf Groß- und / oder Einzelhandelsbetriebe und geben damit Einfluss- und Kontrollmöglichkeiten ab. Hier hat der Endkunde keinen direkten Kontakt zum Hersteller oder einem ihm zugeordneten Organ (sondern lediglich zu einem Handelsorgan). Die indirekte Distribution kann einstufig oder mehrstufig ausgeprägt sein.

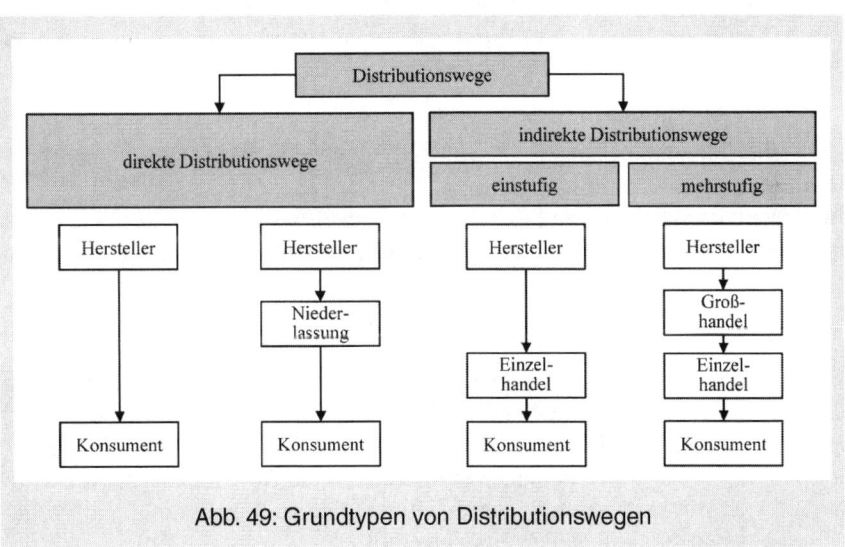

Abb. 49: Grundtypen von Distributionswegen

Der zentrale **Vorteil der direkten Distribution** liegt in der Beherrschbarkeit des Distributionskanals und der Unabhängigkeit vom Handel. Zudem ergeben sich direkte Zugangsmöglichkeiten zu Kundeninformationen. Diese Form spielt vor allem bei erklärungsbedürftigen oder sortimentsungebundenen Produkten eine Rolle. Nachfrageseitig bietet sich diese Form an, wenn nur wenige Großabnehmer vorhanden sind.

Die **indirekte Distribution** hat **Vorteile**, weil eine hohe Distributionsquote erzielt werden kann (weil bspw. die Nachfrage flächenmäßig weit verteilt ist) und
eine geringere Kapitalbindung erforderlich ist. Die Sortimentsbildung wird dabei vom Handel übernommen, bei dem wiederum die Kundeninformationen
zusammenlaufen. Diese Form ist verbreitet bei einer Marktstruktur mit vielen
Kleinabnehmern und standardisierten Produkten, oft auch sortimentsgebunde-
nen Produkten.

Die **Breite des Distributionssystems** bezieht sich darauf, wie viele Vertriebs-
wege parallel genutzt werden. Man unterscheidet **Einkanal- und Mehrkanal-
systeme**. Bei letzterem nutzt ein Hersteller gleichzeitig mehrere Distributionswege für den Absatz der Leistungen.

Wesentliche Intermediäre bei indirekter Distribution sind der Großhandel und
der Einzelhandel (vgl. auch nächster Abschnitt). Den Händlern werden dabei
typischerweise mehrere Funktionen angerechnet:

- Zeitüberbrückungsfunktion durch Lagerung
- Raumüberbrückungsfunktion durch Transporte
- Sortimentsbildung und Umwandlung von Produktions- in Verbraucher-
  stückelungen
- Kreditfunktion
- Marktbeeinflussungsfunktion durch eigene Marketingaktivitäten

Inwieweit der Handel diese Funktionen besser als der Hersteller erfüllen kann,
ist fallabhängig und muss anhand von Effektivitätsüberlegungen (Aufbau von
engen Kundenbeziehungen oder Kundennähe, Kontrollmöglichkeiten, Informa-
tionszugang) und Transaktionskostenbetrachtungen[39] bewertet werden.

Bei indirekten Distributionswegen ergeben sich oft große Konflikte zwischen
den Zielen der Hersteller und des Handels. Um aus Herstellersicht die Umsetzung eigener Marketingkonzeptionen sicherzustellen, wurden von der Industrie Konzepte des sogenannten „**Vertikalen Marketings**" entwickelt. Dieses
befasst sich mit Ansätzen und Instrumenten für eine möglichst kooperative Gestaltung der Beziehung zu den Handelspartnern.

---

39   Die Transaktionskostentheorie beschäftigt sich mit der transaktionskostenminimalen
      Abwicklungsform für Transaktionen in Anhängigkeit von verschiedenen Einflüssen.
      Im konkreten Fall würde der Abgleich erfolgen, inwieweit die Reduktion von Trans-
      aktionskosten durch die Einschaltung des Handels größer ausfällt als die anfallenden
      Handelsmargen.

Es wird zwischen direkten und indirekten Distributionswegen unterschieden. Indirekte Distributionswege können ein- oder mehrstufig ausgeprägt sein.

9.3   Entscheidungen zu Distributionsorganen

Distributionsorgane sind alle Personen oder Institutionen, die entlang des Weges einer Leistung vom Hersteller bis zum Endnutzer Distributionsaufgaben wahrnehmen. Dabei werden unternehmenseigene und unternehmensfremde Organe unterschieden (vgl. Abb. 50).

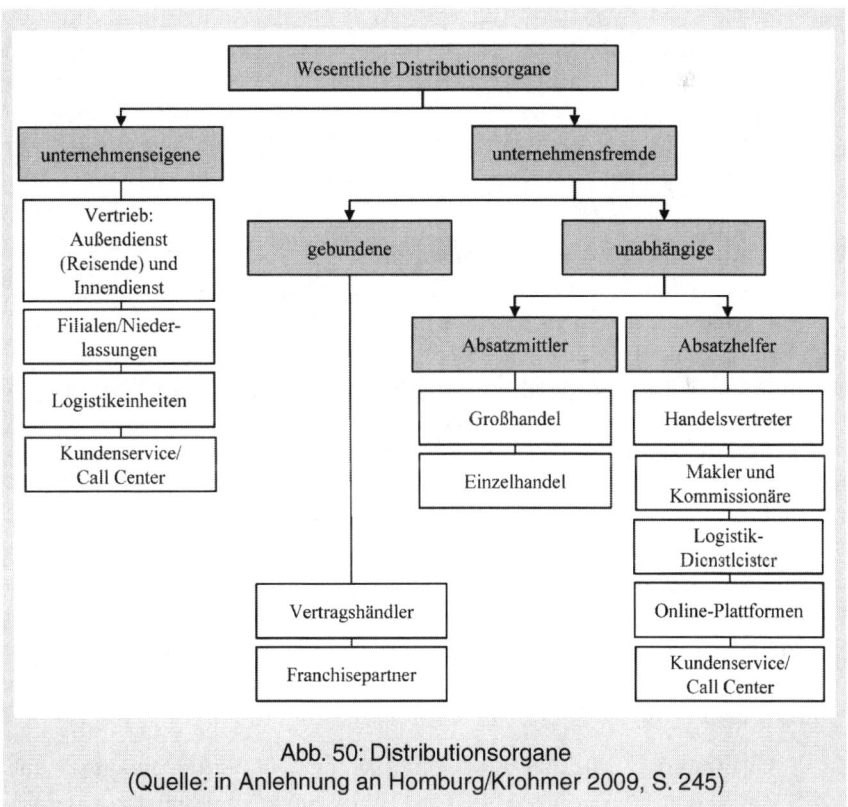

Abb. 50: Distributionsorgane
(Quelle: in Anlehnung an Homburg/Krohmer 2009, S. 245)

Unternehmenseigene Distributionsorgane
Zu den wichtigsten unternehmenseigenen Organen bei Distributionsaufgaben gehören der Außendienst, Niederlassungen/Filialen, der Online-Shop sowie der Katalogverkauf. Diese werden knapp charakterisiert:

- **Außendienst/Reisende** (auch ADM genannt): Eigene Verkaufspersonen als weisungsgebundene Angestellte des Unternehmens, die zur Geschäftsanbahnung, -abwicklung und Kundenbetreuung beim Kunden vor Ort eingesetzt sind. Ihre Vergütung enthält im Normalfall neben einem Fixum auch Provisionsanteile.

- **Verkaufsniederlassung/Filialen:** Sie existieren neben den zentralen Verkaufsabteilungen und fungieren als kleinere, regional näher am Kunden befindliche Einheiten. Dazu zählen auch Fabrikläden und „Outlets".

- **Online-Shop**: Die akquisitorische Distributionsaufgabe wird hier durch das Medium Internet erfüllt. Es besteht eine enge Verzahnung mit Kundenservice, Innendienst und Logistik.

- **Katalogverkauf**: Kataloge und Direktmarketingmaßnahmen auf Basis von Printmedien erfüllen hier wesentliche Distributionsfunktionen von der Anbahnung bis zum Vertragsschluss (nicht nur unterstützende wie z. B. im Rahmen eines Außendienstkontaktes). Auch hier gilt die sehr enge Verzahnung mit Kundenservice, Innendienst und Logistik.

Unternehmensfremde Distributionsorgane

Unternehmensfremde Organe können Absatzhelfer oder Absatzmittler sein. **Absatzhelfer** sind rechtlich selbständige Distributionsorgane. Sie übernehmen kein Eigentum an den Waren und sind Auftragnehmer des Herstellers. **Absatzmittler** hingegen sind wirtschaftlich und rechtlich selbständige Unternehmen. Sie kaufen und verkaufen Waren und Dienste im eigenen Namen und auf eigene Rechnung. Der Hersteller hat auf ihr Handeln einen geringeren Einfluss als dies bei Absatzhelfern der Fall ist. Beispiele: Groß- und Einzelhändler. Absatzmittler und -helfer sind vom Hersteller unabhängig. Daneben existieren auch unternehmensfremde Organe, die jedoch in einem engen Abhängigkeitsverhältnis stehen (vgl. Abschnitt 9.5).

Bei indirekten Distributionswegen kommt den **Handelsformen als Absatzmittler** eine Schlüsselrolle zu. Die wichtigste Unterscheidung der Handelsbetriebe ist die in:

Großhandel: Darunter fallen Unternehmen, die Waren einkaufen und unverändert bzw. ohne nennenswerte Be- oder Verarbeitung an Nicht-Konsumenten verkaufen, also an andere Unternehmen und Gewerbetreibende. Kunden des Großhandels sind andere Kaufleute, sprich zum einen Weiterverkäufer wie z. B. andere Groß- und Einzelhandelsbetriebe, Großverbraucher wie Gaststätten, Kantinen, Gesundheitsbetriebe und Behörden oder weiterverarbeitende Betriebe (Hersteller / Handwerker).

– **Einzelhandel**: Dies sind Unternehmen, die Waren überwiegend ohne wesentliche Be- oder Verarbeitung an Endabnehmer verkaufen. Darüber hinaus bieten sie ihren Kunden bestimmte Dienstleistungen an (z. B. Lieferservice, Finanzierung). Wichtige Betriebsformen des stationären Handels sind Warenhäuser, Kaufhäuser, Fachgeschäfte, Verbrauchermärkte, Fachmärkte oder Convenience-Stores. Daneben hat der Endkunden-Versandhandel, speziell durch eine rasante Entwicklung des Online-Handels, eine immense Bedeutung.

Als bedeutsame **Absatzhelfer** sind zu nennen:

– **Handelsvertreter** übernehmen als Absatzhelfer die Vermittlung bzw. den Abschluss von Geschäften für ein oder mehrere Unternehmen. Sie handeln in fremden Namen auf fremde Rechnung und haben kein Warenrisiko.

– **Kommissionäre** sind in eigenem Namen auf fremde Rechnung tätig. Sie kaufen oder verkaufen für einen Auftraggeber gewerbsmäßig Waren und erhalten dafür eine Provision.

– **Makler** vermitteln als selbstständige Kaufleute Geschäfte für andere (z. B. bei Bank- oder Immobiliengeschäften).

Im Rahmen von **Mehrkanalsystemen** werden von Herstellern parallel mehrere Organe der direkten und indirekten Distribution genutzt.

Entscheidung über Anzahl und Art der Absatzmittler
Die zu wählende Art der Absatzmittler hängt von der zu erfüllenden Distributionsaufgabe ab. Für die Entscheidungsfindung können Kriterienkataloge erarbeitet werden, anhand derer dann die Mittler bewertet werden. Mögliche Entscheidungskriterien sind Vertriebskosten, Bereitschaft zur Kooperation, Image der Betriebsform, Qualifikation des Beratungspersonals oder Umsatzbedeutung.

Bezüglich der Anzahl der Absatzmittler lassen sich drei strategische Wege beschreiben:

– **Intensive Distribution** (Universalvertrieb): Einschaltung möglichst vieler Absatzmittler, damit die Produkte und Dienstleistungen möglichst überall erhältlich sind. Eine quantitative oder qualitative Beschränkung bei der Auswahl der Absatzmittler findet nicht statt. Dies ist häufig bei Gütern des täglichen Bedarfs (z. B. Brot, Schokoriegel, Zeitungen) der Fall.

– **Selektive Distribution**: Auswahl der Absatzmittler vor allem nach qualitativen Gesichtspunkten mit dem Ziel, eine angemessene Marktdurchdringung bei vergleichsweise geringen Kosten zu erreichen. Dadurch können Anforderungen an die Absatzmittler und ihre Durchsetzung besser gesteuert werden. Selektiver Vertrieb ist vor allem bei hochwertigen oder langlebigen Gütern des aperiodischen Bedarfs (z. B. Kosmetika, Unterhaltungselektronik) zu finden.

– **Exklusive Distribution**: Es findet eine Auswahl der Absatzmittler nach qualitativen und quantitativen Gesichtspunkten statt. Nur ein oder wenige Absatzmittler in einem bestimmten Absatzgebiet werden eingesetzt mit dem Ziel, den Distributionskanal umfassend zu kontrollieren. Vor allem bei Premium-Marken des nicht-regelmäßigen Bedarfs ist diese Form zu finden.

Distributionsorgane nehmen als Personen oder Institutionen entlang des Weges einer Leistung vom Hersteller bis zum Endnutzer Distributionsaufgaben wahr. Das können unternehmenseigene und unternehmensfremde Distributionsorgane sein.

9.4   Gestaltung des Verkaufs

Das Management des Verkaufs ist ein wesentliches Teilgebiet der akquisitorischen Distribution. Es bestimmt, wie der Kontakt mit dem Kunden gestaltet wird.

Drei **Formen der Kontaktierung** des Kunden werden unterschieden:

– Persönlich direkter Kontakt: Käufe werden durch unmittelbare Einwirkung eines Verkäufers auf die (potenziellen) Kunden angebahnt und/oder abgeschlossen. Beispiel: Verkaufsgespräch bei einem Außendienstkontakt.

– Persönlich medialer Kontakt: Anbahnung und / oder Abschluss von Käufen werden über einen durch Medien vermittelten persönlichem Kontakt erreicht. Medium ist hier in der Regel das Telefon. Beispiele: Telefonverkauf oder Bestell-Hotline.

– Unpersönlich medialer Kontakt: Die Anbahnung oder Erzielung von Kaufabschlüssen erfolgt in diesem Fall durch (direkt bestellfähige) Medien wie Print (z. B. Kataloge) oder Internet. Dabei spielt persönliche Kommunikation zunächst keine Rolle.

Eine herausragende Rolle, speziell bei Business-to-Business-Märkten und allgemein bei erklärungsbedürftigen Produkten kommt den persönlichen Verkaufsformen zu. Finales Ziel des **persönlichen Verkaufs** ist der Verkaufsabschluss.

Zwischenziele können z. B. Kontakte („Leads"), Informationsdarbietung oder Beratungen sein. Ein Verkaufsgespräch kann aus Verkäufersicht vereinfachend in fünf Phasen unterteilt werden:

- Bei vorab avisierten Gesprächen findet in der **Vorbereitungsphase** eine Informationssammlung und -verdichtung durch den Verkäufer statt. Typische Themen für diese Vorab-Klärungen sind die Teilnehmer, deren Erwartungen und Ziele, die Stellung des eigenen Unternehmens bei den Gesprächspartnern (z. B. bestehende Aufträge, Zufriedenheit, Reklamationen), Potenzial des Kunden sowie die Kaufhistorie. Ebenso müssen in dieser Phase Gesprächsziele definiert werden.

- In der **Gesprächseröffnungsphase** geht es für den Verkäufer darum, sich im Rahmen des ersten Eindrucks möglichst positiv und situativ angemessen zu präsentieren. Weiterhin sollte er sich ein möglichst klares Bild von der aktuellen Gesprächssituation machen.

- Die **Kernphase** des Gesprächs nimmt den größten Teil ein. Je nach Art des Gesprächs (z. B. Verhandlung, Erstgespräch, Servicekontakt) sind unterschiedliche Verläufe möglich und erfolgswirksam. In der Kernphase werden **Verkaufstechniken** hoch relevant:
  - Präsentationstechniken stellen Eigenschaften und insbesondere Vorteile der Produkte oder Dienste für den potenziellen Kunden dar.
  - Abschlusstechniken zielen auf das konkrete Auslösen von naheliegenden Kaufabschlüssen. Als besonders wichtig sind hierbei die korrekte Interpretation von sogenannten „Abschlusssignalen" und das zugehörige Timing zu betonen.
  - Rhetorische Methoden, Frage- und Einwandbehandlungstechniken dienen der aktiven Steuerung des Gesprächs.

  Ebenso sind **Verhandlungstechniken und -taktiken** wichtige Mittel der Kernphase des persönlichen Verkaufs. Große Bedeutung haben dabei zwei Prinzipien:
  - Gegenleistungsprinzip: Leistungszugeständnisse des Verkäufers erfolgen nur gegen entsprechende Zugeständnisse von Kundenseite.
  - Gemeinsamkeitsprinzip: Fokussierung und Herausstellung von gemeinsamen Vorteilen durch eine Einigung und gleichgerichtete Interessen an einem Vertragsschluss.

- Das Gespräch endet mit einer **Gesprächsabschlussphase**, in der die wichtigsten Punkte, weitere Schritte und Aufgaben zusammengefasst werden.

- Die **Nachkaufphase** dient dazu, eine für den Kunden perfekte Abwicklung des Auftrags sicherzustellen, gegebenenfalls Nachkaufdissonanzen abzubauen und den Kontakt weiter zu pflegen.

Der Verkauf hat in weiten Teilen sehr **enge Bezüge zur Kommunikationspolitik** (vgl. Abschnitt 10). Persönliche Kontaktformen können dabei im Vergleich zu anderen Kommunikationsmaßnahmen zusätzliche Kommunikationselemente (wie die nonverbale Kommunikation durch Mimik und Gestik) nutzen und sind daher besonders beeinflussungsstark.

Zu wichtigen Entscheidungsfeldern im Bereich Verkauf gehören außerdem die **organisatorische Gestaltung** (Strukturen, Prozesse, Informationsmanagement, Außendienststeuerung, etc.), die **Ausgestaltung von Anreizsystemen** und die **Personaleinsatzplanung** sowie bezüglich der Kundenseite eine systematische Analyse und Gruppenbildung.

> **Der persönliche Kontakt mit dem (potenziellen) Kunden wird wesentlich durch den Verkauf gestaltet. Eine große Rolle spielen dabei persönliche Verkaufsgespräche, die entlang typischer Phasen strukturiert werden können und bei denen Verkaufs- und Verhandlungstechniken eine hohe Bedeutung haben.**

9.5   Vertikale Koordination und Bindung

Beim Management der vertikalen Beziehungen im Spannungsfeld Hersteller-Händler haben sich wichtige Strategien der Anreizgestaltung sowie auch vertragliche Systeme herausgebildet.

Anreizstrategien

Bei der **Pull-Strategie** wenden sich Hersteller direkt an die Konsumenten und versuchen dort, ihre Marken und Produkte zu profilieren. Optimalerweise entsteht dadurch eine verstärkte Nachfrage der Konsumenten im Handel („Sogwirkung"), wodurch für den Handel die Attraktivität steigt, die entsprechenden Produkte im Sortiment zu führen. Wichtige Instrumente dieser Strategie sind verbrauchergerichtete Werbung, Verkaufsförderung oder Events. Auch eine hohe Produktqualität und ein passendes Serviceniveau zur Sicherung der Kundenzufriedenheit fallen unter diesen Zugang.

Anders die **Push-Strategie**. Hier richten Hersteller ihre Maßnahmen an die Handelsunternehmen und versuchen so, ihre Produkte in den Markt zu „drücken". Typische Maßnahmen des „Hineinverkaufs" sind dabei die Handelsspannengestaltung, Rabatte und Aktionen oder Finanzhilfen, aber auch die Unterstützung oder Ausrichtung kundengerichteter Abverkaufsmaßnahmen sind hier relevant.

Die **Kooperationsstrategie** wiederum setzt darauf, dass Hersteller und Händler – teilweise auf vertraglicher Basis – eng zusammenarbeiten, um gemeinsame Ziele zu erreichen. Typische Instrumente sind: Konzepte zur Optimierung des Waren- und Informationsflusses zwischen Hersteller und Handel (z. B. Supply Chain Management, Efficient Consumer Response), die Fertigung von Handelsmarken sowie das Category Management (gemeinschaftliche Definition und Management von Warengruppen auf Basis von Marktforschungsergebnissen der Hersteller und Scannerdaten des Handels).

Vertragliche Bindungen
Die vertikalen Beziehungen können zudem eine vertragliche Absicherung erhalten, woraus sogenannte vertikale Vertriebssysteme für die selektive Distribution resultieren. Als typische Ausprägungen können unterschieden werden:

- Eine **vertikale Vertriebsbindung** beinhaltet die vertragliche Verpflichtung von Absatzmittlern zur Einhaltung bestimmter Anforderungen bzw. Auflagen des Herstellers. Man unterscheidet hier räumliche („Gebietsschutzklauseln", Re-Importverbote) und personenbezogene („Kundenbeschränkungsklauseln", Querlieferungsverbote) Formen.

- Beim **Alleinvertriebssystem** sichert der Hersteller dem Absatzmittler eine exklusive Belieferung für ein entsprechendes Gebiet zu. Dafür verpflichtet sich der alleinvertriebsberechtigte Absatzmittler, seine Distribution auf das definierte Absatzgebiet zu beschränken. Oft geht damit die Verpflichtung des Absatzmittlers einher, ausschließlich die Erzeugnisse des entsprechenden Herstellers zu vertreiben (Bezugsbindung).

- Ein **Vertragshändlersystem** umfasst folgendes: Der Händler wird für den Hersteller tätig, indem er Käufe und Verkäufe in eigenem Namen und auf eigene Rechnung durchführt. Sortimentspolitisch ist er dabei meist an das Angebot des Herstellers gebunden. Der Vertragshändler verwendet zudem im Geschäftsverkehr signifikant sichtbar das Zeichen des Herstellers. Durch ein voll systemkonformes Auftreten am Markt dokumentiert er seine Zugehörigkeit zum Vertriebsnetz des Herstellers. Er verpflichtet sich auch zur Absatzförderung der Produkte des Herstellers, wobei er sich bei der Ausgestaltung der Maßnahmen in hohem Maße den Interessen des Herstellers unterwirft. Der Hersteller sichert dem Vertragshändler als Gegenleistung Gebietsschutz zu und bringt durch eine starke Marke Kundenkontakte ein. Im Unterschied zum Franchising verzichtet der Vertragshändler im Geschäftsverkehr jedoch nicht völlig auf die Darstellung der eigenen Firma. Beispiel: VW-Vertragshändlersystem.

- Ein **Franchisesystem** ist die engste Form der vertraglichen Vertriebsbindung. Den rechtlich selbständig bleibenden Händlern (Franchisenehmern) wird gegen Entgelt das Recht eingeräumt, Produkte und / oder

Dienstleistungen unter Verwendung von Namen, Warenzeichen und Ausstattung des Herstellers (Franchisegeber) an Dritte zu verkaufen. Gleichzeitig wird dem Franchisenehmer die Pflicht auferlegt, ausschließlich die vom Hersteller definierten Leistungen nach definierten Qualitätsstandards anzubieten. Das Entgelt des Franchisenehmers umfasst im Allgemeinen einen fixen Auftaktbetrag sowie umsatzabhängig regelmäßige Zahlungen. Der Beitrag des Franchisegebers besteht vor allem im Bekanntheitsgrad und Image seiner Marke, seinem Marketing-Know-How sowie der zentralen Markenführung. Aufgrund des weitgehend standardisierten Auftretens der Franchisenehmer am Markt wirkt das Franchisesystem auf die Endabnehmer i. d. R. wie ein herstellereigenes Filialsystem. Beispiel: McDonald's.

Vor allem durch Anreizstrategien und vertragliche Systeme wird die vertikale Beziehung zwischen Hersteller und Händler gesteuert. Dadurch ergeben sich Bindungen, die lose bis sehr eng ausgeprägt sein können. Im Rahmen eines Vertikalen Marketings wird eine integrierte, wertschöpfungsstufen-übergreifende Steuerung der marktgerichteten Aktivitäten angestrebt, die auch die logistischen und informationsbezogenen Aspekte beinhalten.

Literaturhinweise

Einen fundierten, knappen Abriss zur Distributionspolitik liefern:
Homburg, C./Krohmer, H.: *Grundlagen des Marketingmanagements*, Wiesbaden 2009, S. 243–261.

Breite Grundlagen zum Thema, auch mit Inhalten zur Marketinglogistik, finden sich bei:
Pepels, W.: *Marketing*, München 2004, S. 765–849.

Vertiefend sei empfohlen:
Rosenbloom, B.: *Marketing Channels*, Mason, OH 2003.

10 Marketing-Maßnahmen: Kommunikation

10.1 Grundlagen der Kommunikationspolitik

Betrachtet wird nachfolgend die externe Kommunikationspolitik. Ihr Inhalt ist die systematische Planung, Realisierung und Kontrolle aller Maßnahmen, die über die Beeinflussung psychologischer Größen mittels Kommunikation eine Verhaltensbeeinflussung relevanter Zielgruppen zu erreichen versuchen. Zugrunde liegt der spezielle Kommunikationsbegriff[40] des Marketings: „Übermittlung von Informationen und Bedeutungsinhalten zum Zweck der Steuerung von Meinungen, Einstellungen, Erwartungen und Verhaltensweisen…" (Meffert et al., 2008, S. 632).

Kontext der Kommunikationsaufgaben
Die Kommunikationspolitik muss **Kontextbedingungen der Kommunikation** beachten. Auf Kundenseite ist vor allem eine hochgradige Überlastung mit Informationen und anderen Reizen zu verzeichnen. Gleichzeitig ist das Interesse für viele Botschaften an sich sehr gering (Low-Involvement, vgl. Abschnitt 3.3). Zu beobachten sind ein immer stärkeres Selektier- und Abschirmverhalten sowie auch sich stetig verkürzende Zuwendungsphasen. Die bild- und erlebnisorientierte Stimulation bekommt wachsende Bedeutung. Marktseitig ist festzustellen, dass ein intensiver Wettbewerb von Anbietern auch zu einer immensen Zahl von Marken, Produkten und werblichen Botschaften führt, die gleichzeitig um die sehr begrenzte Aufmerksamkeit des Kunden buhlen. Prognosen gehen davon aus, dass sich diese Situation noch verstärkt. Gleichzeitig werden die objektiven Leistungen der Angebote immer vergleichbarer. Rasante technische Entwicklungen und damit einher gehende sich enorm wandelnde Kommunikationsmuster[41] (z. B. Kommunikation über soziale Netzwerke und Foren oder Clips) und auch -haltungen (z. B. Wandel der Privat-Öffentlich-Wahrnehmung) kommen hinzu. Ähnlich der rechtliche Rahmen: Er setzt zum Teil enge Grenzen

---

40   Dieser Kommunikationsbegriff unterscheidet sich z. T. von dem anderer Fach- und Wissenschaftsrichtungen. Die Kommunikationstheorie hat zahlreiche Weiterentwicklungen zu diesem nachrichtentechnisch entsprungenen Ansatz entwickelt. Es ergeben sich starke Unterschiede in Abhängigkeit vom Wissenschaftsparadigma.

41   Intensiv diskutiert wird die Abkehr von Kommunikationsmodellen, nach denen eine Botschaft einseitig von einem Sender an einen Empfänger übermittelt wird – hin zu Modellen der individualisierten Netzwerkkommunikation, in der Botschaften/Inhalte durch das Zusammenwirken von gleichberechtigten Kommunikationspartnern entstehen. In diesem Zusammenhang spricht man auch oft vom „Kontrollverlust" der Unternehmen über Kommunikationswege, -kontaktpunkte und -inhalte.

für kommunikationspolitische Gestaltungsräume und scheint sich aktuell durch strengere Daten- und Verbraucherschutzregelungen weiter einzuengen.

Kommunikationsziele und Wirkungsweisen

Kommunikationsmaßnahmen zielen auf die Beeinflussung **vorökonomischer Größen**. Erst über diese werden schließlich ökonomische Ziele wie Absatzmenge, Marktanteil oder Deckungsbeitrag realisiert (vgl. auch Abschnitt 6). Zentrale Größen für die Kommunikation sind dabei Kontakt, Bekanntheit, Einstellung/Image, Wissen, Kaufabsicht, Sympathie, Vertrauen und Weiterempfehlungsbereitschaft.

Fahrlässig wäre es, eine direkt Beeinflussung von ökonomischen Zielen als Aufgabe der Kommunikation zu verstehen, denn a) sind diese mit kommunikationspolitischen Aktivitäten nur indirekt über die vorökonomischen Ziele beeinflussbar und b) unterliegen diese zugleich sehr vielen anderen Einflüssen weiterer Instrumente wie Preis, Distribution oder auch Wettbewerbsmaßnahmen. Bei der Formulierung von Kommunikationszielen ist daher zu beachten, dass der Erfolg der Kommunikationsmaßnahmen auch diesen zugerechnet werden kann. Selbstverständlich müssen diese auch sonst operational formuliert sein.

Marktkommunikation zielt neben der angestrebten Kontaktwirkung wesentlich auf die Beeinflussung von Einstellungen ab.

Der mit der Kommunikationswirkung verbundene Mechanismus kann dem Prinzip nach anhand der sogenannten Dualen Modelle zu Entstehung und Veränderung von Einstellungen erläutert werden[42] (vgl. Abb. 51):

Aufbau und Veränderung einer Einstellung können demzufolge auf zwei Pfaden erfolgen. Welcher Pfad relevant wird, wird vor allem durch die situative Verarbeitungsmotivation und die Verarbeitungskapazität bestimmt.

Bei geringer Motivation (durch geringes Involvement) und/oder geringer Kapazität (z. B. durch Ablenkungen oder geringem Vorwissen) kommt es zu einer **oberflächlichen Verarbeitung** der beim Kontakt wahrnehmbaren Reize. Es findet eine heuristische Verarbeitung statt, bspw. durch die Orientierung an bestimmten Hinweisreizen oder Schlüsselinformationen. Die entstehenden Einstellungen sind eher kurzfristiger, instabiler Natur und haben auch eher wenig Verhaltensbezug. Zu einer intensiven, **systematischen Verarbeitung** kommt es tendenziell eher unter Bedingungen hohen Involvements und ausreichender

---

42   Vgl. dazu die Arbeiten von Petty/Cacioppo 1986 sowie Eagly/Chaiken 1993.

Kapazität. Dabei findet eine gedanklich kritische und abwägende Verarbeitung der im Kontakt aufgenommenen Informationen[43] statt. Die resultierenden Einstellungen sind tendenziell eher langanhaltend und änderungsresistent. Ein Verhaltensbezug der so gewonnenen Einstellungen kann eher unterstellt werden als bei oberflächlich entstandenen Einstellungen.

Nach den Grundgedanken dieser Dualen Verarbeitungsmodelle bestimmen die Motivations-/Involvementsituation sowie die Kapazitätsbedingungen also darüber, auf welche Weise und mit welchem Erfolg es zur Bildung und Veränderung der als **Kommunikationsziele** bedeutsamen Einstellungen kommt. Für die Erfüllung der Kommunikationsaufgabe im Marketing ist es daher von unerlässlicher Bedeutung, einzuschätzen, welche Involvement- und Ablenkungsbedingungen vorliegen, um die Ausgestaltung von Kommunikationsmaßnahmen auf den relevanten Pfad der Verarbeitung abzustimmen.

Unter Bedingungen geringen Involvements beispielsweise wird eine stark argumentative, alle Vor- und Nachteile darstellende Kommunikationsgestaltung wenig erfolgreich sein, während klar wahrnehmbare Verweise auf Testergebnisse wahrscheinlich eine gute Beeinflussungswirkung erreichen werden.

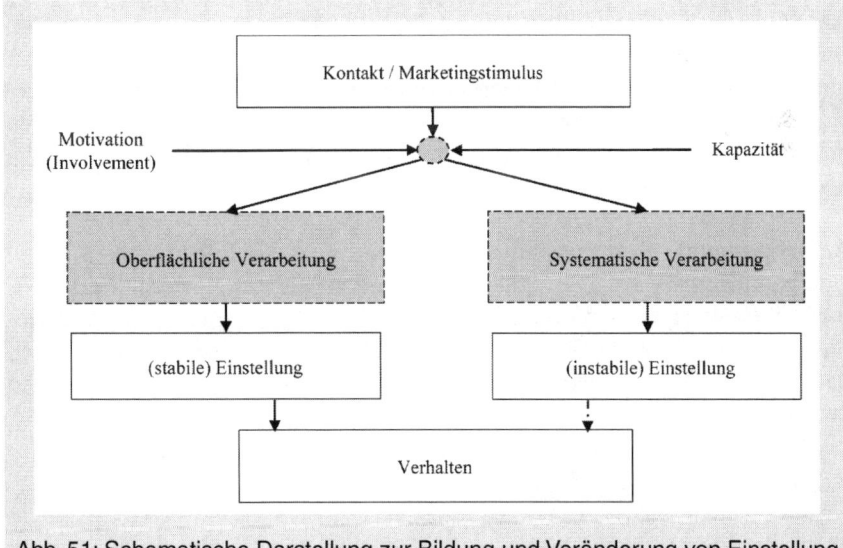

Abb. 51: Schematische Darstellung zur Bildung und Veränderung von Einstellung in Dualen Modellen der Einstellungsänderung

---

[43]   Zu verstehen als Informationen im weiteren Sinne, also in Form vom Texten, Bilder, Gerüchen, Gefühlen, Lauten, etc.

Hingewiesen sei an dieser Stelle nochmals darauf, dass der Zusammenhang zwischen Einstellung (mit einer emotionalen und einer kognitiven Komponente) und Verhalten nicht eindeutig ist und in der Forschung mehrere Effektenhierarchien diskutiert werden (vgl. Abschnitt 3.3.2). Es ist also möglich, dass ein Verhalten aus einer emotionalen oder kognitiven Einstellung der Werbung resultiert – ebenso kann aber auch eine Einstellung aus dem an sich selbst beobachteten Verhalten (Produktkauf) abgeleitet werden.

Bei den Wirkungen von Kommunikationsmaßnahmen handelt es sich also um sehr **komplexe**, von vielen Einflussgrößen bestimmte **Zusammenhänge**, zu denen eine lebhafte Forschungsdiskussion existiert. Insofern liegt es auf der Hand, dass Kommunikationseffekte kaum zufriedenstellend anhand eines universellen Modells dargestellt werden können. Besonders stark vereinfachende Stufenmodelle wie z. B. das AIDA-Modell[44], das eine weite Verbreitung in Standardlehrbüchern hat, sind heute nicht mehr haltbar und führen z. T. zu falschen Ableitungen für das Marketinghandeln.

Strategien und Techniken der Kommunikation[45]
Die **Aktualisierungsstrategie** ist eine Basisstrategie, die mit jeder Kommunikationsaktivität verbunden werden kann und muss. Bei ihr geht es darum, den Absender der Kommunikation (also z. B. ein Unternehmen oder ein Produkt) bei den Rezipienten ins Gedächtnis zu rufen, um die (aktive) Bekanntheit auf- und auszubauen, und um als Alternative in den Wahrnehmungsbereich zu gelangen. Die Aktualisierung ist dann alleinige Strategie, wenn die Rezipienten kaum gedanklich oder emotional involviert[46] sind, anderweitig ergänzt sie die nachfolgenden Strategien.

Eine **emotionale Erlebnisstrategie** ist sinnvoll, wenn Informationen trivial sind, zum Beispiel bei Werbung auf gesättigten Märkten mit sehr austauschbaren Produkten. Informative Elemente oder gar Argumente würden auf wenig Aufmerksamkeit der Konsumenten treffen. Daher konzentriert man sich darauf, Erlebnisse zu vermitteln und diese mit den Kommunikationsobjekten zu verknüpfen.

---

44   Nach dem AIDA-Modell werden nacheinander die folgenden Stufen durchlaufen: Zunächst muss die Aufmerksamkeit ausgelöst werden (Attention). Danach kann dann Interesse am Produkt geweckt werden (Interest), woraufhin Verlangen nach dem Angebot entsteht (Desire), was schließlich einen Kauf auslöst (Action).

45   Vgl. dazu ausführlich Kroeber-Riel/Esch 2011.

46   Zum Involvement vgl. Abschnitt 3.3.2.

Die **Informationsstrategie** hingegen ist dann zweckmäßig, wenn ein kognitives Involvement der Zielgruppe vorhanden ist, informative Botschaften also auf Interesse stoßen, und ein Bedürfnisappell trivial ist. Information über Eigenschaften, Vorteile und Mehrwerte werden daher in den Mittelpunkt gestellt.

Unter Bedingungen hohen kognitiven und hohen emotionalen Involvements kann der Einsatz von Emotionen und Informationen kombiniert werden (**Kombinationsstrategie**). Das erfolgt nach dem Muster, (a) ein Bedürfnis zu aktualisieren und (b) über die Möglichkeiten, die das Produkt oder das Unternehmen zur Bedürfnisbefriedigung bietet, zu informieren.

Wesentlich ist es also, zunächst die relevante Involvementsituation zu bestimmen (vgl. Abschnitt 3.3.1), um anschließend – anhand der obigen Gedanken – den strategischen Ansatz für die Kommunikation abzuleiten.

Damit die Kommunikationsaufgabe im Marketing möglichst effektiv gelöst werden kann, sind **Anforderungen an die Umsetzung** entwickelt worden:

1. **Kontakt herstellen**: Dies kann durch Aktivierungstechniken (vgl. Abschnitt 3.3.2) oder Frequenztechniken erreicht werden. Zu den Frequenztechniken zählen Wiederholungen oder Auffrischungsmaßnahmen.

2. **Sicherung der Aufnahme der Botschaft**: Die Umsetzung sollte so erfolgen, dass auch innerhalb der regelmäßig extrem kurzen Aufmerksamkeitsspanne die zentralen Botschaften durch den Rezipienten wahrgenommen werden können.

3. **Emotionsvermittlung**: Es sollten gezielt Emotionen ausgelöst werden. Dieses können atmosphärische Wirkungen oder Konsumerlebnisse sein (vgl. Abschnitt 3.3.2). Elementar ist das Erreichen einer Gefallenswirkung.

4. **Erreichen von Verständnis**: Wenn die Informationen der Kommunikationsaussage in der vom Unternehmen beabsichtigten Weise durch den Rezipienten aufgenommen, gedanklich verarbeitet und interpretiert werden, liegt Verständnis vor. Dies wird besonders dann gut erreicht, wenn Bild und Text der Kommunikation auf die Erwartungen der Kunden abgestimmt sind.

5. **Unterstützung der Lernwirkung**: Die Kommunikationsbotschaft soll von den Empfängern möglichst gut erinnert werden. Dazu sind eigenständige, sich vom Umfeld abhebende Umsetzungen, konkrete und bildliche Vermittlungsformen sowie Wiederholungen förderliche Mittel.

Diese Aspekte können auch als Prüfpunkte für einfache Checks genutzt werden.

Kommunikationsmanagement und Kommunikationskonzept

Die planmäßige Durchführung von Kommunikationsmaßnahmen orientiert sich an mehreren Schritten: Ausgangspunkt ist die Bestimmung von Kommunikationszielen, -strategie, -botschaft und -zielgruppen. Anschließend müssen das Budget bestimmt und Medien, Instrumente und Zeitpunkte festgelegt werden (Durchführung der Mediaplanung, vgl. Abschnitt 10.4). Im Anschluss werden die konkreten Kommunikationsmaßnahmen gestaltet und in Pretests auf ihre wahrscheinliche Wirkweise überprüft. Es erfolgt anschließend die Durchführung der Kommunikationsmaßnahmen sowie die Kontrolle des Kommunikationserfolgs.

Zur Beschreibung eines **Kommunikationskonzeptes** kann man sich für die Planung, Umsetzung und Kontrolle grob an folgenden Leitfragen nach Bruhn (2010, S. 241 ff.) orientieren:

- Kommunikationsobjekt: Wer kommuniziert?
- Kommunikationszielgruppen: Wem soll etwas vermittelt werden?
- Kommunikationsbotschaft: Was soll vermittelt werden?
- Kommunikationsmaßnahmen: Wie soll vermittelt werden?
- Kommunikationsareal: Wo soll kommuniziert werden?
- Kommunikationstiming: Wann soll kommuniziert werden?

Wichtig ist dabei die Unterscheidung zwischen Kommunikationsmittel und Kommunikationsträger. Das **Kommunikationsmittel** ist die gestaltete und physisch wahrnehmbare Ausprägung der Kommunikationsbotschaft (z. B. eine A4-Printanzeige, ein Plakat). Der **Kommunikationsträger** ist das Medium, mit dem das Werbemittel zum Empfänger gebracht wird (z. B. Printmagazin, Litfaßsäule).

Einteilung der Instrumente der externen Kommunikation

Die Vielzahl der Kommunikationsinstrumente wurde nach unterschiedlichen Mustern und Kriterien klassifiziert. Einige Möglichkeiten werden in Abb. 52 angesprochen:

- Nach Kontaktart und -grad kann man in unpersönliche, einseitige, ungerichtete **One-Way- oder Massenkommunikation** und **Dialogkommunikation**, die bidirektional und persönlich ausgerichtet ist, unterscheiden.
- Nach dem Medium und dem Vermittlungskanal sind **analoge** von **digitalen Kommunikationsinstrumenten** zu differenzieren. Während analoge Instrumente eher traditionelle, sequenzielle Medien nutzen, setzen digitale Instrumente auf elektronische, interaktive Medien.

- Die Unterscheidung in **Above-the-Line (ATL)** und **Below-the-Line (BTL)** ergibt sich, wenn man nach der werblichen Erkennbarkeit unterscheidet. So sind manche Instrumente leicht als unternehmerischer Versuch der Einflussmaßnahme zu identifizieren (z. B. Bandenwerbung), während andere kaum als solche wahrgenommen werden (z. B. Virales Marketing, das mit meist unterhaltsamen Videoclips über entsprechende soziale Netzwerke arbeitet).

Als „die Klassik" oder „**klassische Kommunikationsinstrumente**" bezeichnet man als Werbung erkennbare, analoge, auf Massenkommunikation abstellende Aktivitäten (z. B. TV-Spots, Printanzeigen).

Welcher Einteilung man auch immer folgt – wichtig erscheint es, ein persönliches Denkraster als Orientierung zur Verfügung haben.

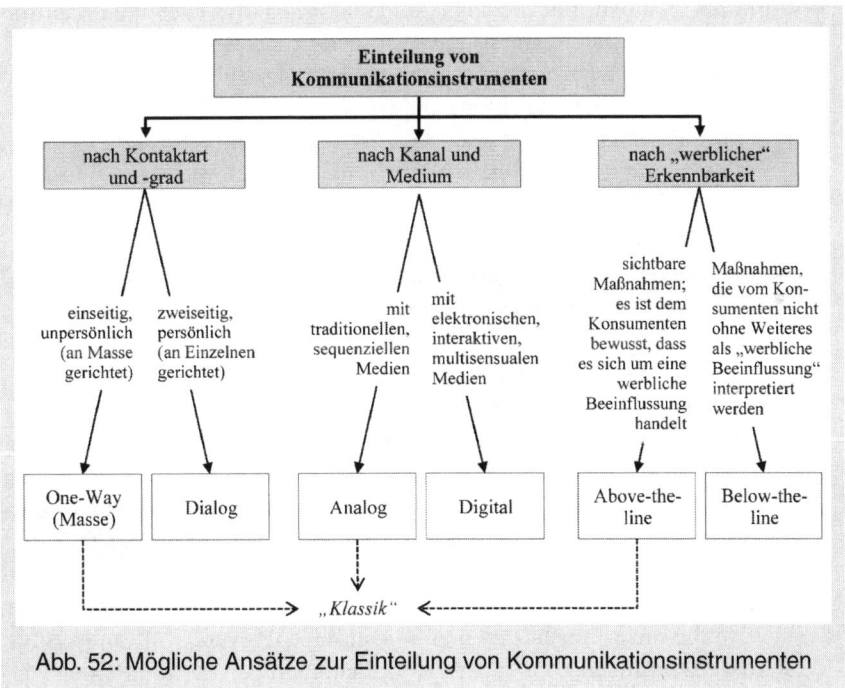

Abb. 52: Mögliche Ansätze zur Einteilung von Kommunikationsinstrumenten

Maßnahmen der Kommunikation zielen darauf ab, vorökonomische Größen wie Bekanntheit und Einstellungen zielgerecht zu beeinflussen. Dazu steht eine Vielzahl von Instrumenten zur Verfügung. Für das Kommunikationskonzept müssen Zielgruppen, Botschaft, Maßnahmen-Mix, Areal und Zeitpunkte bestimmt werden.

10.2   Instrumente der Above-the-Line-Kommunikation

Above-the-Line-(ATL-)Instrumente sind jene, die vom Konsumenten ohne Weiteres als unternehmerischer Versuch der Einflussmaßnahme zu identifizieren sind. Dazu gehören insbesondere:

- **Werbung** (Mediawerbung): Darunter versteht man die beabsichtigte, zwangfreie Beeinflussung von Einstellungen und Verhaltensweisen durch Einsatz von Werbemitteln in bezahlten Massenmedien. Beispiele: Anzeigen, Radiospots. Klassische Werbung in Massenmedien bildet aufgrund ihrer Reichweite oft den Kern von Kommunikationskampagnen.

- **Online-Werbung**: Hierunter fallen alle Aktivitäten, die auf eine Beeinflussungswirkung im Sinne der Kommunikationspolitik über das Medium Internet abzielen. Beispiele: Keyword-Advertising, Newsletter, Banner. Mit dem Internet als massenhaft genutztes Individualmedium bekommt Online-Werbung eine herausragende Bedeutung für Unternehmen. Dies wird noch dadurch verstärkt, dass über die Entwicklung neuer Technologien das Internet ein ständiger Begleiter des Kunden ist (z. B. über Smartphones oder Tablets ist der Kunde immer „on"). Im Vergleich zur konventionellen Werbung bestehen hier Möglichkeiten zur Interaktion. Zudem können Aktivitäten nahezu in Echtzeit auf die Adressatenreaktionen optimiert werden.

- **Verkaufsförderung (Promotions)**: Verkaufsförderung umfasst zeitlich begrenzte Maßnahmen mit Aktionscharakter, um zusätzliche Anreize zu setzen. Sie wird oft unterstützend zu anderen Instrumenten eingesetzt. Man unterscheidet drei Arten, je nach Objekt der Maßnahmen: **Handels-Promotions** richten sich vom Hersteller an den Händler (z. B. Wettbewerber, Sonderkonditionen, Ausstattung mit besonderen Point-of-Sale-Materialien), **Händler-Promotions** vom Handel an den Konsumenten (z. B. 2-for-1-Aktionen, Coupons), **Verbraucher-Promotions** vom Hersteller an den Konsumenten (z. B. Warenproben, Zugaben, Gewinnspiele). Verkaufsförderung wird oft mit Preismaßnahmen kombiniert – unter der Perspektive der Kommunikationspolitik sind vor allem die nicht-preisbezogenen Bestandteile relevant. Für kurzfristige Absatzwirkungen können solche Maßnahmen den Erstkauf eines Produktes provozieren, die Schwelle für den Wiederkauf senken und unter bestimmten Umständen einen Mehrkonsum erreichen. In der Regel wird jedoch oft nur eine Vorverlegung eines Kaufs oder ein einmaliger Produkt- oder Markenwechsel erreicht.

- **Public Relations (PR)**: PR fasst Aktivitäten zusammen, die bei relevanten Anspruchsgruppen der Öffentlichkeit Vertrauen und Verständnis aufbauen sollen. Unterschieden werden dabei oftmals die produktbezogene PR und die unternehmensbezogene PR. Ein wichtiges Feld stellt zudem die Krisen-PR dar. PR arbeitet intensiv mit der Zielgruppe der Medien als Multiplikator in Richtung der weiteren öffentlichen Anspruchsgruppen (z. B. Investoren, Organisationen, Verbände, Gesamtbevölkerung). Wichtige Aktivitäten der PR beziehen sich auf die **Medienarbeit** (Pressemitteilungen, Themen setzen und Anlässe schaffen, Exklusivinformationen, Website, Interviews), **Veranstaltungen** (Pressekonferenzen, Vorträge, Tag der offenen Tür) und das **Beziehungsmanagement** (Medienpräsenz, Kontaktpflege, Lobbying).

– **Store-Kommunikation**: Hierunter fällt die an Beeinflussungszielen ausgerichtete Gestaltung von Einkaufstätten und Verkaufsräumen. Diese lässt sich unterteilen in die Kommunikation mittels Store-Front und Schaufenster einerseits sowie die Kommunikation im Verkaufsraum durch Layout, Ladenbau und Store-Design, Mehrwert-, Orientierungs- und Preiskommunikation sowie Visual Merchandising andererseits.

– **Persönlicher Verkauf**: Dies ist das wirkungsstärkste aber auch das kostenintensivste Instrument der Kommunikationspolitik (pro Kontakt). Es handelt sich um eine Interaktion zwischen dem (potenziellen) Käufer und dem Verkäufer, der einen Kauf herbeiführen möchte. Sie kann persönlich direkt oder persönlich medial (z. B. per Telefon) erfolgen. Neben den rein sprachlichen Botschaften sind hier auch viele nonverbale Kommunikationsebenen (z. B. Gestik, Blickkontakt, Stimme) zu beachten. Der Verlauf eines persönlichen Verkaufskontaktes lässt sich über Phasen beschreiben.

– **Direktmarketing**: Hier steht die ein- oder mehrstufige, direkte und meist persönliche Ansprache eines Adressaten im Fokus. Die persönliche und individualisierte Ansprache (und damit gute Reaktionswerte) sowie die sehr gute Möglichkeit der Erfolgskontrolle gelten als wesentliche Vorteile dieses Instruments. Typisch ist auch die Integration eines Responseelements, also einer direkten Reaktions- oder Antwortmöglichkeit. Klassisches Beispiel ist ein personalisiertes adressiertes Printmailing mit Antwortkarte. Durch Anwendungen im Online-Kontext ergibt sich eine stark wachsende Bedeutung, da der Kostennachteil bei Online-Nutzungen nicht mehr ins Gewicht fällt.

– **Messe**: Eine Messe ist eine zeitlich und örtlich festgelegte Veranstaltung, bei der sich mehrere Anbieter für eine Zielgruppe präsentieren. Das Instrument hat unter dem Blickwinkel der Kommunikation enge Bezüge zum persönlichen Verkauf, der Store-Kommunikation und zu Events.

10.3   Instrumente der Below-the-Line-Kommunikation

Instrumente, die vom Konsumenten nicht ohne Weiteres als unternehmerischer Versuch der Einflussmaßnahme wahrgenommen werden, werden als Below-the-Line-(BTL-)Instrumente bezeichnet. Dies sind im Wesentlichen:

– **Events**: Events sind eigens inszenierte Ereignisse, die die Adressaten besonders aktivieren und bei ihm Emotionen auslösen sollen, die dann idealerweise mit der Marke verbunden werden. Die Vermittlung der Botschaften kann bei Events mit mehreren Sinnen und interaktiv erfolgen. Zugleich bieten Events eine Möglichkeit, um selbst Thema in den Medien zu werden (vgl. PR oben). Beispiel: Red Bull Flugtage.

– **Sponsoring**: Beim Sponsoring erhält der Gesponserte eine Zuwendung vom Sponsor, der dafür wiederum als Gegenleistung Rechte zur kommunikativen Nutzung von Personen, Veranstaltungen oder Einrichtungen erhält. Bedeutende Formen sind das Kultur-, Sport-, Sozial- und Programmsponsoring. Der Sponsor erhofft sich (über die Plattform des Gesponserten) Kontakte zu relevanten Zielgruppen und eine Übertragung positiver Imagebestandteile auf die eigene Marke. Beispiel: Volkswagen als Sponsor des Fußballvereins VfL Wolfsburg sowie des lokalen Sportstadiums („Volkswagen Arena").

– **Guerilla-Maßnahmen**: Hierunter fallen Instrumente und Ansätze, die mit unkonventionellen Aktivitäten, möglichst (jedoch nicht zwingend) außerhalb der klassischen Werbekanäle arbeiten. Das Ziel ist es, bei einer möglichst großen Anzahl von Personen einen Überraschungseffekt auszulösen bzw. eine maximale Aufmerksamkeit zu erreichen. Nebenziel ist meist, zum Objekt der Medienberichterstattung zu werden (vgl. PR). Zum Teil wird argumentiert, dass Guerilla-Aktionen mit vergleichsweise geringen Kosten verbunden sind. Guerilla erfolgt oft als Online-Kampagne im Sinne des viralen Marketings, ist aber durchaus auch mit Maßnahmen im öffentlichen Raum und Promotion-Teams oder Vor-Ort-Aktionen verbunden. Beispiel: Der Jagd-, Outdoor- und Modeanbieter Frankonia hat anlässlich einer Filialeröffnung in der Innenstadt einer deutschen Großstadt das weitere Umfeld um die Filiale über Nacht mit kleinen grünen Hirschen überhäuft (Der leuchtend grüne Hirsch ist ein logoähnliches Element der Marke Frankonia.). Dies sorgte für überraschte Passanten am nächsten Morgen – und dafür, dass die Aktion und die Filialeröffnung prominentes Thema in der Regionalpresse wurden.

– **Product Placement**: Product Placement ist das gezielte und entgeltliche Platzieren eines Produkts oder einer Marke als Requisite im Handlungsablauf von Filmen, Fernsehformaten oder sonstigen Medien. Vorteile werden in der hohen Glaubwürdigkeit des Umfelds und dem Umgehen von konsumentenseitiger Werbe-Reaktanz gesehen. Beispiel: Die Marke Tic Tac von Ferrero in der täglichen TV-Serie „Berlin Tag & Nacht". Aus rechtlicher Sicht sind beim Product Placement national sehr divergierende Regelungen zu beachten.

- **Ambush-Maßnahmen**: Hier wird auf einen Trittbrettfahrer-Effekt gesetzt. Unternehmen nutzen öffentliche Events, um die eigenen Botschaften ohne offizielle Sponsorschaft überraschend darzustellen (to ambush = jemanden aus dem Hinterhalt überfallen). Die eigenen Maßnahmen kannibalisieren dabei die des offiziellen Sponsors. Je nach Ausprägung werden dabei rechtliche Grauzonen erreicht.

10.4   Mediaplanung

Die Mediaplanung, auch Streuplanung genannt, beschäftigt sich mit der Auswahl und Festlegung der Kommunikationsträger sowie mit den Zeitpunkten und der Frequenz ihres Einsatzes. Ergebnis ist ein Mediaplan.

Mediaselektion
Die Mediaselektion sorgt für die zielgruppengerechte Aufteilung des Kommunikationsbudgets nach Art und Umfang der zu nutzenden Kommunikationsträger. Beurteilungsmaßstab sind dabei vor allem die werbliche Eignung, die quantitative und qualitative Reichweite sowie die relativen Kosten:

- **Werbliche Eignung**: Dies umfasst die Bewertung von Anmutungsqualität (Image, Glaubwürdigkeit) und Umfeld/Modalitäten (Seitenzahl, Farbigkeiten, Bewegtbild) des Kommunikationsträgers.

- **Quantitative Reichweite**: Gibt grob die Anzahl erreichbarer Personen an, indem die Personenzahl erfasst wird, die in einem bestimmten Zeitraum mit dem Kommunikationsträger Kontakt hat[47].

- **Qualitative Reichweite**: Sie bezieht spezifische Merkmale des Publikums (z. B. demographische oder Lebensstil-Merkmale) mit ein und gibt an, inwieweit die gewünschte Zielgruppe erreicht werden kann. Um Streuverluste der Kommunikation möglichst gering zu halten, sollte das vom Medium erreichte Publikum mit der eigenen Zielgruppe möglichst übereinstimmen, die qualitative Reichweite also hoch sein.

---

47   Es sind Brutto- und Nettobetrachtungen für einen Mediaplan möglich, auch kumulierte und kombinierte Darstellungen werden eingesetzt. Ebenso kann der Werbedruck als (Brutto-)Reichweite pro Zahl der Zielpersonen (Gross Rating Points, GRP) herangezogen werden.

- **Relative Kosten**: Zur Darstellung der Kostenbetrachtung sind mehrere Ansätze möglich. Sehr gebräuchlich ist die Darstellung als Verhältnis von Kosten des Mediaplans zu möglichen 1000 Kontakten, bezeichnet als **Tausender-Kontaktpreis (TKP)**. Für die Kostenseite sind neben den Media(Streu-)kosten auch die Erstellungskosten der Kommunikationsmaßnahmen (z. B. Print- oder TV-Produktion) zu berücksichtigen.

Timing

Hinsichtlich der zeitlichen Verteilung lassen sich grob ein konstanter, ein konzentrierter und ein pulsierender Einsatz unterscheiden. Beim **konstanten Kommunikationseinsatz** findet über einen längeren Zeitraum eine gleichmäßige Aktivität statt. Das Budget wird also gleichmäßig verteilt. Ein **konzentrierter Kommunikationseinsatz** bedeutet, dass in einem relativ kurzen Zeitraum hohe Kommunikationsbudgets eingesetzt werden, es also zu einer intensiven Kommunikationsaktivität in diesem kurzen Zeitraum kommt (z. B. bei Produkteinführungen). Beim **pulsierenden Kommunikationseinsatz** wechseln sich regelmäßig Phasen mit hohen Kommunikationsaufwendungen und Phasen geringer Kommunikationsaktivität ab (das ist z. B. bei saisonalen Produkten zu beobachten).

Literaturhinweise

Knappe aber hinreichende Einführungen in die Kommunikationspolitik leisten:

Blythe, J.: *Essentials of Marketing*, Upper Saddle River, NJ 2004, S. 189–227.

Esch, F.-R./Herrmann, A./Sattler, H.: *Marketing. Eine managementorientierte Einführung*, München 2008, S. 252–291.

Scharf, A./Schubert, B./Hehn, P.: *Marketing – Einführung in Theorie und Praxis*, Stuttgart 2009, S. 240–250.

Als umfassende Grundlage seien empfohlen:

Schweiger, G./Schrattenecker, G.: *Werbung*, Stuttgart 2009.

Bruhn, M.: *Kommunikationspolitik*, München 2010.

11 Marketing-Maßnahmen: Preis

11.1 Grundlagen der Preispolitik

Der Preis ist das monetäre Äquivalent für die angebotene Ware und damit verbundene Leistungen. Die **Preispolitik** befasst sich mit der zielgerichteten Gestaltung des von Kunden wahrgenommenen Verhältnisses zwischen Preis und Nutzenstiftung der Leistung, insbesondere durch die Preissetzung sowie die langfristige Preisstrategie.

Zu den Preis-Instrumenten im engeren Sinne gehören **alle vertraglichen Vereinbarungen über Preis, Rabatte, Zahlungsbedingungen und Kreditgewährung**, weshalb bei einigen Autoren auch von Preis- und Konditionenpolitik oder Kontrahierungspolitik gesprochen wird. Die unternehmerische Kalkulation und die Kosten, die Marktbedingungen sowie die Preisstrategie beeinflussen diesen Instrumenteneinsatz wesentlich.

Preispolitische Instrumente haben eine **herausragende Stellung im Marketing-Mix**, u. a. weil der Preis in gesättigten Märkten einen erheblichen Wettbewerbsparameter darstellt, er für Konsumenten eine wichtige Quelle der Orientierung für Vergleiche zwischen Leistungen bei intransparenten Angebotsbündeln ist, Änderungen beim Preis schnelle Effekte auf Umsatz und Gewinn auslösen oder niedrige Preise Markteintrittsbarrieren für Wettbewerber darstellen können. Herauszuheben sind **spezifische Charakteristika des Instruments Preis**:

- **Wirkungsgeschwindigkeit**: Nachfrager und Wettbewerb reagieren in der Regel sehr schnell auf Preisänderungen (insbesondere bei hoher Kauffrequenz).
- **Flexibilität**: Preisinstrumente lassen sich zeitnah und ohne große (Vorab-) Investitionen einsetzen.
- **Wirkungsstärke**: Viele Produkte werden ausschließlich über den Preis gekauft. Preisveränderungen haben starke Effekte auf den Absatz.
- **Schwer revidierbare Langfristwirkungen**: Preissenkungen beeinflussen die Preiserwartungen und wirken auf Kaufzeitpunkte. Preissenkungen führen zu einem reduzierten Referenzpreis, den der Kunde auch in der Zukunft erwartet. Diese Lerneffekte sind langfristiger Natur.

Regeln und Rahmenbedingungen der Preissetzungsmöglichkeiten für Unternehmen werden von der vorliegenden **Marktform** bestimmt. Bei vollkommener Konkurrenz ergeben sich andere Bedingungen als bei oligopolistischen Märkten oder einem Monopol[48]. Klassischerweise wird die Konkurrenzsituation betrachtet und eine Preisbildung unterstellt, bei der sich über den Schnittpunkt der mikroökonomischen Angebots- und Nachfragekurve ein Marktpreis und eine im Markt bereitgestellte Menge der betrachteten Leistung einstellt, der Preis den Grenzkosten des Unternehmens entspricht. Die Steigung der Nachfragekurve drückt dabei die **Preiselastizität der Nachfrage** aus. Sie bestimmt darüber, wie stark Kunden auf eine Preisänderung reagieren (in Form von Käufen). Für Unternehmen ist es daher elementar, die Preiselastizität der Nachfrage für die von ihnen angebotene Leistung zu kennen.

An eine **optimale Preissetzung** werden verschiedene Anforderungen gestellt. Zum einen soll der Preis so gewählt werden, dass Kosten des Unternehmens gedeckt werden. Zum anderen soll der Preis konkurrenzfähig sein. Darüber hinaus muss der Preis dem Nachfrager gerecht werden, also seine Preisbereitschaft berücksichtigen. Konkrete Preissetzungsverfahren finden sich in Abschnitt 11.3.

Entscheide zum Preis fallen in Unternehmen **zeitpunktbezogen** und **zeitraumbezogen** an (vgl. Schröder 2002, S. 113 ff.). Zeitpunktbezogen geht es um die (erstmalige) Festlegung der absoluten Höhe der Preise für einzelne Leistungen, um die Ausgestaltung der Preislagen sowie um Fragen der Preisdifferenzierung. Zeitraumbezogen sind kurzfristige Preisreduzierungen (Sonderangebote), das Preisniveau und Anhebungen oder Absenkungen im Zeitverlauf zu koordinieren (vgl. Abb. 53).

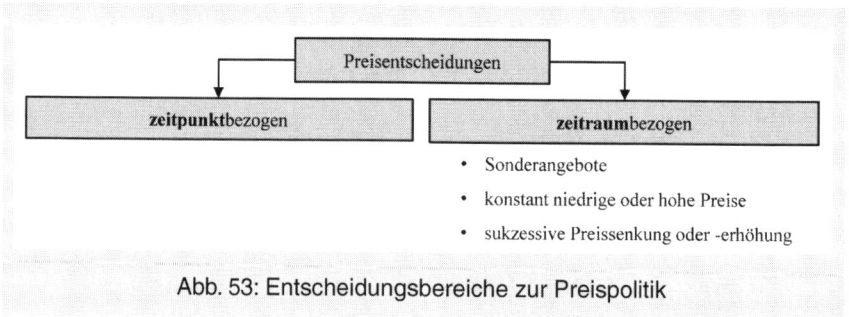

Abb. 53: Entscheidungsbereiche zur Preispolitik

Preismaßnahmen beziehen sich auf alle Komponenten der vom Kunden zu entrichtenden Gegenleistungen. Durch die schnelle Umsetzbarkeit und die große Wirkgeschwindigkeit sowie hohe Wirkungsstärke sind diese Instrumente bei Marketingentscheidern im

---

[48]   Vgl. dazu die einschlägige Literatur der Mikroökonomik.

besonderen Fokus. Es sind zeitpunktbezogene sowie zeitraumbezogene Preisentscheidungen zu treffen.

11.2 Ausgewählte verhaltenswissenschaftliche Aspekte der Preispolitik

Entgegen den Annahmen der klassischen mikroökonomischen Preistheorie zeigen empirische Erkenntnisse mehrheitlich, dass das Verhalten von Individuen im Ergebnis von den Vorhersagen der Optimierungskalküle von rational agierenden Kunden bei vollkommener Informationen abweicht. Bezogen auf das Verhalten gegenüber Preisen beschäftigt sich die **verhaltenswissenschaftliche Preistheorie** (Behavioral Pricing) mit der Erklärung derartiger Phänomene. Sie untersucht, wie Kunden Preisinformationen aufnehmen und verarbeiten, wie sie auf Preise reagieren und wie sie Preisinformationen in ihren Urteilen und Entscheidungen nutzen. Mit ihrem vor allem deskriptiven Ansatz und dem Fokus auf den kognitiven Prozessen, ergänzt sie die klassische Preistheorie. Einige zugehörige Begriffe werden knapp vorgestellt.

Preisinteresse
Das **Preisinteresse** bezeichnet das Ausmaß, in dem Konsumenten bei Kaufentscheidungen Preisinformationen suchen und verarbeiten. Dabei werden regelmäßig zwei Dimensionen diskutiert:

- **Preisachtsamkeit** bezeichnet die Intensität, mit der Konsumenten aktiv preisbezogene Informationen suchen. Solche Informationsaktivitäten sind stark unterschiedlich ausgeprägt.
- Die **Preisgewichtung** gibt das Ausmaß an, mit dem die Preisinformation in die Kaufentscheidung einfließt. Sie hängt besonders von der Bandbreite der zur Verfügung stehenden Preisalternativen ab.

Preiskenntnis und Referenzpreise
Die **Preiskenntnis** von Konsumenten beschreibt, in welchem Ausmaß und mit welcher Genauigkeit Konsumenten absolute Preise wiedergeben können. Sie kann sich auf unterschiedliche Aspekte beziehen, z. B. auf die Kenntnis von Preisen in unterschiedlichen Geschäften, die Kenntnis von Preisaktionen oder auf mittlere Preise von Produkten. Die Preiskenntnis unterscheidet sich stark nach Produktkategorie. Zumeist ist sie gering ausgeprägt. Die jährlichen Preisstudien des Beratungsunternehmens OC&C geben dazu einen guten Überblick.

Referenzpreise sind Preise, die von Kunden als Vergleichsmaßstab für die Beurteilung anderer Preise herangezogen werden. **Interne Referenzpreise** sind aufgrund von Kauferfahrungen im Gedächtnis gespeichert (also Preiskenntnisse). **Externe Referenzpreise** sind vor oder während des Kaufprozesses aus Beobachtungen gebildete Bezugsgrößen. Die Beeinflussung der Referenzpreise ist ein wesentlicher Ansatz von Marketingmaßnahmen.

Preisurteile

Die **Preisbeurteilung** wird allgemein als das Ergebnis eines kognitiven Prozesses aufgefasst. Man unterscheidet dabei grob drei Arten von Preisurteilen:

- Urteile über die **Preisgünstigkeit**: Beurteilt wird ausschließlich der Preis, während Qualität bzw. die Nutzenstiftung der jeweiligen Leistung unberücksichtigt bleiben. Dies ist bei Produkten wesentlich, die in den Augen des Verbrauchers gleichwertig sind oder bei denen die Qualität keine Rolle spielt.

- Urteile über die **Preiswürdigkeit**: Beurteilt wird Preis und Leistung. Bei Produkten, die in den Augen des Verbrauchers nicht gleichwertig sind, kommt dieser Art von Beurteilungskalkül eine Rolle zu. Es drückt das subjektiv empfundene Preis-/Leistungsverhältnis einer Sach- oder Dienstleistung aus.

- Preis als **Qualitätsindikator**: Wenn der Konsument nicht die Fähigkeit besitzt, die Qualität zu beurteilen, kann der Preis als Schlüsselinformation fungieren, anhand derer er auf die Qualität der Leistung schließt. Der Preis ist hier eine positive Informationskomponente.

Generell wird davon ausgegangen, dass ein Preisurteil entsteht, indem ein aktuell wahrgenommener Preis mit dem internen Referenzpreis verglichen wird. Preiskenntnis und Preiswahrnehmung sind deswegen zentrale Ansatzpunkte für eine Beeinflussung des Urteils.

Preisschwellen

Preisschwellen stellen Preise dar, bei denen es zu einer sprunghaft veränderten Preisbeurteilung kommt. Sie können absoluter oder relativer Natur sein. Absolute Preisschwellen stellen die Ober- und Untergrenzen von Preisen dar, zu denen ein Kunde eine Leistung kauft. Das Preisurteil kippt also bei Überschreiten der Obergrenze derart, dass das Produkt als Kaufalternative nicht mehr in Frage kommt. Beim Über- oder Unterschreiten von relativen Preisschwellen verändert sich ein Preisgünstigkeitsurteil sprunghaft, so dass es zur Einordnung in eine andere Preisgünstigkeitskategorie kommt. Die Kenntnis von Preisschwellen ist für die Preissetzung und bei Preiserhöhungen relevant. „Runde Preise" (also 200 EUR statt 199 EUR) werden oft als Preisschwellen aufgefasst.

11.3   Preissetzungsverfahren

Die Bestimmung des Preises und die Prüfung von Anpassungsmöglichkeiten (Preissetzung) können nach verschiedenen Grundlogiken erfolgen. Drei bedeutsame sind:

- **Kostenorientierte Preissetzung**: Die Preisbestimmung erfolgt hierbei anhand der internen Kostensituation. Auf Basis der Kosten wird durch progressive Kalkulation („Kosten plus Aufschlag") die minimale Preisforderung errechnet. Dies kann auf der Grundlage von Voll- oder Teilkosten erfolgen. Bei einer kostenorientierten Vorgehensweise ist jedoch nicht gesichert, dass die ermittelte Preisforderung im Markt durchsetzbar ist.

- **Wettbewerbsorientierte Preissetzung**: Bei diesem Verfahren orientiert sich die Preissetzung des Unternehmens an den Preisen, die der Wettbewerb fordert. Dabei kann der vom Marktführer gesetzte Preis oder der Branchenpreis die relevante Referenzgröße sein. Diese Methode ist vor allem dann anzutreffen, wenn die eigenen Kosten nur schwer ermittelbar sind oder nicht vorliegen (z. B. bei einem Neuprodukt), eine sehr hohe Wettbewerbsintensität vorliegt oder die Wettbewerbsreaktionen nur schwer einschätzbar sind.

- **Nachfrageorientierte Preissetzung**: Hierbei basiert die Preissetzung auf kundenbezogenen Betrachtungen. Dazu können beispielsweise klassische Preis-Absatz-Funktionen (PAF) ermittelt und analysiert werden. Anhand der Preiselastizitäten können Absatzeffekte der Preissetzung und von Preisveränderungen angenähert werden – und bei Einbezug der Kostenfunktionen kann der gewinnmaximale Preis ermittelt werden. Zur Ermittlung des konkreten Verlaufs der PAF werden zumeist Marktstudien durchgeführt.

11.4   Zeitpunktbezogene Entscheidungen der Preispolitik

Zeitpunktbezogene Aspekte betreffen zum einen die absolute Höhe des Preises (speziell bei erstmaliger Festlegung). Dafür sind vor allem die im letzten Abschnitt dargestellten Zugänge relevant. Zum anderen sind

- Preislinien und **Preislagenstrukturen** zu entwickeln. Diese bestimmen das Verhältnis der Preise im Sortiment zueinander.

- Möglichkeiten der **Preisdifferenzierung** zu prüfen. Diese betrifft die Verwendung unterschiedlicher Preise für die identischen Leistungen.

- **Eckartikel** zu definieren. Eckartikel und ihre Preise haben Ausstrahlung auf das gesamte Sortiment und die Bereitschaft, weitere Artikel zu kaufen. Daher müssen diese besonders sorgfältig gesteuert werden.

Preislinien

Preislinien stellen eine stimmige **Struktur von Preisen** innerhalb eines Sortimentes, eines Sortimentsausschnitts oder einer Category dar. Sie sind substanziell definiert durch die Endpunkte (höchste und niedrigste Preise) sowie die Abgrenzung und Besetzung von Preislagen. In Abb. 54 beginnt die Preislinie für angebotene Sakkos bei 99 EUR und endet bei 499 EUR. Die Preislinie wurde in vier Preislagen eingeteilt. Preislage 1 wurde von 99 bis 199 EUR definiert, Preislage 2 von 200 bis 249 EUR, etc.

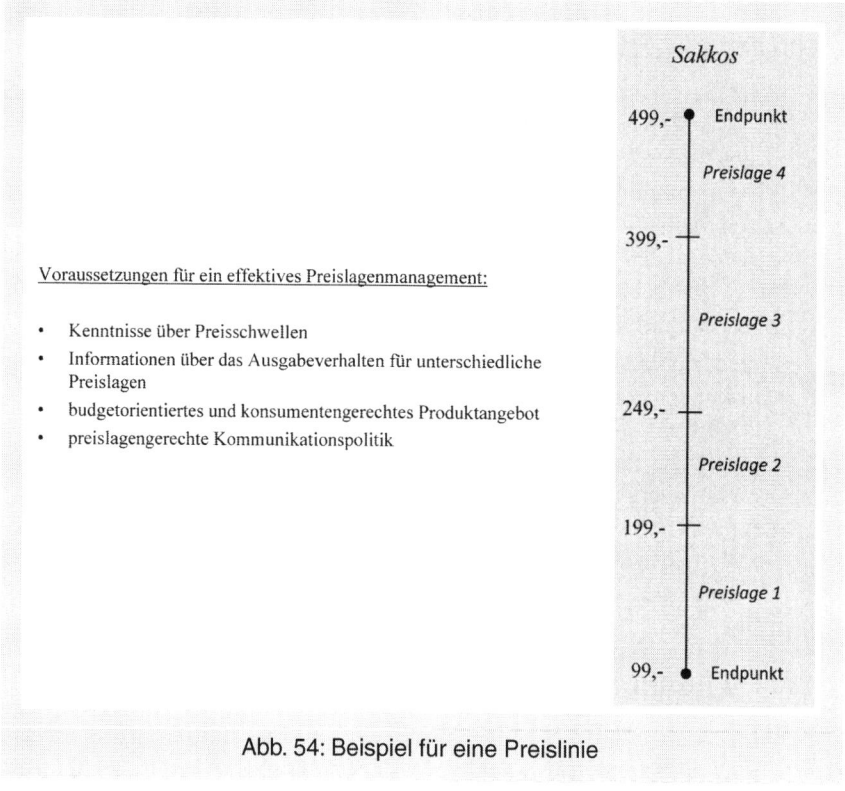

Voraussetzungen für ein effektives Preislagenmanagement:

- Kenntnisse über Preisschwellen
- Informationen über das Ausgabeverhalten für unterschiedliche Preislagen
- budgetorientiertes und konsumentengerechtes Produktangebot
- preislagengerechte Kommunikationspolitik

Abb. 54: Beispiel für eine Preislinie

Voraussetzungen für ein effektives Preislagenmanagement sind Kenntnisse über die Preisschwellen der Kunden, Informationen über das Ausgabeverhalten für die Preislagen, ein entsprechend konsumentengerechtes Produktangebot sowie die Umsetzung einer preislagengerechte Kommunikationspolitik.

Bei der Gestaltung der Preislinie ist zu beachten, dass die Schritte zwischen den die Preislangen begrenzenden Preispunkten hinreichend groß sind. Andernfalls ist nicht gesichert, dass Kunden auf Leistungsunterschiede zwischen den Produkten schließen können. Die Produkte der unterschiedlichen Preislagen sollten zudem wahrnehmbare und kommunizierte Leistungsunterschiede aufweisen.

Es empfiehlt sich, eine progressive Preislagenspreizung umzusetzen, die Abstände zwischen den Preispunkte in unteren Preislagen also geringer zu wählen, als jene in hohen Preislagen.

Innerhalb von Preislagen sollten außerdem (zu große) Lücken vermieden werden, damit Kunden, die ein Produkt in diesem Preislagen kaufen möchten, eine passende Alternative finden. Bestehenden Lücken könnten von potenziellen Kunden mitunter als mangelnde Sortimentskompetenz wahrgenommen werden.

Preisdifferenzierung
Eine **Preisdifferenzierung** liegt vor, wenn ein Unternehmen eine gleichartige Sach- oder Dienstleistung bewusst und systematisch zu unterschiedlichen Preisen anbietet. Ein solches Vorgehen möchte vorhandenes Marktpotenzial möglichst optimal ausschöpfen, indem unterschiedliche Preisbereitschaften von Konsumentengruppen bei der Preisgestaltung Berücksichtigung finden. Wesentliche Ziele liegen also in der **Abschöpfung der Konsumentenrente** sowie einer preisbezogenen Marktsegmentierung.

Damit eine Preisdifferenzierung gelingt,

– muss sich die Gesamtheit der Nachfrager in mindestens zwei Segmente teilen lassen, die auf die angestrebte Preisforderung des Unternehmens unterschiedlich reagieren.

– müssen identifizierte Segmente mit unterschiedlicher Preisbereitschaft auch voneinander getrennt bearbeitet werden können. Sie müssen isolierbare Teilmärkte darstellen.

– muss eine Durchsetzung der segmentspezifischen Preisforderungen angesichts der Konkurrenz auch möglich sein.

Wichtige **Formen der Preisdifferenzierung** sind die

– **zeitliche Preisdifferenzierung**: Es wird nach dem Zeitpunkt der Nachfrage differenziert. Beispiel: Unterschiedliche Flugpreise nach Saison.

– **räumliche Preisdifferenzierung**: Es wird nach dem Absatzgebiet differenziert. Beispiel: Unterschiedliche Preise für PKW im deutschen und im englischen Markt.

– **personenbezogene Preisdifferenzierung**: Es wird nach Merkmalen der Käufer differenziert. Beispiel: Reduzierte Preise für Studenten bei der Krankenversicherung.

– **mengenbezogene Preisdifferenzierung**: Es wird nach der nachgefragten Menge differenziert. Beispiel: Mengenstaffeln für Unternehmen bei der Anzeigenbuchung.

– **vertriebskanalbezogene Preisdifferenzierung**: Es wird nach dem Vertriebskanal differenziert. Beispiel: Unterschiedliche Preise für Online- und Stationärkauf.

Eckartikel

Bestimmte Artikel, oft das günstigste wie auch das teuerste Produkt einer Kategorie, stehen im Preisfokus des Kunden. Diese werden als Orientierungspunkte genutzt, um das allgemeine Preisniveau und die Preiswürdigkeit eines Anbieters zu bewerten. Solche **Eckartikel** haben Ausstrahlung auf das gesamte Sortiment und die Bereitschaft, weitere Artikel zu kaufen. Aus Konsumentenperspektive sind sie Mittel zur kognitiven Entlastung. An ihnen kann eine gezielte Gestaltung der allgemeinen konsumentenseitigen Preisbeurteilung ansetzen.

Beim Management von Eckartikeln sind vor allem zwei Fragen zu beantworten:

1. **Welche Artikel** sind Eckartikel? Für die Identifikation sollten Warenkorbanalysen, Studien zur Preiskenntnis und zu den Signalwirkungen herangezogen werden[49].

2. Was ist der optimale **Preis** für diese Artikel? Oftmals wird so vorgegangen, dass Eckartikel unter, Verbundartikel über den Preisen des Wettbewerbs angeboten werden. Dieses Vorgehen ist jedoch im Ganzen nur erfolgreich, wenn die richtigen Eckartikel reduziert werden. Hierbei sind zudem auch die Mengeneffekt der Nachfrage zu beachten.

11.5   Zeitraumbezogene Entscheidungen der Preispolitik

Bei der zeitraumbezogenen Preisstruktur geht es um Entscheidungen über die Konstanz oder Flexibilität der Preise und über das Prinzip des zeitlichen Verlaufs. Es soll die optimale Preisforderung im Zeitverlauf gefunden werden.

---

49   Die Wahrnehmung von Eckartikeln kann stark durch die Kommunikation geprägt werden. Beispiel: Die Werbepraxis von Media Markt.

Sonderangebote

Sonderangebote sind zeitlich befristete Preissenkungen für einen Artikel. Ziel einer aktiven Sonderangebotspolitik ist die Umsatzsteigerung beim reduzierten Artikel, als Sekundäreffekt kann auch die Umsatzsteigerung bei anderen Artikeln relevant sein. Neben dem Mengeneffekt ist dabei stets auch der Umsatz- und Gewinneffekt zu betrachten. Um den Gewinn zu erhöhen muss der Mengeneffekt der Preissenkung den Preiseffekt überkompensieren.

Die passive Sonderangebotspolitik bezeichnet das Reagieren auf Angebote des Wettbewerbs.

Neukundengewinnungseffekte und Zusatzumsatzeffekte durch Sonderangebote sind umstritten. Zu beachten ist, dass Sonderangebote langfristig auf das Preisimage des Anbieters und der Einkaufstätte sowie die Preisbereitschaft des Kunden wirken: Interne Referenzpreise werden verändert. Sonderangebote sind außerdem nicht selten Quelle von Konflikten zwischen Handel und Industrie, wenn diese nicht abgestimmt erfolgen.

Dauerniedrigpreise und Penetrationsstrategie

Eine **Dauerniedrigpreisstrategie** meint einen konstanten Preisverlauf auf unteren Preisniveaus. Sie dient insb. einer Preisprofilierung. Vorteilhaft an diesem Vorgehen sind unter anderem die gleichbleibenden unternehmensinternen Prozesse, Vertrauensschaffung beim Kunden und die Vermeidung der Nachteile von Sonderangeboten. Jedoch stellt das Vorgehen in der Regel hohe Anforderungen an Kostenstrukturen und Umschlagshäufigkeit.

Wird zunächst eine niedrige Preislage bedient und der Preis dann gegebenenfalls (wenn zügig hohe Marktanteile erschlossen sind) sukzessive erhöht, spricht man von einer **Penetrationsstrategie**. Vorteilhaft ist die zügige Senkung von Stückkosten durch schnelles Mengenwachstum, die Abschreckung von potenziellen Wettbewerbern und eine schnell erreichbare Kundenbindung und entsprechend starke Marktposition. Jedoch amortisieren sich Markteinführungskosten ggf. erst spät oder gar nicht, wenn vorgesehene Preiserhöhungen beispielsweise durch einen Wettbewerbereintritt nicht durchgesetzt werden können.

Abschöpfungsstrategie (Skimming)

Bei der **Abschöpfungsstrategie** werden Leistungen in der Einführungsphase zu hohen Preisen angeboten, um sie erst im weiteren Verlauf sukzessive abzusenken. Es besteht damit die Möglichkeit zur Abschöpfung hoher Renten von

Innovatoren[50] bevor es zur Massenmarktausweitung und schließlich zum Ausverkauf kommt. Damit verbunden ist jedoch meist der Verzicht auf eine rasche Ausweitung von Absatzmengen, allerdings können bereits kurzfristig Gewinne realisiert werden (quasi-monopolistische Stellung).

Literaturhinweise

Gut lesbare, unterschiedlich stark detaillierte Einführungen in das Thema Preis liefern:

Homburg, C./Krohmer, H.: *Grundlagen des Marketingmanagements*, Wiesbaden 2009, S. 185–206.

Kotler, P./Armstrong, G./Saunders, J./Wong, V.: *Grundlagen des Marketing*, München 2011, S. 726–782.

Zur Vertiefung seien empfohlen:

Simon, H./Fassnacht, M.: *Preismanagement*, Wiesbaden 2009.

Diller, H.: *Preispolitik*, Stuttgart 2007.

---

50   Als Innovatoren bezeichnet man die Gruppe von Konsumenten, die neue Produkte zeitnah und als erstes ausprobieren. Es bestehen enge Bezüge zum Bass-Innovationsmodell und zum Adopter-Modell.

12 Koordination des Maßnahmen- und Instrumenteneinsatzes

Die Bestimmung eines angemessenen und zieleffizienten Marketing-Mix ist keine triviale Aufgabe. Um eine gewählte Lösung für Maßnahmen und Instrumente zu überprüfen und zu optimieren, empfiehlt es sich, drei wesentliche Prüfstufen zu durchlaufen: Prüfung von Prioritäten, Stimmigkeit und Gesamtwirkung (vgl. Abb. 55). Für die Herangehensweise innerhalb jeder dieser Stufe sind verschiedene unterstützende Denkmodelle nutzbar. Einige werden weiter unten vorgestellt.

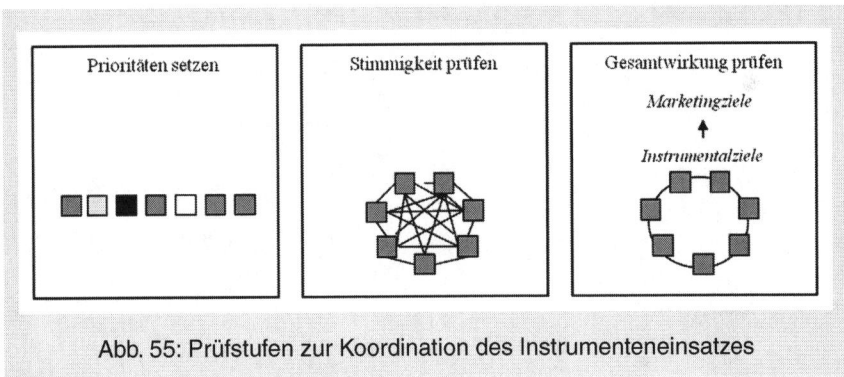

Abb. 55: Prüfstufen zur Koordination des Instrumenteneinsatzes

Thema Prioritäten
Geprüft werden sollte, ob der wesentliche Ressourceneinsatz bzw. die größte Aufmerksamkeit auch tatsächlich auf jenen Instrumenten oder Maßnahmen liegt, die im Hinblick auf die Erreichung der gesetzten Marketingziele am meisten bewirken können. Es betrifft also die Frage, ob die Maßnahmenprioritäten sinnvoll gewählt wurden.

Thema Stimmigkeit
Ferner sind gewählte Maßnahmen und Instrumentenausgestaltungen darauf zu prüfen, ob diese auch jeweils die gleiche Stoßrichtung verfolgen. Dadurch soll vermieden werden, dass sich Wirkungen der einzelnen Maßnahmen widersprechen oder sich gar aufheben[51]. Es muss bspw. betrachtet werden, ob die Preispolitik kongruent zum werblichen Auftritt oder zur Ladengestaltung ist. Gehen Persönlicher Verkauf und Qualität in eine Richtung? Stützt die Distributions-

---

51 Es ist offensichtlich, dass hier sehr enge Bezüge zu Fragen der Marketingorganisation bestehen.

leistung die Sortimentspolitik? Abb. 56 zeigt die Unterschiede zwischen abgestimmtem und unabgestimmtem Einsatz von Maßnahmen schematisch auf.

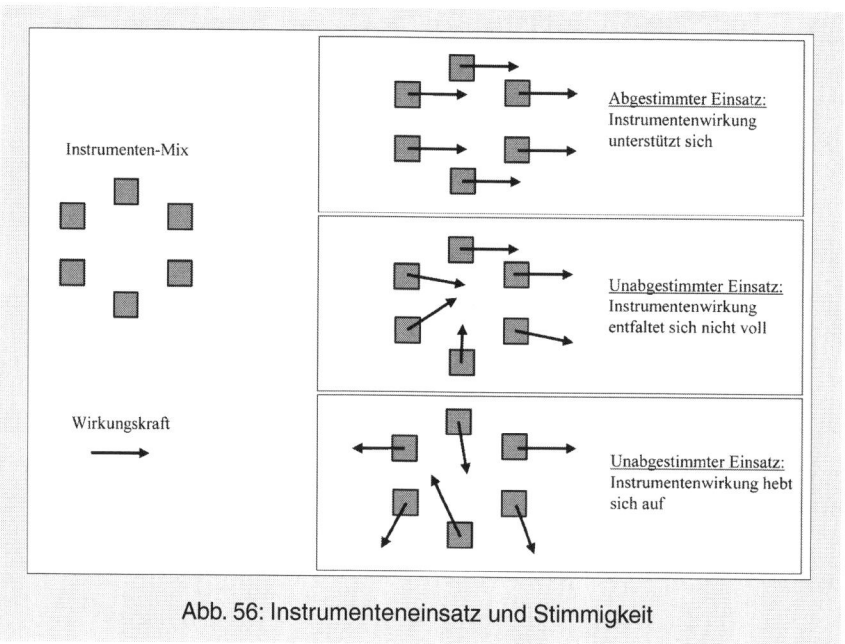

Abb. 56: Instrumenteneinsatz und Stimmigkeit

Thema Gesamtwirkung
Für den gewählten Marketing-Mix ist zudem der Gesamteffekt zu bewerten und mit den Marketingzielen in Bezug zu setzen. Die Frage dabei ist, ob und in welchem Ausmaß die Marketingziele durch die geplanten Umsetzungen erreicht werden können. Aus praktischer Sicht wird dabei eine Verprüfung der Einzelmaßnahmen oder des gesamten Mix durch Expertenurteile und durch den Abgleich mit Erfahrungswerten erfolgen. Aus theoretischer Sicht wird auf der Grundlage von Responsefunktionen/Marktreaktionsfunktionen die Auswirkung der mit dem Marketing-Mix gesetzten Parameter auf Marketingziele prognostiziert und mit den Zielzuständen abgeglichen. Besonders herausfordernd ist dabei, die Interaktionseffekte zwischen den Marketing-Mix-Instrumenten sowie dynamische Effekte zu berücksichtigen.

12.1   Denkraster Produktlebenszyklus

Ein hilfreiches Denkraster für die Beurteilung der Maßnahmengewichtung stellt der Produktlebenszyklus dar. Dieses Modell geht davon aus, dass Produkte und Dienstleistungen, Marken oder Categories, ähnlich wie Lebewesen, einem typischen Entwicklungsverlauf unterliegen, der meist anhand von Umsatz und Gewinn charakterisiert wird. Typischerweise wird der s-förmige Verlauf in fünf Phasen unterteilt (vgl. Abb. 57).

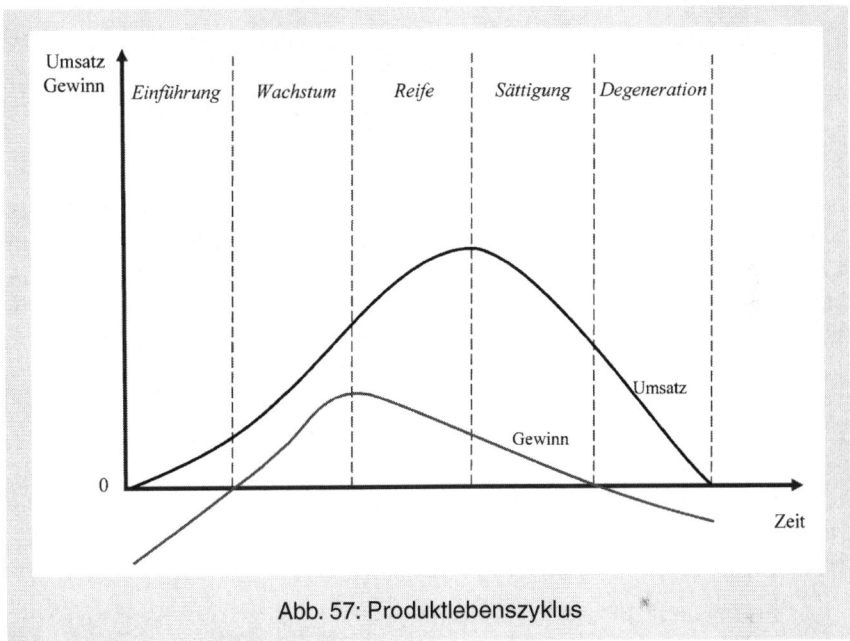

Abb. 57: Produktlebenszyklus

– **Einführungsphase**: Das Produkt ist noch neu im Markt und gewinnt erst nach und nach die ersten Nutzer. Aufgrund vorher angefallener Entwicklungskosten, hoher Einführungskoste und der geringen Absatzmengen wird noch kein Gewinn erzielt.

– **Wachstumsphase**: Hier erfolgt ein überdurchschnittliches Umsatzwachstum (Wiederholungskäufe treten auf). Die Stückkosten sinken durch erste Kostendegressionseffekte. Der Gewinn wird zu Beginn dieser Phase erstmals positiv und steigt bis zum Maximum. Der Wettbewerb steigt.

– **Reifephase**: Der Umsatz steigt weiter an, bis zu seinem Maximum am Übergang in die nächste Phase. Der Gewinn sinkt, ist aber nach wie vor positiv. Die Wettbewerbsintensität ist hier sehr hoch und sorgt für Preisdruck und zusätzliche Kosten für beispielsweise Abwehrmaßnahmen oder Produktvariationen.

– **Sättigungsphase**: Der Umsatz entwickelt sich rückläufig. Auch der Gewinn sinkt ab, schließlich bis auf null am Ende dieser Phase. Das Marktpotenzial ist ausgeschöpft. In dieser Phase können Maßnahmen zur

Verlängerung des Lebenszyklus' ansetzen. Typische Maßnahme ist ein **Relaunch** des Produktes. Dabei wird die Leistung erheblich verändert und meist neu positioniert – mit dem Ziel, dass das Produkt einen weiteren Lebenszyklus beginnt.

–   **Degenerationsphase**: Diese Phase ist durch den weiteren Umsatzrückgang gekennzeichnet. Es entstehen Verluste, weil der Umsatz geringer ausfällt als die Kosten. Üblicherweise verschwindet das Produkt vom Markt.

Das Modell des Produktlebenszyklus' ist idealtypischer Natur und **nicht als „Gesetz"** zu verstehen. Allgemeingültige Aussagen zu zukünftigen Entwicklungen und Dauer einzelner Phasen sind nicht ableitbar. Ebenso ist die Bestimmung der Phase, in der sich ein Produkt befindet, meist erst retrospektiv möglich. Die Verläufe werden zudem stark von Einflüssen wie Wettbewerber, Abnehmerverhalten, Kaufkraft oder Konjunktur geprägt. Es sind auch stark abweichende Verläufe bekannt – z. B. „unendliche" oder einphasige Verläufe.

Jedoch ist ein **praktischer Wert hinsichtlich der Schwerpunkte von Marketingaktivitäten** nicht abzustreiten. Für den Instrumenteneinsatz kann das Modell als Heuristik gesehen werden und daher Anregungen geben – nachfolgend einige Ansatzpunkte:

–   Einführung: Investition in Vertriebskanäle sowie Werbung und Verkaufsförderung zur Schaffung von Bekanntheit, Definition von Qualitätsstandards im Markt, Anreizmaßnahmen zum Auslösen von Erstkäufen.

–   Wachstum: Aufnahme differenzierter Kundenbearbeitung in den Kanälen, qualitative Verbesserungen, Maßnahmen zum Aufbau von Präferenzen, Einführung von Varianten.

–   Reife und Sättigung: Ausbau des Angebots von segmentspezifischen Varianten, Produktmodifikation, Maßnahmen zum Aufbau von Treue, Vorbereitung eines Relaunchs; Massiver Einsatz von Sondermodellen und Preisreduktionen. Eine Verlängerung der Sättigungsphase kann vor allem durch Maßnahmen zur Steigerung der Verwendungshäufigkeit (verbesserte Distribution, Änderung der Packungseinheiten), die Entwicklung neuer Verwendungsmöglichkeiten (neue Produkteignungen, neue Anwendungsspektren) oder die Gewinnung neuer Kunden (Abwerbung von Wettbewerb, Gewinnung bisheriger Nicht-Verwender) erreicht werden.

–   Degeneration: Einstellen aller produktbezogenen Maßnahmen. Migration der Kunden zu Folgeprodukten.

Mithilfe des Produktlebenszklus-Modells lassen sich je nach Entwicklungsphase einer Leistung im Markt entsprechende Schwerpunktsetzungen bei den Maßnahmen herausarbeiten.

12.2 Denkraster Dominanz-Standard-Modell

Im Dominanz-Standard-Modell werden Marketinginstrumente nach zwei Dimensionen kategorisiert: Die Wichtigkeit für einen Absatzerfolg (welche Bedeutung hat das Instrument für die Beeinflussung des Verhaltens) und die Freiheitsgrade bei der Ausgestaltung des Einsatzes der Instrumente (wie stark variierend wird das Instrument im Markt eingesetzt). Dadurch ergeben sich vier wesentliche Gruppen von Instrumenten (vgl. Abb. 58):

- Die **dominierenden Instrumente** haben eine ausgeprägte Relevanz für den Markterfolg. Sie bieten die Möglichkeit zur Differenzierung von Konkurrenzangeboten und bilden die Basis zum Aufbau von Wettbewerbsvorteilen. Zudem ist ihr konkreter Einsatz von den Anbietern im Markt unterschiedlich ausgestaltet (= hohe Freiheitsgrade) – die Art der Ausgestaltung ist letztlich sogar entscheidend über Kundengewinnung und -bindung. Freiheitsgrade bei der Ausgestaltung sollten hier also zwingend genutzt werden, auch unter erhebliche Ressourceneinsatz. Beispiel: Design und Passform bei Jeans.

- Auch **Standard-Instrumente** besitzen eine zentrale Bedeutung für den Markterfolg. Im Unterschied zu den dominierenden Faktoren haben sie jedoch keine Relevanz für die positive Differenzierung im Markt. Ein entsprechendes Augenmerk auf die Ausgestaltung lohnt sich hier demnach nicht, vielmehr sind marktübliche Umsetzungen zu wählen. Beispiel: Distribution oder Haltbarkeit bei Jeans.

- **Komplementäre Instrumente** sind Instrumente mit geringerer bis mittlerer Bedeutung für den Absatz, die zur Unterstützung der Wirkung der dominierenden Faktoren zum Einsatz kommen oder ein Maßnahmenpaket abrunden. Dabei existieren häufig Möglichkeiten (Freiheitsgrade) der Differenzierung, die jedoch keine wesentlichen Wettbewerbsvorteile erzeugen können. Beispiel: Facebook-Kampagne für eine Jeans-Marke.

- **Marginale Instrumente** haben keine oder unwesentliche Absatzbedeutung. Beispiel: Finanzierungsmöglichkeiten bei Jeans.

Die **Einordnung der Instrumente bzw. Maßnahmen** hat dabei jeweils konkret für die betrachtete Leistung und die Marktbedingungen und zwingend aus Marktsicht zu erfolgen. Dies kann auch mittels Skalen geschehen. Gründliche Kenntnisse über Marketingmaßnahmen der Wettbewerber sowie über Bedürfnisse und Kaufkriterien der (potenziellen) Kunden sind dafür elementar. Da sich diese Einordnungen im Zeitablauf verändern können, sind regelmäßige Wiederholungen zu empfehlen.

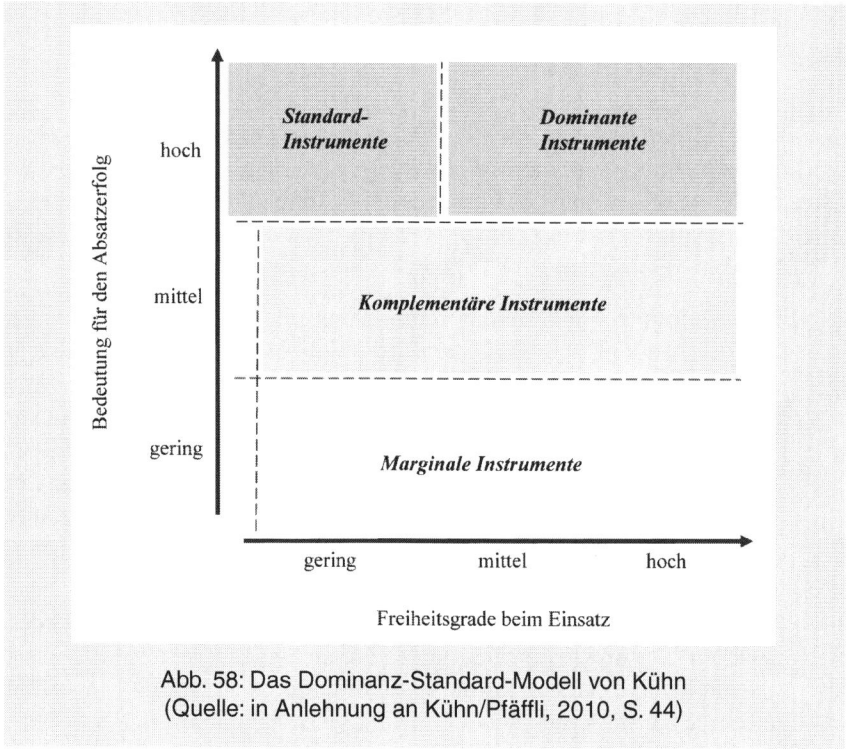

Abb. 58: Das Dominanz-Standard-Modell von Kühn
(Quelle: in Anlehnung an Kühn/Pfäffli, 2010, S. 44)

Ist eine solche Klassifizierung auf den Dimensionen erfolgt, sind damit automatisch die dominierenden Instrumente und die Standard-Instrumente herausgeschält. Analog Erfolgsfaktoren sollten die Instrumente dieser beiden Klassen **klar fokussiert und mit Ressourcenausstattung versehen** werden. Sie sind als marktspezifische Schlüsselfaktoren zu sehen.

> **Mit dem Dominanz-Standard-Modell können auf einfache Weise zu fokussierende Instrumente identifiziert werden.**

12.3 Denkraster Integrationsmatrix

Nach Esch (2006) handelt es sich bei der Integrierten Kommunikation um die inhaltliche und formale Abstimmung aller Kommunikationsmaßnahmen, um dadurch die von der Kommunikation erzeugten Eindrücke zu vereinheitlichen und zu verstärken. Dieser Gedanke kann auf den Einsatz aller Marketinginstrumente übertragen werden. Daraus ergibt sich ein hilfreiches Denkraster für die Gesamtkoordination des Instrumenten-Mix.

In generalisierter Anwendung des Gedankens sind **Kontaktpunkte und Zeit** wichtige Dimensionen, auf denen **inhaltliche sowie formale Aspekte von Maßnahmen** koordiniert werden sollten (vgl. Abb. 59).

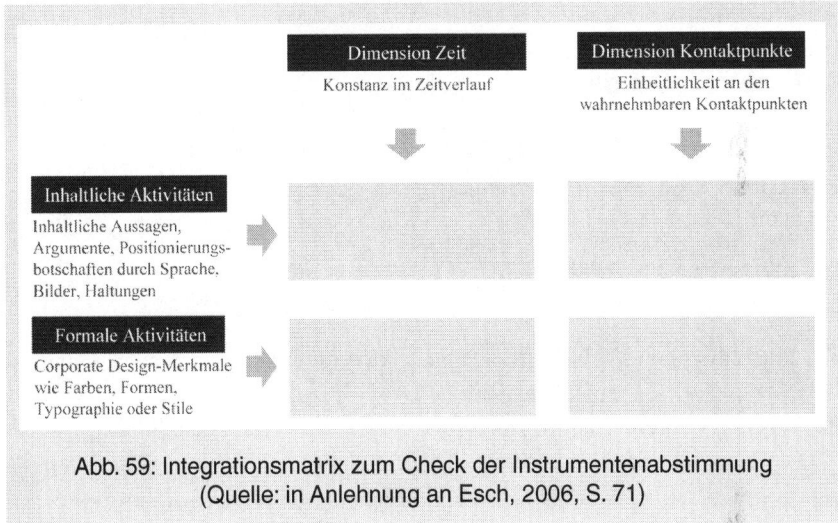

Abb. 59: Integrationsmatrix zum Check der Instrumentenabstimmung
(Quelle: in Anlehnung an Esch, 2006, S. 71)

Durch die Integration von Marketingmaßnahmen, also die gegenseitige Abstimmung aufeinander, soll ihre Wirkung verstärkt werden. Anders herum formuliert, werden damit Effizienzverluste verhindert. Notwendige Lernprozesse beim Adressaten der Maßnahmen werden letztlich unterstützt. Aus unternehmensinterner Sicht ist davon auszugehen, dass kostensenkende Synergien greifen.

Der Blick auf Dimensionen und Aktivitäten einer Integration entspricht im Grunde dem Gedanken eines integrierten Marketing-Mix. Andererseits ist diese leicht variierte Perspektive oftmals hilfreich, um **interne Checks** vorzunehmen. Dadurch kann auf einfache Weise darauf hingearbeitet werden, dass, a) Aktivitäten inhaltlich wie auch formal über die Zeit zueinander passen und b) die Aktivitäten auch über die Kontaktpunkte auf die gleiche Beeinflussungswirkung hinwirken können. Durch das Denkraster Integrationsmatrix wird die **Notwendigkeit einer permanenten Verprüfung der Stimmigkeit von Maßnahmen** herausgestellt. Speziell unterstützt dieses Denkraster auch bereichs- oder abteilungsübergreifende Betrachtungen.

Die Integrationsmatrix gibt einen Rahmen vor, um inhaltliche sowie formale Aspekte von Maßnahmen auf ihre Stimmigkeit über Kontaktpunkte und Zeit zu prüfen.

Literaturhinweise

Für die Darstellung zum Produktlebenszyklus sei verwiesen auf:

Homburg, C./Krohmer, H.: *Grundlagen des Marketingmanagements*, Wiesbaden 2009, S. 121–124.

Die Anwendung des Dominanz-Standard-Modells ist nachzulesen bei:

Kühn, R./Pfäffli, P.: *Marketing*, Kreuzlingen 2010, S. 42–45.

Zur Integration von Maßnahmen siehe die Anwendung anhand der Kommunikation von:

Esch, F.-R.: *Wirkung integrierter Kommunikation*, Wiesbaden 2006.

13   Aspekte der Budgetierung

Die Budgetfrage[52] im Marketing betrifft vor allem zwei Bereiche:

a) Die Höhe des Gesamtbudgets und

b) die Allokation des Budgets auf die Instrumente bzw. Maßnahmen, auch in zeitlicher Hinsicht.

Ziel der Budgetierung ist es, diejenige Höhe und Aufteilung zu finden, die den Beitrag des Marketings zum Unternehmenserfolg maximiert. Ausgangspunkt aus Sicht des Marketingbereichs sind die formulierten Marketingziele und die vorgesehenen Maßnahmen. Insgesamt geht von der Budgetierung eine große Bedeutung für die Steuerung und Kontrolle der operativen Marketingmaßnahmen aus. Formulierte Budgets stellen einerseits Leistungsvorgaben dar, andererseits sind sie Werkzeug für eine laufende Kontrolle von Effektivität und Effizienz des Mitteleinsatzes.

Das Marketing-Gesamtbudget
Eine grundsätzliche Möglichkeit ein Gesamtbudget zu bestimmen, ist das **Top-Down-Vorgehen**. Hierbei wird vom Top-Management ein Budget für die Wahrnehmung der Marketingaufgabe zugewiesen. Dabei erfolgt die Budgetableitung oft als **Prozent-vom-Umsatz-Methode**, das Marketingbudget wird also als fester Prozentsatz des angestrebten Umsatzes festgelegt[53], wobei sich die Anteiligkeit meist auf Vorjahreswerte bezieht. Problematisch wird daran gesehen, dass Kausalitäten umgedreht werden und sich ein Teufelskreis ergeben kann: Bei rückläufigen Umsätzen kann es durch dieses Vorgehen z. B. zu weniger statt mehr Werbemaßnahmen kommen, was im Extremfall einen negativen Trend noch verstärkt statt ihm entgegenzuwirken. Auch fehlt jede Ausrichtung an formulierten Zielen. Weithin verbreitete Vorgehensweisen sind außerdem die **Fortschreibung bisheriger Budgets**. Möglich sind zudem **wettbewerbsorientierte, finanzkraftorientierte** oder **marktanteilsbezogene Zugänge**.

Solche in der Praxis vorherrschenden Daumenregeln sind aus theoretischer Sicht fraglich, da sie die Wirkung von Marketingmaßnahmen und -instrumenten durch sogenannte Marktreaktionsfunktionen vernachlässigen und somit höchs-

---

52   Als Budget bezeichnet man einen wertmäßig (meist in EUR) bezifferten Planwert für die Ausgabenseite. Ein festes Budget wird auch als Etat bezeichnet.

53   Als grobe Richtlinie kann man von einem Wert zwischen 3 % und 5 % des Umsatzes ausgehen. Die Werte variieren jedoch nach Branche, Marktreife, Zielen und Marktorientierung des Unternehmens enorm. Bei Markteinführungen sind durchaus Anteile von ca. 20 % möglich.

tens zufällig zu einem gewinnoptimalen Einsatz der Marketinginstrumente führen (vgl. Gedenk/Skiera, 1993). Eine gewinnoptimale Planung des Marketing-Mix würde jedoch erfordern a) die Kenntnis der Marktreaktionsfunktion[54], b) die Beachtung von Interaktionseffekten zwischen den Marketing-Mix-Instrumenten und c) auch die Berücksichtigung dynamischer Effekte.

Alternativ kann auch ein **Bottom-Up-Vorgehen** gewählt werden. Bei diesem werden die erforderlichen Kosten von den Fachabteilungen zugeliefert, verdichtet und an das Top-Management gemeldet und abgestimmt. Dabei wird oft ein **ziel- und aufgabenbezogener Ansatz** gewählt. Bei diesem werden die Kosten für alle im Marketingplan vorgesehenen (und damit zur Erreichung der Marketing-Ziele notwendigen) Maßnahmen kalkuliert und zum notwendigen Budget aufaddiert. Es werden also die erwarteten Durchführungskosten berechnet. Üblich ist dabei auch die Hinterlegung von Auf- und Abschlägen oder Spannbreiten bei wesentlichen Maßnahmen, um einen Minimal- und Maximalkorridor darstellen zu können. Allerdings können auch hier zur Vereinfachung Methoden der **Fortschreibung** zum Einsatz kommen.

Häufig werden bei unternehmerischen Planungsprozessen Top-Down- und Bottom-Up-Vorgehensweise kombiniert und in mehreren Planungsrunden „verhandelt".

Bereits bei einer solchen ganzheitlichen Auseinandersetzung mit der Höhe des Marketing-Budgets sind Überlegungen zur Konzentration auf wichtige Maßnahmen (vgl. Abschnitt 12 sowie unten) und zur Konzentration auf die effizienteren Maßnahmen erforderlich.

Unabhängig von der Ermittlungsart können Marketingbudgets **flexibel oder starr** ausgestaltet sein. Flexible Budgets berücksichtigen unterschiedliche Budgethöhen und -verteilungen für alternative Planungsszenarien.

Allokation des Budgets auf die Instrumente
Für Überlegungen zur Aufteilung des Marketing-Budgets auf die Marketing-Instrumente bzw. -maßnahmen ist die Kenntnis des Wirkungsbeitrags der einzelnen Instrumente und Maßnahmen wesentlich.

Aus praktischer Sicht wird oftmals mehrstufig und rückgekoppelt vorgegangen. Zunächst werden im Rahmen der **Grobplanung** jene Instrumente und

---

54   Die Marktreaktionsfunktion beschreibt das Verhalten der Nachfragemenge in Abhängigkeit vom Einsatz der Marketing-Instrumente.

Maßnahmen identifiziert, die unverzichtbar sind (z. B. Betrieb des Online-Shops, Außendienst, Suchmaschinen-Marketing, …) und für diese entsprechende Teilbudgets hinterlegt („**Musts**"). Vom verbleibenden Budget werden dann jene Aktionen bedient, die im Hinblick auf ihre Zielwirkung am höchsten priorisiert wurden (vgl. Abschnitt 12) – in der Reihenfolge ihrer Priorisierung („**Shoulds**"). Auch diese werden zunächst mit grobgeplanten Budgetgrößen berücksichtigt. Es schließt sich eine **Feinplanung** an: Für die „Musts" und „Shoulds" sind jene konkreten Umsetzungen zu wählen, die die Zielerreichung wirtschaftlich, also effizient sichern (z. B. ist für die Aktion „Direktmarketing: Printmailing" die Umsetzungsform auszuwählen, die drucktechnisch, werbeproduktionstechnisch, postalisch und materialseitig die geringsten Kosten verursacht, um das gesetzte Direktmarketing-Ziel zu erreichen). Diese Kostenpositionen fließen dann in das Gesamtbudget ein, das sich dadurch wiederum leicht verändern kann. Aus der Zusammenstellung der Positionen und einer entsprechenden Gruppierung resultiert schließlich die Aufteilung des Budgets auf die einzelnen Marketing-Instrumente bzw. -maßnahmen.

Die Struktur des Marketingbudgets kann nach Branche und Marktreife sehr unterschiedliche Ausprägungen erfordern[55]. So können sich z. B. die Anteile für Ausgaben für Kommunikationspolitik am Marketinggesamtbudget im Modemarkt und im Pharmamarkt sehr deutlich voneinander unterscheiden.

Aus theoretischer Perspektive können für die Optimierung des Marketing-Mix das Dorfman-Steiner-Theorem[56] (vgl. dazu z. B. Schmalen, 1988) oder andere traditionelle Optimierungsansätze und Entscheidungsmodelle genutzt werden. Die Einsatzmöglichkeiten in der Praxis sind jedoch aufgrund erheblicher methodischer Schwierigkeiten und des sehr großen Aufwands eher beschränkt.

Das Prinzip des flachen Maximums
Tull et al. (1986) zeigten, dass das Maximum der Deckungsbeitrags-Funktion für das Instrument Werbung sehr flach verläuft. Diese Erkenntnis ist im Marketing als „flat maximum principle" bekannt geworden. Die wesentliche Aussage ist, dass eine Abweichung des Werbebudgets von bis zu ± 25 % von seinem optimalen Wert keinen bedeutsamen Einfluss auf den Deckungsbeitrag eines Unternehmens nimmt.

---

55   Wichtiger Einfluss sind natürlich zudem die Marketingziele.
56   Dorfman/Steiner (1954) haben einen marginalanalytischen Ansatz entwickelt, um die Optimalitätsbedingungen für die Kombination der absatzpolitischen Instrumente Preis, Produktqualität und Werbeaufwand bei im übrigen statischen Verhältnissen der wirtschaftlichen Umwelt zu formulieren.

Abb. 60 stellt den Zusammenhang für eine multiple Umsatzfunktion mit einer Werbeelastizität von 0,2 und einem Deckungsbeitrag von 40 % beispielhaft grafisch dar (nach Skiera, 1997).

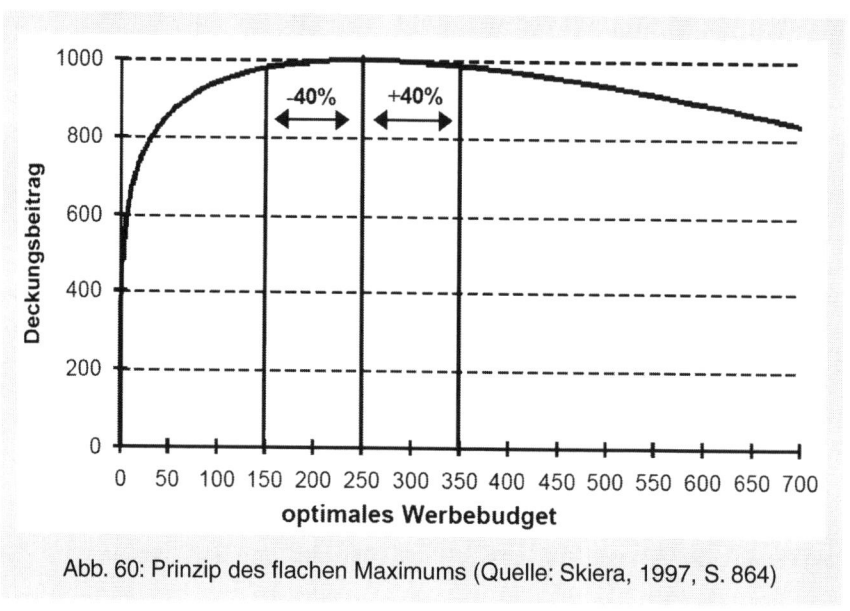

Abb. 60: Prinzip des flachen Maximums (Quelle: Skiera, 1997, S. 864)

Die optimale Budgethöhe liegt hier bei 250. Wird das Budget 40 % unter dem optimalen Wert bei einer Höhe von nur 150 angesetzt, führt dies im Vergleich zum Optimum zu einem 2,1 % niedrigeren Deckungsbeitrag. Ein um 40 % über dem Optimum liegendes Budget bewirkt ein um 1,3 % niedrigeren Deckungsbeitrag.

Solange das Optimum also nur „halbwegs getroffen wird", sind Abweichungen vom optimalen Budgetwert folglich nur mit einem geringen Deckungsbeitragsrisiko verbunden. Budgeterhöhungen sind danach sogar risikoärmer als Budgetsenkungen. Durch Budgetverringerungen kann im Grunde keine nennenswerte Steigerung des Deckungsbeitrags erreicht werden. Ansätze zur Deckungsbeitragsverbesserung ergeben sich daher eher aus einer Effizienzverbesserung beim Maßnahmeneinsatz und einer günstigen Verteilung des Budgets auf Maßnahmen denn aus der Festlegung der Gesamthöhe des Marketing-Budgets.

Skiera (1997) sowie Esch et al. (2010) betonen, dass es naheliegt, dass das Prinzip des flachen Maximums auf andere Marketinginstrumente übertragbar ist. Die Gültigkeit des Prinzips wurde bereits bei Berücksichtigung von Dynamik und Wettbewerb (Chintagunta, 1993) und für den Preis (Silver/ Tull, 1986) aufgezeigt.

Zeitliche Aufteilung des Budgets über das Geschäftsjahr
Neben der Verteilung des Budgets auf Instrumente, Maßnahmen, Marken, Produkte oder Kundengruppen ist auch eine zeitliche Zuordnung vorzunehmen.

Einen sehr vereinfachenden Ansatz für die zeitliche Zuordnung kann die **gleichmäßige Verteilung** des Gesamtbudgets auf die Monate darstellen. Sie sollte jedoch zumindest derart **nachjustiert** werden, dass saisonal (z. B. verkaufsstarke Phasen), wettbewerbsbezogen (z. B. Zeiträume hohen Werbedrucks) sowie marketingaktionsbedingt (z. B. Neueröffnungen oder Neueinführungen) notwendige Phasen mit höheren oder geringeren Ausgaben entsprechende Berücksichtigung finden.

Entsprechend kann auch eine **Verteilungsstruktur der Vorjahre fortgeschrieben**, also auf das zu budgetierende Jahr übertragen, werden. Die daraus resultierenden Werte sind als Vergleichswerte für die durchzuführende Budgetierung durchaus nutzbringend.

Einen praktikablen wie hinreichend genauen Zugang liefert die **Ableitung aus der operativen Marketingplanung**. Wie in Abschnitt 4.3 dargestellt, definiert der Marketingplan bereits die zu bestimmtem Zeitpunkten vorgesehenen Maßnahmen. Insofern resultiert auch ein zeitlicher Verlauf der Marketing-Aktivitäten. Sofern diese Maßnahmen mit Kosten hinterlegt sind, lässt sich daraus eine zeitliche Budgetstruktur ableiten.

Marketingbudgets haben eine erhebliche Wirkung für die Steuerung und Kontrolle im Marketing, wird durch sie doch die Allokation von Marketinganstrengungen erheblich bestimmt. Bei der Budgetierung stehen unterschiedliche Möglichkeiten der hierarchischen Abstimmung sowie einerseits praktisch gelebte (heuristische) und andererseits analytische Methoden zur Verfügung. Um Budgets mit der Marketingstrategie zu verbinden, sollten Höhe und Verteilung des Budgets grundsätzlich mit Bezug zu Marketingzielen festgelegt und flexibel formuliert werden.

Literaturhinweise

Aspekte der Budgetierung und Optimierung werden grob behandelt bei:

Kotler, P./Armstrong, G./Saunders, J./Wong, V.: *Grundlagen des Marketing*, München 2011, S. 195 ff.

Esch, F.-R./Herrmann, A./Sattler, H.: *Marketing. Eine managementorientierte Einführung*, München 2008, S. 359 ff.

Becker, J.: *Marketing-Konzeption: Grundlagen des ziel-strategischen und operativen Marketing-Managements*, München 2009, S. 768–814.

Mit dem Bugetierungs-Prozess im Marketing befassen sich näher:

Barzen, D.: *Marketing-Budgetierung*, Frankfurt am Main et al. 1990.

Piercy, N. F.: *The Marketing Budgeting Process – Marketing Management Implications*, in: Journal of Marketing, 1987, Vol. 51, No. 4, S. 45–59.

Eine gut nachvollziehbare Hinführung zur Modellierung und Herleitung des Marketing-Mix-Optimums findet sich bei:

Gedenk, K./Skiera, B.: *Marketing-Planung auf der Basis von Reaktionsfunktionen, Elastizitäten und Absatzreaktionsfunktionen*, Wirtschaftswissenschaftliches Studium, 1993, 22. Jg., S. 637–641 und

Gedenk, K./Skiera, B.: *Marketing-Planung auf der Basis von Reaktionsfunktionen – Funktionsschätzung und Optimierung*, Wirtschaftswissenschaftliches Studium, 1994, 23. Jg., S. 258–262.

14 Marketing-Organisation

Mit der Marketing-Organisation werden Fragen nach den struktur- und prozessbezogenen Regelungen beantwortet, die ein Marketing-Management erfordert. Es geht also einerseits um die Zuordnung von Aufgaben, Kompetenzen und Personen zu Stellen bzw. organisatorischen Einheiten und derer Weisungsbefugnisse untereinander (**Aufbauorganisation**) sowie andererseits um die raumzeitliche Gestaltung der Aufgabenerfüllung (**Ablauforganisation**).

Durch diese Regelungen werden Weichenstellungen für interne und kundenbezogene Koordinationsmechanismen vorgenommen, die eine hohe Relevanz für den Erfolg des Marketing-Managements haben. Dabei existiert keine universal gültige Lösung, die den Marketing-Erfolg garantiert, vielmehr geht man davon aus, dass es auf die jeweilige Konstellation von internen und Marktbedingungen ankommt (Konzingenz).

14.1 Aspekte der Aufbauorganisation

Der strukturelle Rahmen des Marketings kann nach funktions- oder objektorientierten Aspekten gegliedert sein – oder eine Kombination daraus darstellen.

- Eine **funktionale oder funktionsorientierte Marketingorganisation** fasst auf erster Gliederungsebene nach gleichartigen Aufgaben zusammen (vgl. Abb. 61). Es entstehen Funktionsbereiche wie Werbung, Media-Einkauf, Verkaufsförderung oder PR, die einer Marketingleitung unterstellt sind. Damit sind hinsichtlich des Personals hohe Spezialisierungseffekte möglich und durch die Bündelung gleichartiger Aufgaben können diese effizient mit Standardlösungen bedient werden. Allerdings erschwert es die Möglichkeiten, für bestimmte Kunden oder Regionen abweichende bzw. spezifische Lösungen anzubieten. Funktionale Formen haben also eher Vorteile bei Unternehmen mit einem vergleichsweise homogenen Produktprogramm. Die einzelnen Funktionen haben zudem eine eher geringe Marktnähe und stehen nicht in direkter Verantwortung für bestimmte Produkte oder Regionen. Auch deswegen erfordert dieser Organisationstypus oft einen hohen Koordinationsaufwand bei der vorgesetzten Instanz, die sicherstellen muss, dass die Teillösungen der einzelnen Funktionen eine insgesamt sinnvolle Marketinglösung ergeben.

- Eine **objektorientierte oder divisionale Marketingorganisation** strukturiert auf oberster Ebene nach Objekten. Objekte können dabei Zielgruppen, Regionen oder Produkte/Produktgruppen sein. So existieren unter der Marketingleitung dann beispielweise organisatorische Einheiten für die Produktgruppen „Pflege", „Nahrungsergänzung" und „Pharma" oder Einheiten für die Regionen „Nordamerika", „Europa", „Asien" und „Rest-of-the-World". Diese Form wird dann empfohlen, wenn starke Unterscheide zwischen den Ansprüchen der Objekte (z. B. zwischen den Regionen „Asien" und „Europa") bestehen, diese also spezifisch bedient werden müssen. Typische Ausprägungen sind das **Produktmanagement** (sämtliche Marketingaufgaben, die in Zusammenhang mit einem Produkt stehen, werden hier gebündelt), das **Key-Account-Management** bzw. Kundenmanagement (Marketingaufgaben werden nach Kundeninteressen gebündelt und dann zentral koordiniert, z. B. nach Privat- oder Geschäftskunden bei einer Bank) oder das **Regionenmanagement** (hier werden sämtliche Marketingaufgaben, die in Zusammenhang mit einer Region stehen, gebündelt). Oft existieren auf der zweiten Gliederungsebene dann funktionale Strukturen (also nach Marktforschung, Werbung, Verkauf, etc.). Vorteile einer Objektorientierung liegen in der größeren Markt- und Kundennähe mit entsprechend besseren Anpassungsmöglichkeiten auf unterschiedliche Bedürfnisse oder veränderte Situationen. Zudem fördert die realisierbare Ergebnisverantwortung Motivation und Initiative der Mitarbeiter. Allerdings bestehen Nachteile, da viele Aufgaben doppelt erfüllt werden müssen (z. B. Marktforschung bei Region „USA" und „Europa") und somit Effizienzgewinne ungenutzt bleiben müssen. Weiterhin wird die Ausbildung von Egoismen in den Bereichen und mangelnder Austausch zwischen ihnen negativ diskutiert. Auch sind die verantwortlichen Manager tendenziell eher Universalist denn Spezialist.

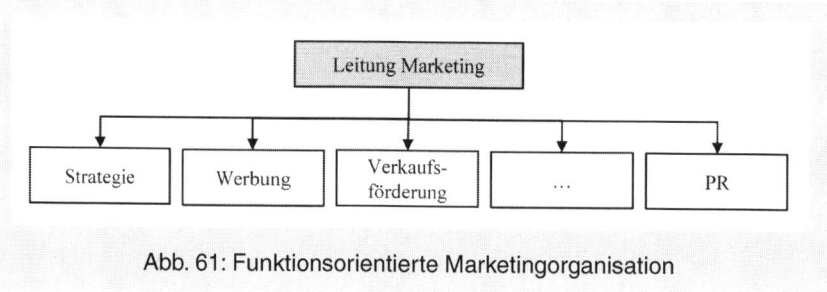

Abb. 61: Funktionsorientierte Marketingorganisation

- **Matrixsysteme** gliedern auf der obersten Ebene gleichzeitig nach zwei Kriterien, z. B. nach Regionen und Funktionen (vgl. Abb. 62). In diesem Fall kann also weder der Regionenmanager noch der Vertriebsmanager für sich allein entscheiden, sondern sie müssen gemeinsam eine tragbare Lösung verhandeln. Nachteilig können sich hier v. a. Konflikte und längere Entscheidungszeiten auswirken, jedoch unterstützt diese Struktur die Qualität von Entscheidungen, da jeweils unterschiedliche Expertise zusammenwirkt.

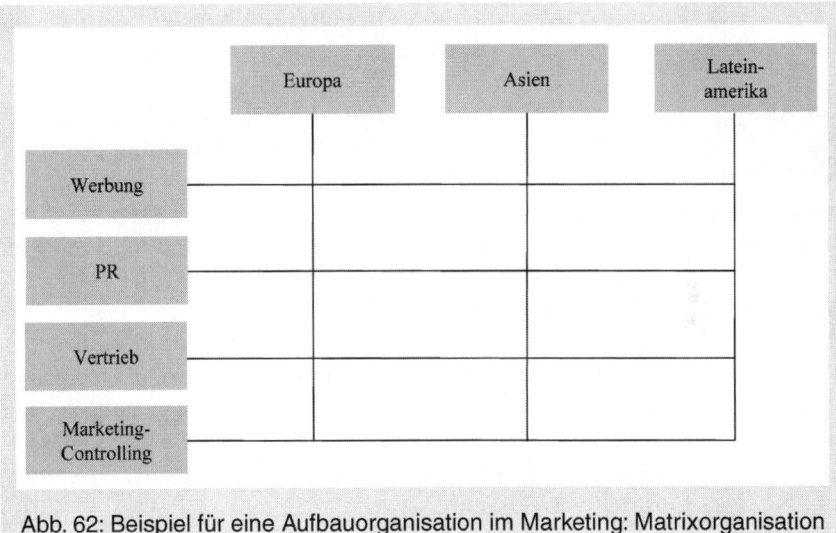

Abb. 62: Beispiel für eine Aufbauorganisation im Marketing: Matrixorganisation

Einlinie vs. Mehrlinie
Nach der Struktur der Weisungsbeziehungen lassen sich weiterhin (als zweite Dimension) Einlinien- und Mehrliniensysteme unterscheiden. Bei **Einliniensystemen** existiert für eine organisatoreische Einheit, z. B. eine Stelle, jeweils nur eine vorgesetzte Instanz. Dies führt zu Klarheit und geringen Kompetenzüberschneidungen. Oftmals resultieren jedoch längere Instanzenwege. Bei **Mehrliniensystemen** existieren Mehrfachunterstellungen. Dies ermöglicht, sich an mehreren Objekten gleichzeitig auszurichten und damit höhere Flexibilität und Entscheidungsgeschwindigkeit, jedoch kämpfen Mehrliniensysteme mit Unklarheiten und Unsicherheiten bei Kompetenzen und Entscheidungen, die letztlich oft zu sehr hohem Koordinationsaufwand führen.

Die grundsätzliche Marketing-Orientierung eines Unternehmens drückt sich letztlich also auch in der **Verankerung der Marketingaufgaben in der Aufbauorganisation** aus. Dabei existiert ein Spektrum von Ausprägungen. Auf der einen Seite existieren Formen, die Marketing als rein verkaufsunterstützende Aufgabe ansehen und entsprechend Marketing organisatorisch als eine Unterabteilung des Verkaufs eingliedern. Am anderen Ende des Spektrums stehen Ausprägungen, die Marketing auf oberster Ebene als Vorstands- oder Geschäftsführer-Ressort verankern.

14.2 Aspekte der Ablauforganisation

Neben den Strukturaspekten sind bei der Marketingorganisation auch Punkte der marketingbezogenen Arbeitsprozesse relevant. Dabei geht es um die Koordination der Prozesse **innerhalb und zwischen Abteilungen** sowie auch um die Koordination **mit externen Partnern** (z. B. einer Kreativagentur).

Zur Analyse und Prozessdefinition werden in der Regel **Geschäftsprozessanalysen** vorgenommen, die sich u. a. der **Wertkettenbetrachtung** bedienen. Wertketten sind Abbilder oder Modelle des unternehmerischen Leistungsprozesses. Bekannt ist hierzu die Wertkettendarstellung nach Porter (z. B. 2008), der zwischen primären (diese haben direkt mit der Erstellung der Leistung zu tun) und sekundären (unterstützenden) Aktivitäten unterteilt (vgl. hierzu auch Abschnitt 7.1). Die einzelnen Kettenglieder werden dabei nach Kosten- und Ertragsaspekten optimiert, zudem aber auch der Gesamtumfang und die Struktur der Wertkette an sich. Weiterhin werden **Schnittstellen**, also Übergänge zwischen den einzelnen Gliedern und zur Umwelt, identifiziert und für eine Optimierung zugänglich. Letzteres kann z. B. die standardisierte Übergabe notwendiger Informationen, die Entwicklung von Kontrollgrößen oder die Durchsetzung einer konstruktiven Zusammenarbeit umfassen.

Organisatorische Fragen sind von hoher Bedeutung für den Erfolg des Marketings. Dabei existiert nicht DIE optimale Organisation, vielmehr hängt die Wahl der optimalen Ausgestaltung von einer Mehrzahl von Einflussgrößen ab.

Literaturhinweise

Zusammenfassende Betrachtungen zu Fragen der Marketing-Organisation finden sich bei:

Esch, F.-R./Herrmann, A./Sattler, H.: *Marketing. Eine managementorientierte Einführung*, München 2001, S. 421–436.

Scharf, A./Schubert, B./Hehn, P.: *Marketing – Einführung in Theorie und Praxis*, Stuttgart 2009, S. 36–46.

Handliche Grundlagen zur Organisation insgesamt bietet:

Klimmer, M.: *Unternehmensorganisation*, Herne 2007.

15 Ansatzpunkte der Marketing-Kontrolle

15.1 Grundbegriffe der Marketing-Kontrolle

Die Marketing-Kontrolle ist die abschließende und rückkoppende Stufe des Marketing-Management-Prozesses (vgl. Abschnitt 4).

Die Kontrolle kann zum einen aus der Perspektive einer **strategischen Kontrolle** vorgenommen werden. Dabei geht es darum, potenzielle Abweichungen möglichst vorab zu antizipieren, um sich rechtzeitig auf neue Konstellationen einstellen zu können bzw. diese aktiv gestalten zu können. Als „gerichtete" Kontrolle kann sich eine strategische Kontrolle dabei auf die Hinterfragung getroffener Annahmen und hinterlegte Planungsprozesse und daraus abgeleitete Ziele oder Strategien beziehen. Daneben wird sie zudem oft zusätzlich „ungerichtet" ausgestaltet. Hier sind insbesondere Systeme der strategischen Frühaufklärung relevant. Sie zielen darauf ab, schwache Signale („weak signals") im Umfeld des Unternehmens zu erkennen und zu analysieren, um frühzeitig auf Veränderungen im Marktumfeld aufmerksam zu werden (vgl. Abschnitt 7.2). Dies wiederum sichert für Unternehmen den notwendigen zeitlichen Vorlauf, um sich aufkommende Chancen nutzbar zu machen bzw. sich strategisch anders auszurichten, um Gefahren zu begegnen.

	Gerichtet „Spot"	Ungerichtet „Radar"
Strategisch	• Prüfung von Planungsprämissen, Ziele, Strategien • Identifizierung von kritischen oder Erfolgsfaktoren • Überwachung dieser kritischen oder Erfolgsfaktoren	• Weak Signals • Frühwarnsysteme • Trendforschung • Szenarioanalyse • …
Operativ	• Erreichung der Teilziele, Effizienz der Zielerreichung • Plan-Ist-Abgleich • DB-Analysen • Zufriedenheitsanalysen • Kundenwert-Analysen • …	

Abb. 63: Ebenen und Formen der Marketing-Kontrolle

Zum anderen kann sich die Kontrolle auch auf die eigentliche Zielerreichung und die Effizienz dieser Zielerreichung fokussieren. Damit ist die **operative Ebene** angesprochen, auf die mit dem Begriff der Marketing-Kontrolle meist

Bezug genommen wird. Mit ihr wird die Erreichung der Marketing-Ziele oder der Marketing-Teilziele ebenso regelmäßig überprüft wie der Beitrag des Instrumenteneinsatzes zur Zielerreichung. Marketing-Kontrolle setzt daher stets voraus, dass messbare Marketing-Ziele definiert wurden. Insofern spielen Kennzahlen zur vorökonomischen Größen, zu Marktanteilen, Nutzern, Marktreaktionen sowie Rentabilitäten von Produkten, Segmenten, Kunden, Vertriebswegen oder Märkten eine wesentliche Rolle. Die operative Marketing-Kontrolle erfolgt stets „gerichtet" (vgl. Abb. 63).

15.2   Kernaspekte der operativen Marketing-Kontrolle

Bei der operativen Marketing-Kontrolle geht es um die Überprüfung, ob a) die gesetzten Ziele durch die die Marketing-Maßnahmen erreicht wurden und b) die Ansprüche an die Effizienz der Zielerreichung erfüllt wurden (Soll-Ist-Abgleich). Daraus ergeben sich Hinweise für eine Anpassung der weiteren Marketingplanung, zugleich werden Lerneffekte für den neuen Planungszyklus möglich.

Ausgangspunkt für die Überprüfung ist der formulierte Marketing-Plan, in dem alle Maßnahmen, die zur Zielerreichung unternommen wurden, mit den zugeordneten Budgets dargestellt sind. **Anhand des Plans werden die Differenzen zwischen geplanten und tatsächlich eingetretenen Wirkungen und Kosten ermittelt und Abweichungsursachen analysiert.**

Zum Beispiel ergeben sich bei Position 2 („Neuer Vertriebskanal Onlineshop") des in Abb. 64 exemplarisch dargestellten Plans Abweichungen zwischen Soll und Ist: Die angestrebte Wirkung wurde nicht vollständig erreicht (Marktanteilssteigerung nur 2,3 statt 2,5 Prozentpunkte), und das geplante Budget musste aufgrund ungeplanter Tests um 0,2 Mio. EUR überschritten werden.

Derartige Soll-Ist-Vergleiche werden in der Regel um tiefergehende Analysen der (produkt- oder kundenbezogenen) **Deckungsbeitrags-Rechnung** ergänzt. Bei dieser werden zunächst nur jene Kosten betrachtet, die vom Ausbringungs-/Einsatzgrad des Kalkulationsgegenstand (Kunde, Produkt) beeinflusst werden (variable Kosten). Die Differenz zwischen Erlösen und variablen Kosten (Deckungsbeitrag) dient zur Deckung der fixen Kosten. Insbesondere aus dem **Vergleich der Plan- und Ist-Größen des Deckungsbeitrags** lassen sich Rückschlüsse ziehen. Oft ist dazu auch die **Zerlegung von Abweichungen in Preis- und Mengeneffekte** erforderlich.

Maßnahme PLAN	Wirkungen PLAN	Budget PLAN	Kosten IST	Wirkungen IST	Kommentar
Facebook-Kampagne	Erhöhung der passiven Bekanntheit bei 12- bis 18-Jährigen um 1%	0,23 Mio. EUR	0,22 Mio. EUR	Erhöhung der passiven Bekanntheit bei 12- bis 18-Jährigen um 1,1%	Geplante Wirkung wurde im Budgetrahmen erreicht.
Neuer Vertriebskanal Onlineshop	Steigerung des Marktanteils um 2,5 Prozentpunkte	2,50 Mio. EUR	2,69 Mio. EUR	Steigerung Marktanteil um 2,3 Prozentpunkte	Marktanteils-Ziel fast erreicht. Budget um 0,2 Mio. EUR überschritten, da zus. Tests notwendig.
...	...	...	...	...	...
Direkt-Mailing	Gewinnung von 700 Neukunden	0,05 Mio. EUR	0,05 Mio. EUR	Gewinnung von 600 Neukunden	Keine Budgetabweichung. Responsquote geringer als Plan, da zeitgleich massive Wettbewerbswerbung.

Abb. 64: Marketing-Plan als Grundlage für die Kontrolle

Nutzung von Kennzahlen

Im Fokus der Marketing-Kontrolle stehen typischerweise **Kennzahlen**. Dabei handelt es sich um Zahlenwerte, die in konzentrierter Form Auskunft über zahlenmäßig erfassbare Tatbestände geben. Beispielsweise sind in der Marketingpraxis folgende charakteristisch, um den Marketingprozess mittels stetigen Kennzahlenabgleichs zielgerichtet zu steuern:

- **Umsatzrentabilität**: Gewinn / Umsatz

- **Umsatzwachstumsrate**: $(Umsatz_{t1} - Umsatz_{t0}) / Umsatz_{t0}$

- **Marketingkostenrate**: Marketingkosten / Umsatz

- **Umsatz pro Kunde**: Umsatz / Anzahl Kunden

- **DB pro Kunde**: DB / Anzahl Kunden

- **Kundenzufriedenheitsindex**: Zufriedenheitswerte der Kunden mit einzelnen Leistungskriterien, die entsprechend einer errechneten Wertigkeit gewichtet und zu einem Wert zusammengeführt werden

- **Conversion-Rate**: Anteil der Besucher eines Shops, der einen Kauf tätigt; entspricht der Umwandlungsrate von Besuchern in Kunden

Spezifische Kennzahlen

Weiterhin existiert eine Reihe von Kennzahlen, die auf spezifische Bereiche von Marketing-Maßnahmen zugeschnitten sind. Ausgewählte seien nachfolgend knapp angesprochen:

A. Produkt- und Sortimentspolitik

- **Programmstruktur**: Nach Produktalter, Umsatz und Kundenstruktur komprimierte Stati zum gesamten Sortiment oder zu Sortimentsbereichen

- **Produktlebenszyklusstatus**: Einordnung in die Phasen des Produktlebenszykluskonzepts (vgl. Abschnitt 9), um Ableitungen zu Soll- und Ist-Größen der Marketing-Kontrolle zu erhalten

- **Produkt-DB**: absoluter und relativer Deckungsbeitrag eines Produktes oder einer Produktgruppe

B. Preispolitik

- **Durchschnittspreis**: Mittelwert der realisierten Verkaufspreise für ein Produkt oder eine Warengruppe

- **Spanne**: Verkaufspreis – Einstandspreis

- **Preiselastizitäten**

C. Kommunikationspolitik

- **aktive und passive Bekanntheit**

- **Ausprägung von Imagefaktoren**

- **Werbekostenrate**: Werbekosten / Umsatz

- **Cost per Lead**: Aktionskosten / Anzahl generierter Kontaktadressen („Leads")

- **Clickrate bzw. Resposerate**: Wahrscheinlichkeit der Reaktion auf eine Online- oder Direktmarketingmaßnahme

- **Cost per Click bzw. Reagierer**: Aktionskosten / Anzahl Visits bzw. Reagierer

- **Medienresonanz**: quantitative und qualitative Bedeutung der Medienberichterstattung („Clippings")

D. Distributionspolitik

- **Distributionsgrad (gewichtet):** Umsatz der mit dem Produkt belieferten Verkaufsstellen mit dem Produkt / Umsatz aller Verkaufsstellen mit dieser Warengruppe

- **Lieferserviceniveau**: Zielerreichungsgrad des angestrebten Lieferservices
- **Termintreue**: Anteil der Lieferungen bzw. Leistungen, die termingerecht erbracht wurden
- **Retourenquote**: Anteil der Produkte, die von Käufer zurückgesandt wurden
- **Prozesskosten der Distribution**

Um die notwendige Konzentration auf wenige zentrale, hochgradig erfolgsrelevante Kennzahlen zu sichern, geht man dazu über, sogenannte **Key-Performance-Indicators (KPIs)** zu definieren. Sie sind definiert als Schlüsselkennzahlen, die den Erfüllungsgrad besonders wichtiger Zielsetzungen oder kritischer Faktoren widerspiegeln. Wichtige KPIs für einen Onlineshop sind zum Beispiel der durchschnittliche Bestellwert, die Abbruchrate im Bestellprozess, die Anzahl von Seitenaufrufen oder der Anteil wiederkehrender Besucher an allen Besuchern.

Nachteile der Fixierung auf einseitige Kennzahlensysteme und einem damit einhergehenden Mangel an ganzheitliche Bewertung von Aktivitäten hinsichtlich der Kongruenz zur Unternehmensstrategie, versucht man durch den Ansatz der **Balanced Scorecard** zu überwinden. Dabei handelt es sich im Grundmodell um ein Konzept der Messung und Steuerung von Unternehmensaktivitäten anhand flexibel formulierbarer Parameter der vier Perspektiven Finanzen, Kunden, Prozesse und Lernen/Entwicklung. Marketinggrößen kommen dabei explizit in der Kundenperspektive zum Einsatz (speziell auch als vorökonomische Größen), spielen aber auch in der Lernen-Perspektive eine Rolle.

Kundenwert

Unverzichtbarer Bestandteil einer Marketing-Kontrolle ist eine Erfassung und der zeitraumbezogene Vergleich des **Kundenwerts**. Der Kundenwert drückt aus, welche Bedeutung ein Kunde bzw. eine Kundengruppe für die Erreichung der monetären und nichtmonetären Ziele des Anbieters hat. Zur Erfassung existieren diverse, quantitative als auch qualitative Verfahren. Als prospektives und quantitatives Verfahren hat der **Customer-Lifetime-Value (CLV)** eine große Bedeutung. Nach dem Prinzip der dynamischen Investitionsrechnung wird dabei ein Barwert einer Kundenbeziehung ermittelt, also der Gegenwartswert der Zahlungsüberschüsse aus der Kundenbeziehung. Wenn Kunden im Hinblick auf ihren Kundenwert bekannt sind, lassen sich a) Marketingmaßnahmen wirtschaftlich sinnvoll zuordnen und b) Marketingmaßnahmen ökonomisch nachvollziehbar darstellen.

Die Marketing-Kontrolle ist unverzichtbarer Bestandteil des Marketing-Managements. Sie dient der permanenten Überprüfung der Marketing-Stoßrichtung und der Marketing-Maßnahmen. Solche Feedbacks ermöglichen das Lernen bezüglich Kunden, Wettbewerb und eigener Effektivität und Effizienz.

Literaturhinweise

Ein guter Überblick zur Marketing-Kontrolle findet sich bei:

Meffert, H./Burmann, C./Kirchgeorg, M.: *Marketing – Grundlagen marktorientierter Unternehmensführung*, Wiesbaden 2011, S. 821–862.

Auf Besonderheiten der Kontrolle kurzfristiger Aktionsmaßnahmen geht ein:

Gedenk, K.: *Verkaufsförderung*, München 2002.

Umfassend wird das Thema behandelt im Sammelband:

Reinecke, S./Tomczak, T. (Hrsg.): *Handbuch Marketingcontrolling*, Wiesbaden 2006.

Wiederholungs- und Übungsaufgaben

Zu: Idee und Ansatzpunkte des Marketings

1. Rekapitulieren Sie aus den Unterlagen Ihrer BWL-Einführungsveranstaltung die Bereiche zum Thema Absatz.

2. Wie wird nach modernem Verständnis der Begriff Marketing gesehen?
   ‣ *Lösungshinweis: Siehe dazu Abschnitt 1.1.*

3. Warum wird die Kundenorientierung oft als Kern des Marketings gesehen?
   ‣ *Lösungshinweis: Siehe dazu Abschnitt 1.1.*

4. „Marketing ist ein Unternehmensführungskonzept." Nehmen Sie Stellung zu dieser Aussage.
   ‣ *Lösungshinweis: Siehe dazu Abschnitt 1.1.*

5. Finden Sie Beispiele für Unternehmen, die Ihrer Meinung nach sehr marketingorientiert vorgehen. Begründen Sie Ihre Auswahl. Versuchen Sie, die Marketingorientierung anhand der Marktsituation der Unternehmen zu erklären.
   ‣ *Lösungshinweis: Siehe dazu Abschnitte 1.1 und 2.2.*

6. Welche Forschungsrichtungen werden im Marketing unterschieden? Was kennzeichnet diese?
   ‣ *Lösungshinweis: Siehe dazu Abschnitt 1.3.*

7. Was ist der Unterschied zwischen Marktvolumen und Marktpotenzial?
   ‣ *Lösungshinweis: Siehe dazu Abschnitt 1.2.*

8. Gehen Sie auf die Website zum Buch „Grundlagen des Marketings" von Kotler et al. (http://www.pearson-studium.de/9783868940145.html), klicken Sie auf den Reiter „CWS Student", um zu den Materialien für Studierende zu gelangen, und bearbeiten Sie die Video-Fallstudie „Birmingham".

Zu: Umfeld des Marketinghandelns

1. Erläutern Sie die wesentlichen Elemente des Mikro-Umfelds eines Unternehmens.
   ‣ *Lösungshinweis: Siehe dazu Abschnitt 2.1 und 2.2.*

2. Warum sollte ein Unternehmen die wichtigen Umfeldelemente kennen, analysieren und regelmäßig betrachten?
   ‣ *Lösungshinweis: Siehe dazu Abschnitt 2.1.*

3. Was passiert in einer Ansprüche- und Kräfteanalyse?
   ‣ *Lösungshinweis: Siehe dazu Abschnitt 2.4.*

4. Skizzieren Sie die Ansprüche- und Kräftesituation für das ihnen nächstgelegene Outlet der Coffeeshop-Kette Starbucks.

 ▸ *Lösungshinweis: Siehe dazu Abschnitt 2.4.*

5. Inwiefern hat die Technologie Einfluss auf das Marketinghandeln eines Unternehmens? Geben Sie Beispiele für Ihre Befunde.

 ▸ *Lösungshinweis: Siehe dazu Abschnitt 2.3.*

Zu: Grundaspekte des Käuferverhaltens

1. Was besagt das SOR-Modell?

 ▸ *Lösungshinweis: Siehe dazu Abschnitt 3.2.*

2. Beschreiben Sie das Konstrukt Involvement. Warum ist es im Marketing so bedeutend?

 ▸ *Lösungshinweis: Siehe dazu Abschnitt 3.3.*

3. Was ist der Unterschied zwischen energetischen und kognitiven Prozessen beim Menschen? Wie wirken diese zusammen? Was bedeutet dies für das Marketing?

 ▸ *Lösungshinweis: Siehe dazu Abschnitt 3.3.*

4. Wo spielt das C/D-Paradigma eine große Rolle? Was besagt es? Was können Sie daraus für die Beeinflussung von internen Prozessen und Zuständen sowie das Verhalten von Kunden ableiten?

 ▸ *Lösungshinweis: Siehe dazu Abschnitt 3.3.3.2.*

5. Welche Typen von Kaufentscheidungen werden unterschieden? Wonach werden diese eingeteilt? Beobachten Sie Käufe bei sich selbst und analysieren Sie diese anhand dieser Einteilung.

 ▸ *Lösungshinweis: Siehe dazu Abschnitt 3.4.*

Zu: Kernelemente organisationalen Kaufverhaltens

1. Was unterscheidet professionelles von privatem Kaufverhalten?

 ▸ *Lösungshinweis: Siehe dazu Abschnitt 3.5.*

2. Beschreiben Sie das Konzept des Buying-Centers.

 ▸ *Lösungshinweis: Siehe dazu Abschnitt 3.5.*

3. Welche Rollen im Buying-Center kennen Sie? Wie sind diese definiert?

 ▸ *Lösungshinweis: Siehe dazu Abschnitt 3.5.*

4. Was besagt das Buygrid-Modell? Was würden Sie daran kritisieren?

 ▸ *Lösungshinweis: Siehe dazu Abschnitt 3.5.*

5. Was ist das Consideration Set? Konstruieren Sie ein begründetes Beispiel für im Consideration Set enthaltene Marken beim Kauf von Druckern a) im privaten und b) im organisationalen Kontext.
> *Lösungshinweis: Siehe dazu Abschnitt 3.4.*

Zu: Marketing-Management

1. Zeichnen Sie ein Schaubild, das den Marketing-Management-Prozess wiedergibt. Erläutern Sie die einzelnen Schritte.
> *Lösungshinweis: Siehe dazu Abschnitt 4.1.*

2. Erklären Sie den Unterschied zwischen Marketing-Zielen, Marketing-Strategien und Marketing-Maßnahmen.
> *Lösungshinweis: Siehe dazu Abschnitt 4.2f.*

3. Was beinhaltet ein Marketing-Plan? Arbeiten Sie einen fiktiven, aber konkreten Marketing-Plan für das Anti-Schmerzmittel „Aspirin Effect" aus.
> *Lösungshinweis: Siehe dazu Abschnitt 4.4.*

4. Welche Bereiche werden im 4-P-Ansatz unterschieden, welche im 7-P-Ansatz? Welche Instrumente/Maßnahmen sind jeweils zu den Bereichen zugehörig?
> *Lösungshinweis: Siehe dazu Abschnitt 4.3.*

5. Welche Anforderungen stellen Sie an eine Marketing-Konzeption?
> *Lösungshinweis: Siehe dazu Abschnitt 4.4.*

Zu: Marktforschung

1. Erläutern Sie die Vorteile der Fremdforschung.
> *Lösungshinweis: Siehe dazu Abschnitt 5.1.*

2. Als Junior-Marketing-Manager sollen Sie eine Marktforschungsstudie durchführen. In welchen Schritten gehen Sie vor?
> *Lösungshinweis: Siehe dazu Abschnitt 5.1.*

3. „Die Daten können wir mittels Experiment erheben." Was ist falsch an dieser Aussage?
> *Lösungshinweis: Siehe dazu Abschnitte 5.2 und 5.4.*

4. Welche Gütekriterien kennen Sie im Kontext der Marktforschung? Wie sind diese definiert?
> *Lösungshinweis: Siehe dazu Abschnitt 5.6.*

5. Entwickeln Sie ein Mindmap, in dem Sie die wichtigsten Auswertungsmethoden darstellen und charakterisieren.
> *Lösungshinweis: Siehe dazu Abschnitt 5.7.*

Zu: Marketing-Ziele

1. Ziele sollen operational formuliert sein. Was bedeutet das?
  ‣ *Lösungshinweis: Siehe dazu Abschnitt 6.*

2. Was ist die Zielpyramide eines Unternehmens? Welche Rolle spielen in ihr ökonomische und vorökonomische Ziele?
  ‣ *Lösungshinweis: Siehe dazu Abschnitt 6.*

3. Was unterscheidet potenzialbezogene, markterfolgsbezogene und wirtschaftliche Marketingziele?
  ‣ *Lösungshinweis: Siehe dazu Abschnitt 6.*

4. Nennen Sie Beispiele für Zielkonflikte im Marketing.
  ‣ *Lösungshinweis: Siehe dazu Abschnitt 6.*

5. Lesen Sie bei Becker 2009 nach, welche Möglichkeiten zum Umgang mit Zielkonflikten bestehen.

Zu: Marketing-Strategien

1. Welche Funktion erfüllen Marketing-Strategien?
  ‣ *Lösungshinweis: Siehe dazu Abschnitt 7.*

2. Wie und mit welchen Modellen können Sie die externe Situation eines Unternehmens analysieren?
  ‣ *Lösungshinweis: Siehe dazu Abschnitt 7.2.*

3. Was bedeutet Benchmarking?
  ‣ *Lösungshinweis: Siehe dazu Abschnitt 7.2*

4. Warum wird die SWOT-Analyse zum Teil heftig kritisiert?
  ‣ *Lösungshinweis: Siehe dazu Abschnitt 7.2.*

5. Welche wettbewerbsbezogenen Strategien werden unterschieden?
  ‣ *Lösungshinweis: Siehe dazu Abschnitt 7.3.*

6. Erläutern Sie detailliert die Ansoff-Matrix. Nutzen Sie dabei Beispiele zur Veranschaulichung.
  ‣ *Lösungshinweis: Siehe dazu Abschnitt 7.3.*

7. Was sind Vor- und Nachteile der Segmentierungsstrategie? Was versteht man unter Segmentierung?
  ‣ *Lösungshinweis: Siehe dazu Abschnitt 7.3.*

8. Woran erkennen Sie, ob ein Unternehmen eine Preis-Mengen-Strategie verfolgt?
  ‣ *Lösungshinweis: Siehe dazu Abschnitt 7.3.*

Zu: Produktpolitik

1. Wie stehen Kernprodukt und Grundnutzen zueinander?
   › *Lösungshinweis: Siehe dazu Abschnitt 8.1*

2. Welche Bereiche der Produktgestaltung kann man unterscheiden?
   › *Lösungshinweis: Siehe dazu Abschnitt 8.2.*

3. Wie stellt sich der Innovationsprozess dar? Warum ist nicht jedes Neuprodukt eine Innovation?
   › *Lösungshinweis: Siehe dazu Abschnitt 8.3.*

4. Was versteht man unter der Positionierung einer Marke? Stellen Sie Vermutungen über die Soll-Positionierung von IKEA an.
   › *Lösungshinweis: Siehe dazu Abschnitt 8.5.*

5. Was sind Markendehnungen? Nennen Sie Beispiele für erfolgreiche und nicht erfolgreiche Markendehnungen.
   › *Lösungshinweis: Siehe dazu Abschnitt 8.5.*

Zu: Distributionspolitik

1. Was ist ein Distributionsweg?
   › *Lösungshinweis: Siehe dazu Abschnitt 9.2.*

2. Warum unterstellt man Distributionsentscheidungen oft eine langfristige Wirkung?
   › *Lösungshinweis: Siehe dazu Abschnitt 9.*

3. Worin unterscheiden sich indirekte und direkte Absatzwege?
   › *Lösungshinweis: Siehe dazu Abschnitt 9.2.*

4. Charakterisieren Sie wesentliche Distributionsorgane.
   › *Lösungshinweis: Siehe dazu Abschnitt 9.3.*

5. Wie kann man ein Verkaufsgespräch strukturieren?
   › *Lösungshinweis: Siehe dazu Abschnitt 9.4.*

6. Charakterisieren Sie anhand der erlernten Begriffe und Zusammenhänge das Vertriebssystem vom Puma. Was würden Sie daran verbessern – warum? Was bewerten Sie positiv – warum?

Zu: Kommunikationspolitik

1. Welche Anforderungen an die Umsetzung von Kommunikation bestehen? Warum?
   › *Lösungshinweis: Siehe dazu Abschnitt 10.1.*

2. Ihr Kollege aus der Produktion fragt Sie, was denn eigentlich ein Kommunikationskonzept sei. Erklären Sie ihm die Inhalte eines Kommunikationskonzeptes.
   ‣ *Lösungshinweis: Siehe dazu Abschnitt 10.1.*

3. Was ist „die Klassik" im Kontext der Kommunikationsinstrumente?
   ‣ *Lösungshinweis: Siehe dazu Abschnitte 10.1–10.3.*

4. Was unterscheidet PR von Werbung?
   ‣ *Lösungshinweis: Siehe dazu Abschnitt 10.2.*

5. Welche Maßnahmen der Verkaufsförderung kennen Sie?
   ‣ *Lösungshinweis: Siehe dazu Abschnitt 10.2.*

6. Lesen Sie bei Schweiger/Schrattenecker 2009 die Darstellung zur Mediaplanung nach.

Zu: Preispolitik

1. Was würden Sie sagen – warum ist das Instrument Preis ein so stark bemühtes Instrument?
   ‣ *Lösungshinweis: Siehe dazu Abschnitt 11.*

2. Welche zeitpunktbezogenen, welche zeitraumbezogenen Preisentscheide müssen Sie als Marketingmanager treffen?
   ‣ *Lösungshinweis: Siehe dazu Abschnitt 11.1.*

3. Erläutern Sie Preiskenntnis, Preiswissen und die jeweilige Bedeutung dieser Konstrukte.
   ‣ *Lösungshinweis: Siehe dazu Abschnitt 11.2.*

4. Preise werden oft kostenorientiert bestimmt. Was könnten Sie an diesem Vorgehen kritisieren? Welche anderen Vorgehensweisen existieren?
   ‣ *Lösungshinweis: Siehe dazu Abschnitt 11.3.*

5. „Sonderangebote helfen immer!" Wie stehen Sie zu dieser Aussage eines Marktleiters einer Drogeriekette.
   ‣ *Lösungshinweis: Siehe dazu Abschnitt 11.*

Zu: Koordination der Instrumente

1. Was bedeutet die Prüfung von Prioritäten, Stimmigkeit und Gesamtwirkung im Kontext des Maßnahmen- und Instrumenteneinsatzes im Marketing?
   ‣ *Lösungshinweis: Siehe dazu Abschnitt 12.*

2. Skizzieren Sie das Modell des Produktlebenszyklus. Wie sind die Phasen definiert? Was ist am Modell kritisch zu sehen?
   ‣ *Lösungshinweis: Siehe dazu Abschnitt 12.1.*

3. Charakterisieren Sie die „Dominanten Instrumente" aus dem Kühn-Modell.

  ‣ *Lösungshinweis: Siehe dazu Abschnitt 12.2.*

4. Was ist eine formale Integration von Maßnahmen?

  ‣ *Lösungshinweis: Siehe dazu Abschnitt 12.3.*

Zu: Budgetierung

1. Wie entsteht ein Marketing-Budget nach dem Top-Down-Vorgehen?

  ‣ *Lösungshinweis: Siehe dazu Abschnitt 13.*

2. Welche Allokationsaufgaben muss die Budgetierung im Marketing leisten?

  ‣ *Lösungshinweis: Siehe dazu Abschnitt 13.*

3. Wie bewerten Sie die praktische Bedeutung des Prinzips des flachen Maximums?

  ‣ *Lösungshinweis: Siehe dazu Abschnitt 13.*

4. Warum ist die Marketingbudgetierung eine Kernaufgabe des Marketingmangers?

  ‣ *Lösungshinweis: Siehe dazu Abschnitt 13.*

5. Wie würden Sie eine Kontrolle des Marketingbudgets ausgestalten (Prozess, Instrumente?)?

  ‣ *Lösungshinweis: Siehe dazu Abschnitt 13.*

Zu: Marketing-Organisation

1. Zeichen Sie das Organigramm einer objektorientierten Marketingorganisation und diskutieren Sie Vor- und Nachteile mit einer Kommilitonin/einem Kommilitonen.

  ‣ *Lösungshinweis: Siehe dazu Abschnitt 14.1.*

2. Wo sehen Sie Stärken, wo Schwächen einer Matrixstruktur im Marketing?

  ‣ *Lösungshinweis: Siehe dazu Abschnitt 14.1.*

3. Analysieren Sie die Ablauforganisation (Prozesse) im Marketing eines Ihnen vertrauten Unternehmens.

  ‣ *Lösungshinweis: Siehe dazu Abschnitt 14.2.*

4. Befragen Sie Ihre Bekannten, Kollegen, Kommilitonen zu Ihren Erfahrungen mit Marketing-Organisationen. Arbeiten Sie eine Rangfolge typischer Probleme heraus. Wie würden Sie ansetzen, um diese zu verringern, wenn Sie die Marketingleitung wären?

Zu: Marketing-Kontrolle

1. Was unterscheidet strategische und operative Kontrolle im Marketing?
   ▸ *Lösungshinweis: Siehe dazu Abschnitt 15.1.*

2. Erläutern Sie die wichtigsten Analysen im Rahmen einer operativen Marketing-Kontrolle.
   ▸ *Lösungshinweis: Siehe dazu Abschnitt 15.*

3. Nennen und erläutern Sie zehn wichtige Kennzahlen der operativen Marketingkontrolle.
   ▸ *Lösungshinweis: Siehe dazu Abschnitt 15.2.*

4. Warum und wie hängen Marketing-Ziele und Marketing-Kontrolle stets zusammen?
   ▸ *Lösungshinweis: Siehe dazu Abschnitte 15 und 6.*

Literaturverzeichnis

Aaker, D. A./Joachimsthaler, E.: *Brand Leadership*, New York 2000.

Abell, D. F.: *Defining the Business – the Starting Point of Strategic Planning*, Englewood Cliffs, 1980.

Anderson, P.: *Complexity Theory and Organizational Science*, in: Organization Science, Vol. 10, 1999, S. 216–232.

Ansoff, H. J.: *Management Strategie*, München 1966.

Aronson, E./Wilson, T./Akert, R.: *Sozialpsychologie*, München 2008.

Backhaus, K.: *Vom Kundenvorteil über die Value Proposition zum KKV*, in: Thexis, 2006, Nr. 3, S. 7–10.

Backhaus, K./Schneider, H.: *Strategisches Marketing*, Stuttgart 2009.

Barzen, D.: *Marketing-Budgetierung*, Frankfurt am Main et al. 1990.

Bauer, H.: *Marketing-Planung und Marketing-Kontrolle*, in: Tietz, B./Köhler, R./ Zentes, J. (Hrsg.), *Handwörterbuch des Marketing*, Stuttgart 1995, Sp. 1653–1667.

Becker, J.: *Marketing-Konzeption: Grundlagen des ziel-strategischen und operativen Marketing-Managements*, München 2009.

Berekoven, L./Eckert, W./Ellenrieder, P.: *Marktforschung: Methodische Grundlagen und praktische Anwendung*, Wiesbaden 2006.

Blythe, J.: *Essentials of Marketing*, Upper Saddle River, NJ 2004.

Booms, B. H./Bitner, M. J.: *Marketing strategies and organization structures for service firms*, in Donnelly, J. H./George, W. R. (Hrsg.): *Marketing of Services*, Conference Proceedings: American Marketing Association, Chicago, IL 1981, S. 47–51.

Bortz, J./Döring, N.: *Forschungsmethoden und Evaluation – für Human- und Sozialwissenschaftler*, Berlin 2006.

Bristor, J. H./ Ryan, M. J.: *The Buying Center Is Dead, Long Live The Buying Center*, in: Wallendorf, M./Anderson, P. (Hrsg.): Advances in Consumer Research, Vol. 14, Provo, UT 1987, S. 255–258.

Bruhn, M.: *Kommunikationspolitik*, München 2010.

Chintagunta, P. K.: *Investigating the Sensitivity of Equilibrium Profits to Advertising Dynamics and Competitive Effects*, in: Management Science, 1993, Vol. 39, Nr. 9, S. 1146–1162.

Coughlan, A. T./Anderson, E./Stern, L. W./El-Ansary, A. I.: *Marketing Channels*, Upper Saddle River 2008.

Diller, H.: *Preispolitik*, Stuttgart 2007.

Dorfman, R./Steiner, P. O.: *Optimal advertising and optimal quality*, in: The American Economic Review, 1954, Vol. 44, No. 12, S. 826–836.

Dyllick, T.: *Das Anspruchsgruppen-Konzept: Eine Methodik zum Erfassen der Umweltbeziehungen der Unternehmung*, in: Management Zeitschrift IO, 1984, Heft 2, S. 74–78.

Eagly, A. H./Chaiken, S.: *The psychology of attitudes*. Fort Worth, TX, 1993.

Esch, F.-R.: *Positionierungsstrategien – Konstituierender Erfolgsfaktor für Handelsunternehmen*, in: Thexis, 1992, 9. Jg., Heft 4, S. 9–15.

Esch, F.-R.: *Wirkung integrierter Kommunikation*, Wiesbaden 2006.

Esch, F.-R.: *Strategie und Technik der Markenführung*, Wiesbaden 2010.

Esch, F.-R./Herrmann, A./Sattler, H.: *Marketing. Eine managementorientierte Einführung*, München 2011.

Esch, F.-R./Redler, J.: *Durchsetzung einer Integrierten Kommunikation*, in: Bruhn, M. (Hrsg.): Handbuch Markenführung, Wiesbaden 2005, S. 1467–1490.

Esch, F.-R./Fuchs, M./Bräutigam, S./Redler, J.: Konzeption und Umsetzung von *Markenerweiterungen*, in: Esch, F.-R. (Hrsg.): Moderne Markenführung, Wiesbaden, 2005, S. 905–946.

Fantapié Altobelli, C.: *Marktforschung. Methoden – Anwendungen – Praxisbeispiele*, Stuttgart 2011.

Foscht, T./Swoboda, B.: *Käuferverhalten*, Wiesbaden 2011.

Gedenk, K.: *Verkaufsförderung*, München 2002.

Gedenk, K./Skiera, B.: *Marketing-Planung auf der Basis von Reaktionsfunktionen, Elastizitäten und Absatzreaktionsfunktionen*, Wirtschaftswissenschaftliches Studium, 1993, 22. Jg., S. 637–641.

Gedenk, K./Skiera, B.: *Marketing-Planung auf der Basis von Reaktionsfunktionen – Funktionsschätzung und Optimierung*, Wirtschaftswissenschaftliches Studium, 1994, 23. Jg., S. 258–262.

Gerrig, R. J./Zimbardo, P. G.: *Psychologie*, München 2008.

Gilbert, X./Strebel, P.: *Strategies to Outpace the Competition*, in: Journal of Business Strategy, 1987, Vol. 8, S. 28–36.

Grant, R. M./Nippa, M.: *Strategisches Management*, München 2006.

Homburg, C./Rudolph, B.: *Theoretische Perspektiven zur Kundenzufriedenheit*, in: Simon, H./Homburg, C. (Hrsg.): *Kundenzufriedenheit. Konzepte, Methoden, Erfahrungen*, Wiesbaden 1998, S. 29–49.

Homburg, C./Krohmer, H.: *Grundlagen des Marketingmanagements*, Wiesbaden 2009.

Hooley., G. J./ Lynch, J. E./ Shepherd, J.: *The Marketing Concept – Putting Theory into Practice*, in: European Journal of Marketing, 1990, Vol. 24, No. 9. S. 7–24.

Hungenberg, H.: *Strategisches Management in Unternehmen*, Wiesbaden, 2011.

Kano, N.: *Attractive Quality and Must-be Quality*, in: Journal of the Japanese Society for Quality Control, Heft 4, 1984, S. 39–48.

Keller, K. L.: *Strategic Brand Management – Building, Measuring, and Managing Brand Equity*, Upper Saddle River, NY 2003.

Kepper, G.: *Methoden der qualitativen Marktforschung*, in: Herrmann, A./Homburg, C./Klarmann, M. (Hrsg.): Handbuch Marktforschung, Wiesbaden 2007.

Klimmer, M.: *Unternehmensorganisation*, Herne 2007.

Koch, J.: *Marktforschung – Grundlagen und praktische Anwendungen*, München 2009.

Kotler, P./Armstrong, G.: *Principles of Marketing*, Upper Saddle River, NJ 2008.

Kotler, P./Armstrong, G./Saunders, J./Wong, V.: *Grundlagen des Marketing*, München 2011.

Koppelmann, U.: *Produktmarketing*, Berlin 2000.

Kühn, R./Pfäffli, P.: *Marketing*, Zürich 2010.

McCarthy, J. E.: *Basic Marketing – A Managerial Approach*, Homewood, Ill. 1960.

Meffert, H.: *Marketing-Management: Analyse – Strategie – Implementierung*, Wiesbaden 1994.

Meffert, H./Burmann, C.: *Abnutzbarkeit und Nutzungsdauer von Marken*, in: Meffert, H./Krawitz, N. (Hrsg.): Unternehmensrechnung und -besteuerung – Grundfragen und Entwicklung, Wiesbaden 1998, S. 75–126.

Meffert, H./Burmann, C./Kirchgeorg, M.: *Marketing*, Wiesbaden 2008.

Meffert, H./Burmann, C./Kirchgeorg, M.: *Marketing – Grundlagen marktorientierter Unternehmensführung*, Wiesbaden 2011.

Mehrabian, A./Russell, J.: *An Approach to Environmental Psychology*, Cambridge, Mass. 1974.

Nieschlag, R./Dichtl, E./Hörschgen, H.: *Marketing*, Berlin 2002.

Otlacan, O.: *e-Marketing Strategy: 7 Dimensions to Consider (the e-Marketing Mix)*, 2005, online im Internet unter: http://EzineArticles.com/21976, Abruf am 02.06.2012.

Petri, C.: *Kreativität auf Knopfdruck. Assoziationen als Quelle kreativer Bildideen*, Offenburg 1995.

Petty, R. E./Cacioppo, J. T.: *Communication and persuation: Central and peripheral routes to attitude change*. New York 1986.

Pepels, W.: *Marketing*, München 2004.

Piercy, N. F.: *The Marketing Budgeting Process – Marketing Management Implications*, in: Journal of Marketing, 1987, Vol. 51, No. 4, S. 45–59.

Porter, M. E.: *Competitive Strategy: Techniques for analyzing industries and competitors: with a new introduction*, New York 1980.

Porter, M. E.: *Competitive Advantage: Creating and sustaining superior performance*, New York 1985.

Porter, M. E.: *Wettbewerbsstrategie*, Frankfurt am Main 2008.

Reich, M./Hillar, T.: *Frühwarnsysteme*, in: Zerres, C. (Hrsg.): *Handbuch Marketing-Controlling*, Berlin 2006, S. 91–107.

Reinecke, S./ Tomczak, T. (Hrsg.): *Handbuch Marketingcontrolling*, Wiesbaden 2006.

Redler, J.: *Management von Markenallianzen*, Berlin 2003.

Redler, J., *Unternehmen als Marke*, in; Kim, S.-S.; Redler, J. (Hrsg.): Personalmarketing – Berichte vom Mosbacher Marketingforum, in Druck.

Robinson, P.J./Faris, C. W./Wind, Y.: *Industrial Buying and Creative Marketing*, Boston, Mass. 1967.

Rosenbloom, B.: *Marketing Channels*, Mason, OH 2003.

Scharf, A./Schubert, B./Hehn, P.: *Marketing – Einführung in Theorie und Praxis*, Stuttgart 2009.

Schmalen, H.: *Das Dorfman-Steiner-Theorem*, in: Wirtschaftswissenschaftliches Studium, 1988, 17. Jg., S. 369–371.

Schneider, W.: *McMarketing*, Wiesbaden 2007.

Schröder, H.: *Handelsmarketing – Methoden und Instrumente im Einzelhandel*, Landsberg 2002.

Schweiger, G./ Schrattenecker, G.: *Werbung*, Stuttgart 2009.

Silver, M./Tull, D. S.: *Pricing and the Flat-Maximum Principle*, in: Managerial & Decision Economics, 1986, Vol. 7, S. 203–206.

Simon, F. B.: *Einführung in Systemtheorie und Konstruktivismus*, Heidelberg 2006.

Simon, H./Fassnacht, M.: *Preismanagement*, Wiesbaden 2009.

Skiera, B.: *Das Prinzip des flachen Maximums*, in: Die Betriebswirtschaft, 1997, Vol. 57, S. 864–867.

Trommsdorff, V./Teichert, T.: *Konsumentenverhalten*, Stuttgart 2011.

Tull, D. S./Wood,V. R./Duhan, D./Gillpatrick, T./Robertson, K. R./Helgeson, J. G.: *'Leveraged' Decision Making in Advertising: The Flat Maximum Principle and Its Implications*, in: Journal of Marketing Research, 1986, Vol. 23, S. 25–32.

Von Schlippe, A./Schweitzer, J.: *Lehrbuch der systemischen Therapie und Beratung*, Göttingen 2007.

Webster, F. E./Wind, Y.: *A General Model for Understanding Organizational Buying Behavior*, in: Journal of Marketing, Vol. 36, 1972, No. 2, S. 12–19.

Welge, M./Al-Laham, A.: *Strategisches Management*, Wiesbaden 2003.

Stichwortverzeichnis

Autorenhinweise

Dr. Jörn Redler ist Professor für Marketing und Handel an der Dualen Hochschule Baden-Württemberg Mosbach. Er ist außerdem Studiengangleiter BWL-Handel und Wissenschaftlicher Leiter des Masterprogramms in Business Management – Marketing. Umfangreiche Praxiserfahrung in verantwortlicher Marketingfunktion im Handel. Zahlreiche Veröffentlichungen, insb. zur Markenführung und Marketingkommunikation.

Management Basics –
BWL für Studium und Karriere

Die Bände der Reihe umfassen folgende Themen:

- Einführung in die allgemeine Betriebs- und Managementlehre
- Grundlagen der Betrieblichen Steuerlehre
- Investition
- Mikroökonomie
- Management des internen Rechnungswesens
- Finanzierung
- Grundkurs Wirtschaftsmathematik
- Externe Rechnungslegung / Bilanzierung
- Buchführung
- Grundlagen des allgemeinen Wirtschaftsrechts
- Grundlagen des speziellen Wirtschaftsrechts
- Grundlagen der Unternehmensorganisation
- Supply Chain Management
- Produktionsmanagement
- Logistikmanagement
- Grundzüge des Marketings
- Personalmanagement
- Organisationsmanagement
- Controllingmanagement
- Wirtschaftsinformatik
- Internationales Management
- Grundlagen der Makroökonomie
- Statistik in der BWL

BWV • BERLINER WISSENSCHAFTS-VERLAG

Markgrafenstraße 12–14 • 10969 Berlin • Tel. 030 / 841770-0 • Fax 030 / 841770-21
E-Mail: bwv@bwv-verlag.de • Internet: http://www.bwv-verlag.de